精密機械加工原理
精密機械加工の原理

安永　暢男・高木　純一郎　著　唐文聰　編譯

全華科技圖書股份有限公司　印行

原序

曾經獲得「日本第一」的高度評價，身為技術大國並曾站立在世界頂點的日本，自從經濟泡沫化以來，已經持續經過了漫長的 10 多年經濟蕭條期，製造業的競爭力大幅下滑，而久久不能恢復，並且持續頓化不明的狀態。這一段期間，韓國、台灣、中國、東南亞的生產技術能力，正飛躍似的在提高。這時伴隨著日本國內產業急速空洞化的進行，日本國內製造業只有一敗塗地可以形容。

另一方面，隨著代表網路資訊技術之發展，軟體技術比硬體技術更受到人們的重視。實際上，愈來愈多的優秀人材離開製造業的趨勢轉為明顯。但是，帶動軟體仍需硬體的作用。沒有提昇硬體的技術能力，卻要指望軟體的高度化，很清楚的是不可能達成的。

亦即，近帶產業的基礎，還是立足在硬體上，領導半導體製造設備或資訊儀器等最尖端製造技術，還是局限在硬體技術的配合，也是維持國際競爭力的根本。實際上，今後日本國家發展的基礎，還是建立在硬體技術能力上，應該是一點也不言過。

要維持與發展高度的硬體技術能力所需的基礎，要有精密機械技術。相對的，在這些基礎技術達到極高度化之前，對年輕人來說，卻存在著看不到內容、不了解意義的遙不可及理想。離開「生產」愈遠，與加速離開製造的結果，都是息息相關的。

工程科系大學中，與「生產」有關的學生，也在逐年減少中，並直接面對堪憂的窘境。在百思不解的同時，首先，想到的是技術雖然過度高度化，但是，應先確立技術領域細分化，細微技術論。原理原則確立後，對於今後想要學習的年輕人來說，就是是否會成爲不容易入門的領域呢？有關精密加工技術，也有相同的狀況。

在經過這樣的省思後，本書針對切割、研磨、研光、拋光、能量束加工的基本精密加工技術，各種加工法的作用原理，爲什麼採用該加工法的加工原則，進一步，能加工到何種程度的加工技術水準，儘可能避免細部專門議論，或公式展開。基本上，敘述易懂的基本重點，是編集的宗旨所在。

本書可做爲今後想要學到精密加工技術人員之參考書，更可做爲機械工程學系的大學及研究所之教科書，成爲容易應用的內容。

如果利用本書而可以體驗到精密加工技術眞髓的話，則在面對加工技術現場時，對於了解各個專門技術，應該可以很順利的展開。

本書的執筆，分別從其各個專業的立場，切削加工與研磨加工，是由高木純一郎(國立橫濱大學)擔任。研光加工、拋光加工、能量束加工是由安永暢男(東海大學)擔任。本書的出刊及後續的編輯、出版工作，承蒙工業調查會出版部森永喜司雄的鼎力相助，在此，致上最高的謝意。

2002 年 9 月 20 日 東海大學工學部 安永暢男

國立橫濱大學工學部 高木純一郎

譯序

台灣工業起步較晚，但是，在過去幾年的努力，已成爲開發中國家競相摩仿的典範。這幾年來，在政府大力倡導下，外銷產品已由勞力密集，如雨傘、自行車等，轉向高度技術密集，如光電、3C 等資訊產品的輸出。

而精密機械加工技術，更是支撐這些產業，不可或缺的重要技術。國內對人材的培育工作，一向欠缺理論與實務的結合。現在的年輕人，對於生產現場，骯髒且不佳的環境，大多敬而遠之。導致技術斷層的情況，時有所聞。

政府一再強調「根留台灣」，對於較沒有競爭力的勞力密集工業，早已移師中國大陸，現在能留在台灣的大部份企業，多半是技術能力較佳，研發能力較強的。

經由全華圖書公司研發部多位顧問的謹慎評估，找到這本「精密機械加工原理」的原文書，借助日本在科技方面的成就，我們可以拜讀有關精密機械加工的基本技術，各種加工法的原理、原則。

尤其書中介紹的研光、拋光、能量束加工，更是將來進入微細、奈米加工，不可或缺的技術基礎。目前，台灣已走向高度技術導向的階段，如何脫胎換骨，造就更高度的技術水平，應該是我們大家的重責大任。讓我們一起來創造這一個時代的光明遠景，共同爲造福後代子孫而努力。

唐文聰

編輯部序

「系統編輯」是我們的編輯方針，我們所提供給您的，絕不只是一本書，而是關於這門學問的所有知識，它們由淺入深，循序漸進。

本書針對切割、研磨、研光、拋光、能量束加工的基本精密加工技術及各種加工法的作用原理，爲什麼採用該加工法的加工原則，進一步，能加工到何種程度的加工技術水準，儘可能避免細部專門議論，或公式展開。基本上，敘述易懂的基本重點，是編集的宗旨所在。如果利用本書而可以體驗到精密加工技術眞髓的話，則在面對加工技術現場時，對於了解各個專門技術，應該可以很順利的展開。

本書可做爲欲學到精密加工技術之人員的參考書，更可做爲機械工程學系之大學及研究所教科用書。

同時，爲了使您能有系統且循序漸進研習相關方面的叢書，我們以流程圖方式，列出各有關圖書的閱讀順序，以減少您研習此門學問的摸索時間，並能對這門學問有完整的知識。若您在這方面有任何問題，歡迎來函連繫，我們將竭誠爲您服務。

相關叢書介紹

書號：0548003
書名：機械製造(第四版)
編著：簡文通
16K/480 頁/470 元

書號：0624201
書名：金屬熱處理－原理與應用
編著：李勝隆
16K/568 頁/570 元

書號：0522802
書名：微機械加工概論(第三版)
編著：楊錫杭、黃廷合
16K/352 頁/400 元

書號：03731
書名：超精密加工技術
日譯：高道鋼
20K/224 頁/250 元

書號：0554201
書名：塑性加工學(第二版)
編著：許源泉
20K/384 頁/380 元

書號：0559502
書名：非傳統加工(第三版)
編著：許坤明
20K/336 頁/330 元

◎上列書價若有變動，請以最新定價為準。

流程圖

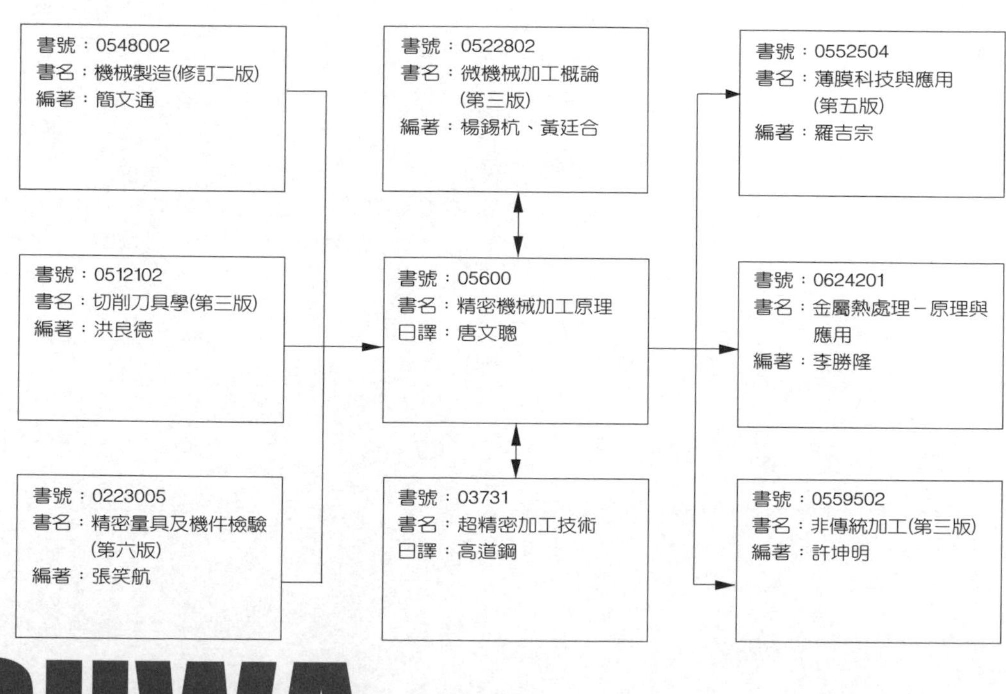

目錄

第 3 章 研磨加工原理

第 6 章 高能量束加工原理

Chapter 1

產生精密度原理

- 1.1 機械加工的歷史與精密度的變遷
- 1.2 機械加工的種類與特徵
- 1.3 產生精密度的基本原理
- 1.4 精密機械加工的量測、評價

1.1 機械加工的歷史與精密度的變遷

「機械加工」對照英語爲 machining，是「使用刀具依規定尺寸，製作完成的過程」。如果，把加上「精密度」的加工，稱爲「精密機械加工」的話，則本書將針對達到精密度，所應該知道的原理與對策，做一具體的說明。

那麼，我們將「精密機械加工」所扮演的角色列舉如下：

⑴　提高零件的功能

我們將刀具的刀刃磨利，做好完成某些功能的形狀精度，就可以提高功能。除了形狀功能外，也可以提高表面光滑度很重要的鏡片等光學功能，硬碟磁記錄或磁頭表面的磁特性等功能。進一步，殘留在電子零件加工面表層的加工變質層，因爲，會改變表面的功能，故利用不留下加工變質層的精密加工，可以更提高零件的功能。

⑵　提高零件的可靠性

像軸與軸承般，一邊承受負荷，一邊作相對運動的元件，由於做到較小的表面粗糙度，故可進一步提高元件的耐磨耗性。且表面加工變質層，由於化學活性而容易腐蝕，故進行緩和加工變質層的精密加工，可以提高耐腐蝕性。

另一方面，因爲壓縮的殘留應力，發生在加工變質層內部時，可以提高耐疲勞強度，故相反的可以將加工變質層，利用在零件的高強度化上。

⑶　提高零件的互換性

尺寸的允許値稱爲公差，零件的尺寸在加工後，如果，能夠在公差內的話，則在更換零件時，就會很方便。如果，「配合現物」來製作話，在更換零件時，就必須分別修改。製作規格品時，必須達到精度，在汽車工業等 20 世紀的產業領域，精密加工已對規格化、標準化做了貢獻。

⑷　高度化的機械運動精度

提高機械的旋轉部分或直線運動部分之元件精度，可以提高機械的運動精度。且因重量平衡也齊全，故有降低振動的效果。

決定構成機械零件精度的旋轉軸精度，或工作台的直進精度，我們稱爲「複製原理(copying principle)」。構成工作母機的零件精度，比加工對象的零件精度，要以更高的精度來加工。那我們會懷疑這些零件要用怎樣的工作母機來加工，但是，實際上是由人類的技能做出來的。有關這一點將在第 3 節加以說明。

⑸　高效率化的機械

機械的運動精度提高，可以減緩機械性能變差或振動。且像內燃機般要求氣密性的機械，因爲漏氣少故可以減少損失。

⑹　小型化、高積體化

小型化的零件，必須要有小範圍的尺寸精度、形狀精度。提高矽晶片(silicon wafer)的表面粗糙度、電路曝光用鏡面的精度、半導體製造設備的運動精度等，是使電子電路高積體化的重要因素。

⑺　外表的美觀

外表的美觀雖然不是直接影響零件功能的因素，但是，以高精度加工的加工面，一般都很美觀。刀具經過的痕跡，其平行度如果失準時，則會出現不規則的情形。事實上，微米次序(micron order)失準會大大的影響到美觀，這是決定商品價值的一大因素。

如以上所敘述的，精密度的「效果」，除了幾何學形狀外，也對加工面的磁特性或耐腐蝕性等「功能」，有很大的影響，故與最近的IT(資訊技術)或生物領域的關鍵技術，有很密切的關係。

1. 石器時代是機械加工的原點

使用工具後依希望的形狀加工的方法，是使用打造的石器、磨製的石器，故可以說是機械加工的原點。以硬粒子磨取的方法，稱爲磨粒加工。即使在目前，精密研磨晶片的原理，還是使用石器時代的方法，並沒有改變。

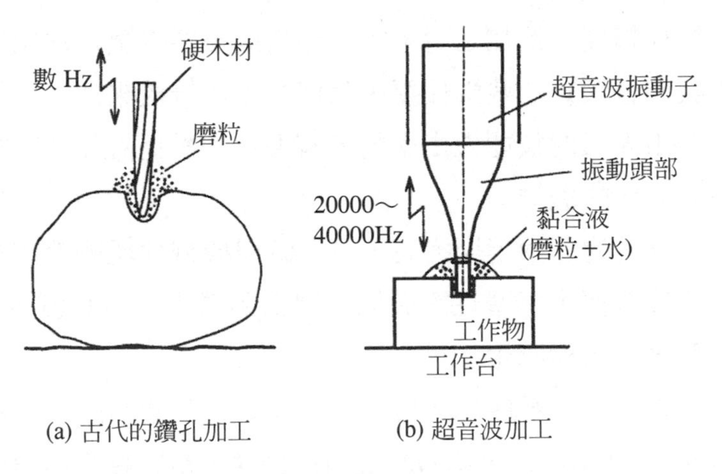

圖 1.1　古代的鑽孔與超音波加工

且像寶石等硬材料的鑽孔加工技術，不論是太古時代、現在，原理上都使用相同的方法。現在，陶瓷的鑽孔如圖 1.1 所示般，是使用「超音波加工」的方法。但這是在太古時代，用手工做的東西，現在，用數千倍的振動數之速度，就可以鑽孔。在沒有高精度機械的時代，在寶石上鑽孔是屬於高難度加工技術的領域。漢字的「工」字是由「鑽孔」加工的情形，而產生的象形文字。

2. 伽利略時代的鏡片研磨

在 16～17 世紀，伽利略利用望眼鏡觀測天體。光學零件的鏡片，其表面的光滑度，必須要有更正確的球面，故需採用精密機械加工。在還沒有工作母機的時代，精密零件是如何製作出來的呢？那是利用「定壓加工」的原理來完成的。

所謂「定壓加工」就是以一定的力量，將「刀具」壓在工作物上，進行摩擦運動後，少量磨除的「將刀具形狀轉印到工作物」之加工方法。鏡面的球面加工，就是用這種方法(圖 1.2)製作的，即使最初刀具的形狀不正確，工作物與刀具高出的部分，相互摩擦而變低，全部弄平而造形正確的球面。此時，較重要的是刀具與工作物，儘可能不描繪相同軌跡，而作相對運動。

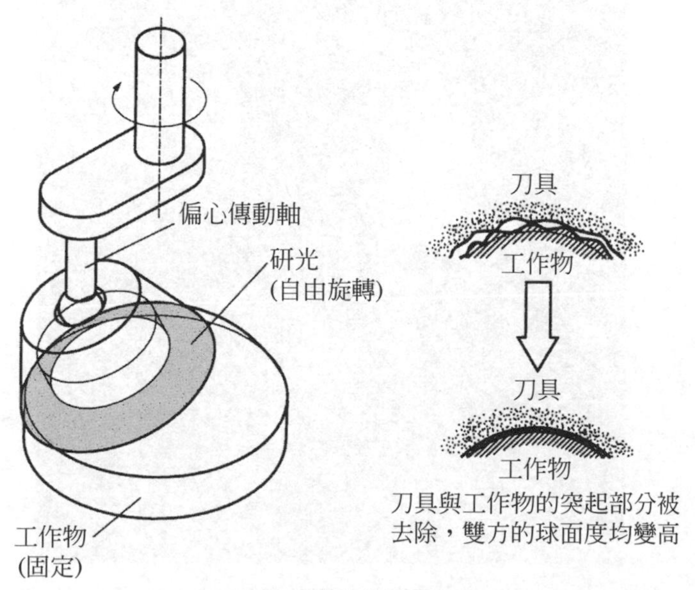

圖 1.2　鏡片的球面研光

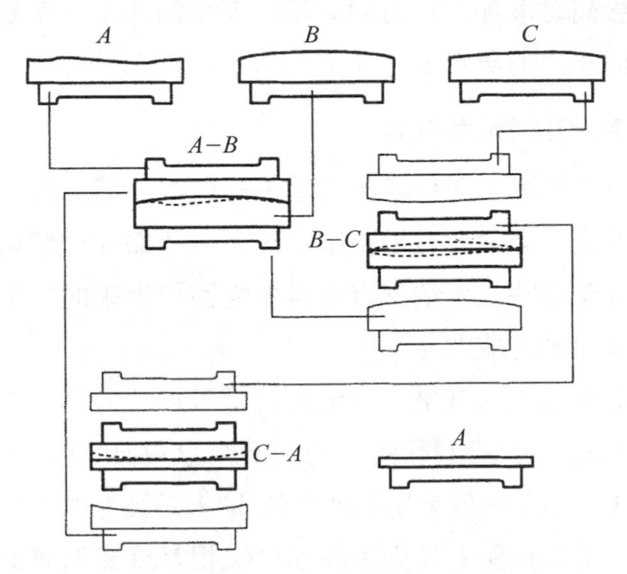

圖 1.3　3 面滑配

圖 1.4　剷花作業

即使正確的平面，也可以用定壓加工製作。如圖 1.3 般，將 3 片平面相互磨合，磨到全面接觸爲止。接下來，改變組合，一樣磨合到全面「接觸」爲止。持續這項工作，任何組合都能全面接觸時，所有的面都變成「眞正的平面」。這種方法就是大家熟悉的「3 面滑配」，使用於成爲精密加工基準的「石平板」加工上。金屬製平板的加工，是以稱爲刮刀的刀具，利用每次數微米的手工刮除，以所謂的「劀花」(圖 1.4)作業，進行 3 面滑配。以這種方法完成的「平面基準」，即使在目前，也是精密加工不可或缺的重要因素。

如以上所敘述般，即使在工作母機出現前的時代，也可以製作出球面來。製作鏡片或稜鏡(prism)，應該也是使用這種方法。

3. 飛躍式提高蒸汽機性能的「工作母機」

由於 18 世紀的工業革命，而出現了各種工作母機，並開始了利用「母性原理」的精密機械加工。由於瓦特發明的蒸汽機，其活塞與汽缸的間隙太大，造成蒸汽漏氣，而無法變成「能量變換機器」來使用。聽說，由於威爾金生利用搪床，大大的提高了汽缸內壁的精度，蒸汽漏氣變少，就使蒸汽機實用化了。且利用「母性原理」的機械加工，正確且迅速製作相同的物品這一點，比過去的加工方法，大大的提高生產效率。

使用工作母機的「利用母性原理之精密機械加工」，在工業革命以後快速發展，並且，追求更高加工精度的工作母機。那麼，要如何才能提高工作母機的精密度呢？那就要靠人類的「技能」。以先前敘述過的不用母性原理製做的「球面與平面」爲基準，稱爲「劀花」或研光的「定壓加工」。是以手工作業來加工正確的平面或圓筒面。這麼一來，製作擁有工作母機無法得到精度的零件，就可以提高裝配精度。高精度化的工作母機，是以「人的技能」來達成，實在是一點也不誇張。

4. 大量生產時代，機械加工所扮演的角色

工業革命以後，鐵路、內燃機發達了，加上飛機等武器的高度發展，更增加了精密機械加工的重要性。第二次世界大戰中，從製造高精度光學零件或成爲加工基準的樣規類等工廠，變成轟炸的目標，就可以看出它與精密機械加工的密切關係。

在美國的大量生產，是從汽車開始的。「規格品的量產」成了機械加工的主要課題，從手動工作母機到以凸輪或連桿進行複雜動作的「自動車床」等工作母機之開發，正如火如荼的在進行。爲了提高零件的互換性，而考慮尺寸公差的發展，並且採取很多如標準化、品質管理等方法。

5. 利用*NC*工作母機的彈性化機械加工

在第二次世界大戰後的 1950 年代，美國開發了*NC*(數值控制)工作母機，用來加工飛機機翼的形狀。日本在 1970 年代由於高度成長，導致人工費用上昇，在這樣的背景下，使得自動化加工進步神速，*NC*工作母機也快速普及。一部手動工作母機，必須要有一位操作人員。但是，如果是*NC*工作母機的話，只要有程式就可以在裝拆工作物之間完成工作，故一個人可以看數部機械。在 1980 年代，日本製的汽車或電器產品，其壓倒性的強大競爭力，就是大大的依賴*NC*來提高生產性。

最近，已從大量生產的時代，轉移爲「多樣少量生產」，而且對彈性化的要求也愈來愈高。

6. 新材料出現後，特殊加工的發展

第二次世界大戰後，在航太工業的領域，出現了許多如電解加工、放電加工等特殊加工，用來加工耐熱合金、或陶瓷等難加工的新材料加工技術。在日本，汽車工業領域中，精密加工沖模的放電加工，發展得

比在飛機工業還迅速。且在電子工業領域中，也已發展到光蝕刻(photo－etching)或電子束加工等的微加工。

7. 以超精密切削，迅速提高量產零件的加工精度

使用鑽石以次微的精度，切削加工鋁或鎳合金的「超精密切削」，從 1980 年代後半期開始迅速普及。這是對使用於電腦週邊設備的光學零件(CD或雷射印表機的非球面鏡片或反光鏡)，要求高精度化、低價格化。對於工作母機要求的精度，也比過去的要求還要高上好幾級。對於次微的精度所要求的加工，是研光或拋光的「定壓加工」，雖然不適合量產加工，但是，利用「母性原理」以替代「強制切入加工」，大大的提高了加工效率。且在定壓加工中，利用*NC*技術實現了難加工的複雜3維形狀，也是一項很大的變革。使用於數位照相機的非球面鏡片之模具、雷射印表機的多邊形反光鏡(圖 1.5)等，在我們身邊周圍，正使用著很多以超精密切削加工的零件。

圖 1.5　以超精密切削加工的多邊形反光鏡

8. 因應環境的機械加工

在看過最近加工技術的研究趨勢後，高精度化、高效率化是理所當然的，但是，考慮到地球環境的加工技術，已經成了一個很重大的主題。

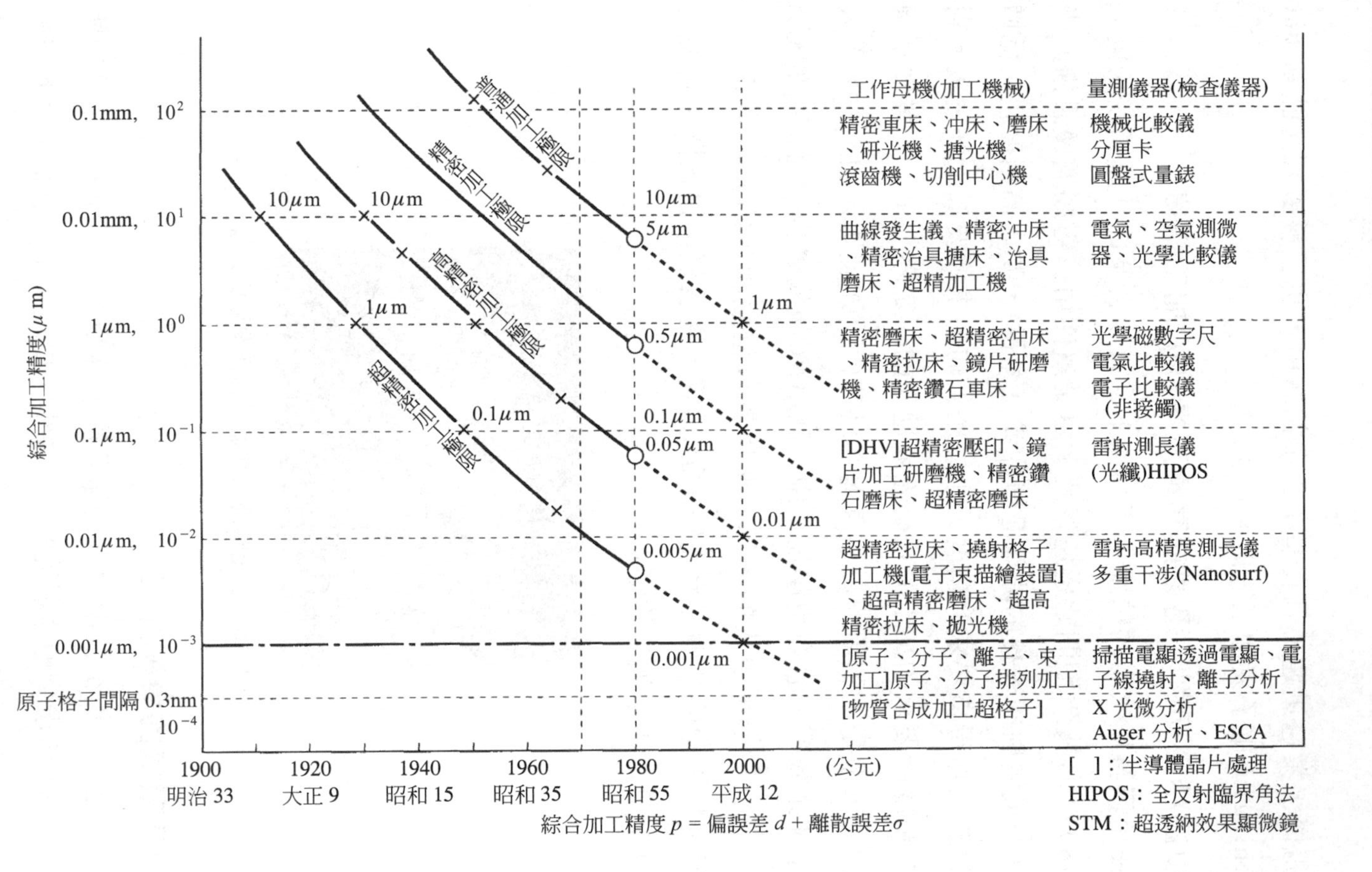

圖 1.6 綜合加工精度與年代

使用於切削加工或研磨加工的「油劑」，是造成環境惡化的重要因素。加上在處理油劑時，對環境產生很大的負荷。很多不使用油劑的加工，或最小使用量的試驗，正在進行中。

且由於提高了加工精度，而減少了機械元件的摩擦損失，我們更可以預測到在各領域的機械，將可以達到低能源化的成果。且因應環境新能源技術之燃料電池的零件加工，是與環境有密切關係的技術。

9. 21 世紀的精密度

圖 1.6 為解說精密機械相關報導時，經常引用整理過的「精密度變遷」圖。工業上亦稱為「能源革命」的工業革命前後，製造工作母機的時代，是「精密機械」的起源。但是，從 20 世紀初起，已進步得非常迅速。目前，圍繞在我們身邊的許多零件，都是以次微的精度來加工。還有奈米的技術，都已確立使用於半導體、生物、微機械的領域中。

在去除原子數的方法中，很多是使用原來機械加工延長技術上所沒有的。但是，在移動工作物的技術或正確量測其移動正確度的設備，其精密機械加工過的機械元件，是不可或缺的，這說得一點也不誇張。

1.2 機械加工的種類與特徵

在工業領域中，「加工」的範圍非常廣泛。即使限制在「機械領域」中，也分為鑄造、熔接、機械加工、塑性加工等。首先，可以將「加工」分類如下：

(1) 增加的加工：附加在材料上，精加工成所定形狀的加工方法。如同類金屬的熔接、利用黏接劑的接合、表面的被覆等。

⑵ 減少的加工：去除材料的一部分，做成所定形狀的加工方法。使用刀具的切削加工、使用磨粒的研磨加工、研光等的磨粒加工、研光、熱熔接、蒸發的雷射加工、腐蝕金屬的蝕刻(etching)。

⑶ 增加、減少為零的加工：使材料變形以得到所定形狀的加工方法。使金屬變形的塑性加工、使熔接金屬流入模具的鑄造、用於陶器或陶瓷的燒結。

如以上的加工中，在要求精密度的零件加工，以減少的加工(去除加工)最適合。即使在塑性加工，雖然已進展到高精度化，但是，以汽車零件為例的尺寸精度、形狀精度，比去除加工還大1位數。所謂「機械加工」就是全體做到「減少的加工(去除加工)」，利用「去除工作物的一部分，而加上能量的方法」，其分類如下：

1. 機械式去除加工

施加力量使切削材料變形，並去除切屑的加工方法，有切削加工、研磨加工、研光、拋光、搪光等，而依加工面造形原理的不同，分類如下：

⑴ 強制切入加工

它是將刀具的運動，轉印到工作物，造形加工面的加工方法，工作母機的運動精度，決定了工作物的精度。也就是利用所謂「母性原理」的加工方法。切削加工及研磨加工，相當於這種加工方法，刀具一邊去除切屑，一邊形成包絡面，轉印刀具的形狀，而將工作物造形所定的形狀。決定加工精度因素的工作母機精度，是利用圖1.4的「刮刀」來提高其精度的。

加工面的尺寸精度或形狀精度，是受母性原理所支配，但是，粗糙度或加工變質層，受到刀具刀刃狀態的影響更大。且加工同時產生的力量或熱量，會使工作物、刀具、工作母機產生變形，故應該不是單由工作母機的母性原理來決定精度。

⑵　定壓加工

將刀具以一定負荷壓在工作物上，使其沿著工作物面做相對運動，刀具表面的微小刀刃，一邊產生少許切屑，一邊造形加工面的加工方法，如研光、拋光、搪光、超精加工，就是利用這種方式。在刀具與工作物的接觸面，如圖 1.2 般，因爲突出的部分，在接觸後受到很大的力量，故在優先去除後，而產生造形加工面。此時，除了工作物外，就連刀具表面的形狀，也沿著工作物的表面整形，而提高了形狀精度。圖1.2的鏡片球面加工，就是利用這種原理的加工方法。

定壓加工雖然不是利用工作母機的母性原理，而得到高精度的方法，但是，必須考慮到施壓負荷的均勻性、刀具(磨輪或拋光布)的均質性、工作物的熱變形等。

2. 高能量束加工(熱方式去除加工)

它是將工作物加熱，使其熔融、蒸發的去除加工方法，在機械式去除方法中，對刀具磨耗快的難切削材料，是一種有效的加工方法。給予熱量的能量種類，有如下的分類：

⑴　放電加工(雕刻形狀放電加工、線切割放電加工)

⑵　雷射加工

⑶　電子束加工

⑷　離子束加工

利用這些加工的工作物精度，基本上是依工作母機的母性原理，但是，在高能量束加工，電流控制或束的控制，對加工特性或精度有很大的影響。

在熱方式的去除加工，除了去除的部位外，其週邊的部位也被加熱，故由於溫度上昇，造成尺寸變化、熱損傷，是無法避免的。基本上它是不會產生力量的，但是，由於迅速加熱，而使周圍氣體膨脹，所產生的力量，在微細加工是不能忽視的。大部分所加的熱量，都散到工作物或空氣中，故能源效率很低。所去除的單位體積之鋼料，所需的能量比較，如表1.1所示。

表 1.1　加工所需的能量比較

加工方法	去除能量 (J/mm^3)
切削加工	1～10
研磨加工	10～200
放電加工	100～1000
雷射加工 電子束加工	100000

(參考)從室溫將 1 mm^3的碳鋼熔解，所需的能量約為 10 J

3. 電氣式、化學式去除加工

它是電解固體或是利用化學反應的離子化，去除的方法，其種類有以下幾種：

(1) 電解加工

(2) 蝕刻

(3) 化學切割

電氣式、化學式去除加工，是不加力量、熱量的加工方法。加工變質層也很小，故大多用在半導體的微細加工或電子零件的加工。加工精度最容易受到工作物的異方性、加工液的溫度及濃度管理的影響。為了提高加工效率、提高使用工作母機的母性原理之精度，很多是與機械式去除加工組合，而做爲複合加工來使用。

其成本比機械式去除加工貴。

1.3 產生精密度的基本原理

1.3.1 與工作物有關的原理

要求精密度的機械加工，在加工前的工作物，首先，必須滿足以下條件：

1. 加工單位與切削材料的均質性

所謂「加工單位」就是工作物被去除時的「個個切屑的體積」，其大小與加工面的精密度，有很密切的關係。亦即加工單位愈小，原則上會提高精密度。但是，金屬的切削材料，在結晶組織很大時，即使再多的小加工單位，由於結晶方向造成彈性係數的不同，而出現粒界段差。且在陶瓷等燒結材料，在壓縮粉末時，會產生緻密度的變化。通常，內部的組織大多會比外圍部分疏鬆。這種工作物較難獲得正確的平面度。所以，確認切削材料的組織是很重要的。

2. 切削材料的等方性與異方性

切削材料爲單結晶，由於結晶方位而產生不同特性時，加工特性就會有很大的改變，因此，我們必須加以留意。這是用於超精密切削的鑽石車刀，爲了抑制磨耗的一個很重要的重點。

另一方面，在矽的異方性腐蝕，是選擇容易腐蝕的結晶面，進行去除的高形狀精度之微加工。

3. 工作物的經歷與殘留應力

供作精加工的工作物，一般，都會施予粗加工。在粗加工時，由於加工單位很大，故會殘留大量的加工變質層，且表面的殘留應力也很大。一加工這種工作物，利用去除表層，就會慢慢解除殘留應力，而使工作物產生變形。即使經常用於工作母機構造的鑄件，在凝固時也會因爲收縮而留下殘留應力，在加工後很多都會產生變形。在精密機械加工之前，必須進行去除應力的退火。

4. 工作物的形狀與夾持方法

依工作物的形狀，所使用夾持工作物的方法，對加工後的精度，有很大的影響。將工作物安裝在工作母機時，如果，是在產生彈性變形的狀態，則在加工後拆下時，會使彈性恢復，而致工作物變形。即使，在加工時的精度很高，終究還是變成泡影。我們必須選擇不使工作物產生變形的夾持方法及加工方向使變形愈小愈好。根據情況，無作用力的電氣式、化學式去除加工，對防止產生變形是有效的。

1.3.2 與刀具有關的原理

刀具是直接接觸工作物，一邊產生切屑一邊創成加工面的重要因素，它必須具備以下條件：

1. 轉印特性與磨耗特性

在強制切入加工方面，是刀刃的形狀轉印到工作物，而造形出精加工面。刀具必須在高溫時，是硬且耐磨耗性佳的材質，故一般多採燒結陶瓷等粉末而成的刀具。亦即，即使研磨刀具材質並精加工成所定的形狀，如果，構成粒子大小程度不夠，其表面就不會平滑。刀具形狀的轉印性最好者爲單結晶鑽石，由於它不是「燒結」的，故其刀刃形狀可以成形爲奈米的精度。如果，以鑽石車刀做爲切削加工的刀具，配合稱爲

「超精密切削」，有高運動精度的工作母機之「母性原理」，以次微就可以加工非球面鏡片等3維形狀。

如以上所敘述的，刀具的轉印特性、磨耗特性，都是很重要的因素。在加工中要使磨耗爲零，是不可能的，但是，如果可以預測磨耗的話，就可以使精度做某種程度的補正。我們必須選擇避免突發性崩裂的刀具。

另一方面，用於定壓加工的刀具(磨輪或拋光布)，是在加工進行中，同時，成形工作物的形狀，故轉印性應該提高。但是，刀具表面的均質性，在高精度等級上，會造成很大的問題。磨粒的粒徑及每粒的破碎性誤差，對刮痕(scratch)的產生有很大的影響。

2.　與切削材料的親和性

選擇配合切削材料特性的刀具材質，是精密機械加工上的重要因素。以鑽石刀具加上鐵系切削材料時，由於碳原子的擴散，而使刀具迅速磨耗，故一點也不實用。這種特性反過來用於鑽石的研磨上。

又切削材料與刀具熔合的容易度，會使熔合物(稱爲刀瘤)產生於刀刃前端，而使加工面的粗糙度變差，也使尺寸精度惡化。這種現象利用加工油劑潤滑，就可以有某種程度的解決。

1.3.3　工作母機原理

工作母機是實現精密機械加工的第一要因，必須滿足以下條件：

1.　運動精度

第一重要的條件是工作母機本身，要有正確的動作。這是強制切入加工的必要條件，但是，用於定壓加工的工作母機，必須具備某種程度的條件，如希望極力避免因機械老舊、性能降低，造成運動間斷、產生振動等。且在定壓加工中，會喪失刀具與工作物相對運動的週期性，故儘可能設定成不描繪出相同軌跡，是很重要的。有關提高工作母機運動精度的原理，請參考文獻 2)及文獻 3)。

且在實際加工時，不能忽視供作物在往復運動或刀具在旋轉時，產生「慣性力」的影響。故必須要有旋轉體平衡、緩和加速度等對策。

2. 剛性與變位的方向性

工作母機本身正確的運動，是母性原理必要的條件。在機械式去除加工中，除了慣性力外，會隨加工產生力量，並對工作母機的運動精度有很大的影響。亦即，我們期望工作母機有較高的剛性，但是，由於工作台或主軸等，支撐工作母機各元件的方法，使得剛性存在有方向性。如果在加工時，能對產生力量的方向，即顯示高剛性的方向，予以控制的話，就可以使機械的變位最小，且力量的方向，對產生振動有很大的影響。

3. 熱變形

在進行微米級的精密機械加工時，工作母機的熱變形，對加工精度有很大的影響。如圖 1.7 般，如果有像馬達等熱源，則在其附近就會產生熱膨脹，而產生工作母機全體的變形。故其熱變形對策，就是採取熱膨脹對工作母機全體的複雜變形沒有影響的「熱對稱設計」。

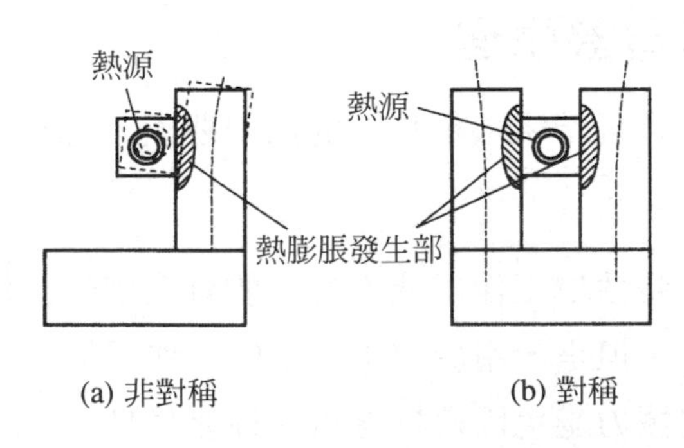

圖 1.7 控制工作母機熱變形的「熱對稱」設計

在超精密工作母機中，也有將本體放入恆溫室受溫度控制，而將馬達等發熱體配置於屋外根本對策。

1.3.4　與力、熱有關的原理

除了電氣式、化學式的去除加工以外，幾乎所有的機械加工，在去除材料的過程中，都會產生力與熱。以下要敘述幾個在加工中產生力或熱，對加工精度及機構的複雜例子。

1.　力的方向與刀具——工作物系統的變位

加工中產生的力量，會使刀具、工作物及工作母機產生變形，在強制切入加工中，是造成尺寸精度及形狀精度降低的原因。另一方面，在定壓加工中，由於這種力量使刀具與工作物的接觸面積變大，而促進刀具表面的平均化。但是，工作母機的剛性太低，則過度的力量會使機械本身，產生很大的變形，而造成工作物形狀精度的誤差。

因爲力的方向是依工作物與刀具相對運動的方向而變化，故調整、控制力的方向，在刀具——工作物系統中，將力量加在剛性高的方向，就可以使變位變成最小。

2.　加工產生的熱量

一邊施力一邊使在力的方向移動一定距離，則會消耗能量。即使在機械加工中，刀具與工作物相對運動的速度與力的大小成比例，來消耗加工的能量，幾乎都變成熱。

熱產生於工作物與刀具的接觸面，故會使刀具磨耗，在強制性切入加工中，會降低加工精度。且該熱量傳到工作物或刀具，而造成熱變形。除了加工點的熱量以外，由於馬達等熱源造成的變形也很大。在強制性切入加工，爲了達到較高的精度，熱的控制是一個很重要的課題。

另一方面，像拋光般，其加工單位非常小的加工，在微小接觸面產生的熱量，成爲去除材料的原動力。熱方式的去除加工，熱本身具有刀具的作用。

1.3.5 整體化原理

影響精密度的因素很多，而且影響的層面非常複雜，故要產生精密度，就必須下非常多的功夫。實際上在加工時，工作母機本身的情況，除了一面考慮到無法以語言表達的現象外，還要一面用試行錯誤法，找出最佳條件，以下就來舉出相關的狀況。

1. 複合化加工

複合幾個加工方法的特徵，做爲產生精密度的方法。例如「電解研磨」就是組合機械式去除加工與電氣式、化學式去除加工的方法。相對於像難切削材料，以機械式去除加工，會使刀具迅速磨耗，無法維持精度。利用電解比較容易去除，而產生生成物，再利用研磨加工，以確保精度的方法。其他像「放電研磨」、「超音波切割」等加工，也都已經達到實用化階段。

另一方面，微觀加工現象，則在去除材料附近，由於機械的變形，在加工進行中，看到相互表面活性化、熱擴散、化學反應等現象，也使我們考慮得很多，要提高加工效率或加工精度，除了使複合條件最佳化外，別無他法。

2. 透過無限的方法與可行性

利用機械加工來產生精密度，在「生產」中擔負了很重要的角色，這在前面已有說明。但是，「生產」是組合很多的材料、元件、能源、控制等技術，製作具有目的的功能「產品」之「整體化」。要達到相同的目的，並不是只有一條路可走，我們可以考慮各種的方法。如果要嚴格來說，其方法是無限的。

一般來說，是利用過去一直使用的方法與根據基本原理來進行整體化，但是，革新元件技術的方法或程序，也有很大的改變。例如，使用鑽石車刀的超精密切削，是以壓縮空氣使旋轉軸上浮的所謂靜壓軸承之元件技術，是將過去以定壓加工的研光超微米加工，置換爲強制切入加工的革新實例。且控制技術爲革新的一大因素，是以多數的感測器，將收集到的資訊，用高速處理程序(processor)運算處理。並且，利用控制馬達或制動器，來提高旋轉體或工作台的動態特性。高速化綜合切削加工中心機或打破過去軸承極限轉數的磁軸承，就是很好的例子。

曾有幾許脫離原理的談話，但是，原理一定是不會改變的，因爲它是所有的精密機械加工之共通準則，故可以採取新的技術，來達成目標的可行性，也可以說組合各種程序，就有無限寬廣的展望。

3. 利用人的技能與智慧，產生最佳化、整體化

最近，利用電腦的智慧化機械很進步，在工作母機中，也有自動選擇加工條件的情形。但是，產生精密度的條件非常分歧，無法數值化的因素很多，故選擇最佳的加工程序或條件，大多依賴人類的直覺或經驗。且從很多的經驗得到的技術或方法的資料庫，取得元件技術，選出最適當的加工程序，唯有依賴人類的智慧，別無他法。

鎮內工廠的名人當中，使用精度差的工作母機，反而做出較好的精度，這種擁有顚覆母性原理技能的技術人員已經很少了。能夠達到這種技能，是因爲熟悉工作母機的特性，經由手或聲音，反饋到手輪，並借由感觀等功能，做出最佳的動作。

但是，最近在加工現場，已進步到*NC*化，操作人員已經很少有機會，直接以身體感觀，操作手輪來加工了。在這樣的情況下，必須有將基本原理加上材料或加工現象的基本「知識」組合的智慧。「知識」可

以從教科書或文獻中取得，但是，「智慧」是對於目標要有探討如何採取程序的能力，故只有靠累積經驗才能培養出來。

如以上所敘述般，過去靠技能達到「精密度頂點」，是採用新的技術之「知識」，及利用其最適當的「智慧」來達成。培養具備科學家心態的加工技術人員，應該是很重要的一件事情。

1.4 精密機械加工的量測、評價

「加工」換句話說就是能夠「製作具備必要的尺寸、形狀或機能的表面」。在精密加工中，「加工精度(尺寸、形狀的精度)」與「表面品質」的評價特別重要。所謂加工精度就是相對於目標尺寸，在實際加工中，表示其誤差的範圍值。

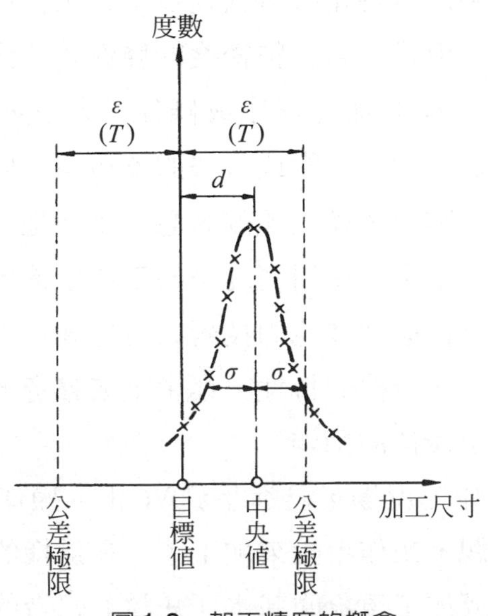

圖 1.8　加工精度的概念

加工數個相同目標尺寸的工作物時，實際加工尺寸一定在某範圍內會有誤差，通常會如圖 1.8 所示般的高斯分佈。這種實際尺寸的平均值(中央值)與目標值的差d，稱爲偏離誤差(系統誤差)。又誤差的標準偏差σ，稱爲分散誤差(偶然誤差)。加工精度P是以「$P=d+\sigma$」的值來討論的。

1.4.1　量測尺寸精度

爲了保證所要求的尺寸精度，最低限度必須使用可量測要求精度的 1 位數高精度量具、裝置。「尺寸」基本上是長度，以前，是以米原器做爲長度的基準。但是，在公元 1961 年以後，是以Kr^{86}的光譜線，在眞空中的波長做爲基準。在生產現場一般是圖 1.9 般的塊規，做爲量測長度的基準來使用。量測面間的平行度、平面度，都保證在 0.1 μm單位的精度，將多塊塊規密合疊在一起，可以得到所要的基準尺寸，故經常使用。以使用的量具來量測塊規時，塊規的尺寸與量具所讀取值的差值，就可以判斷出量具的誤差。

圖 1.9　塊規

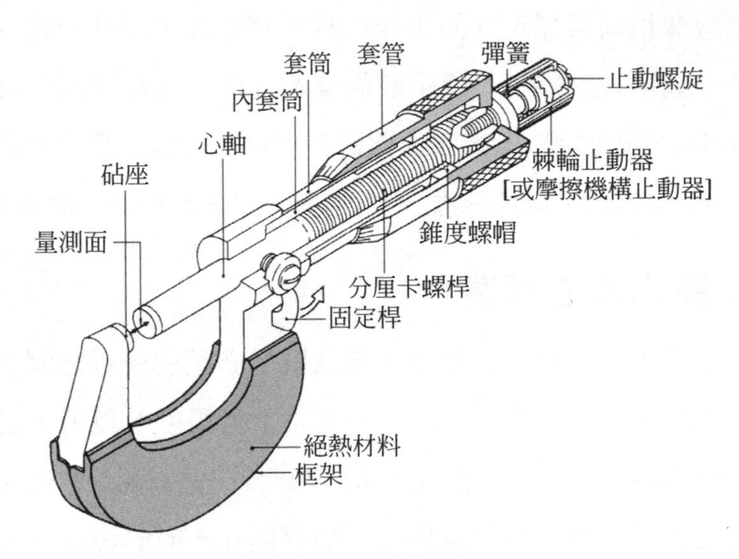

圖 1.10　分厘卡的構造

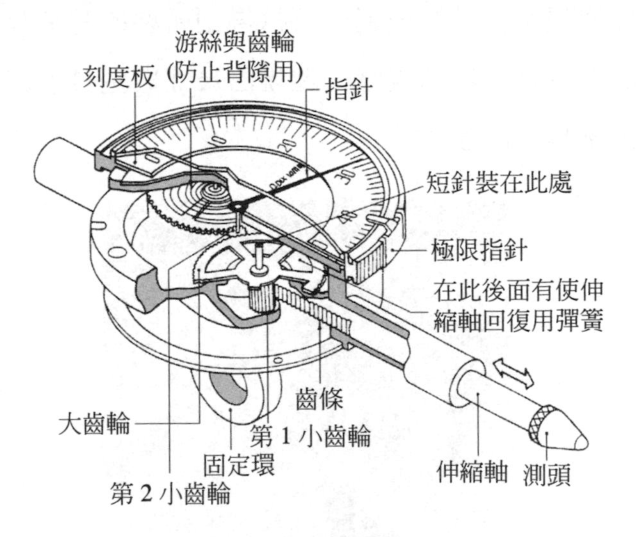

圖 1.11　圓盤式量錶的構造

生產現場最常使用的長度量具，為游標卡尺(最小刻度 0.02 mm 左右)與分厘卡(0.002 mm 左右，圖 1.10)。一般，是以相對稱的基準量測面，夾住工作物來讀取刻度。因為，可以用手簡單操作，故很容易產生誤差。圓盤式量錶(1 μm左右，圖 1.11)基本上與量測絕對尺寸的量具不同，它是將量錶固定，以測頭接觸量測對象，量測前後量測值的差(變位)之量具，槓桿式量錶也是量錶的一種。

圖 1.12　電氣測微器

以上均為機械式量具，但是，量測 1 μm 以下的尺寸精度時，大多使用電氣式或光學式量具。電氣(電子)測微器(0.01 μm，圖 1.12)是使用差動變壓器，來檢測微小的變位。利用與電氣分厘卡有相同使用方法的雷射干涉之雷射變位計(0.001 μm)，市面上也有銷售。也有使用將雷射光照射到照射物表面，以非接觸方式檢測反射光位置偏離的雷射變位計(0.1 μm，圖 1.13)。圖 1.14 稱為雷射測長儀，使用雷射干涉，保證量測長度的範圍，可以在10^{-7}～10^{-8}的精度。

複雜形狀零件或自由曲面等，利用立體形狀量測尺寸的三次元量床(圖 1.15)，將稱爲接觸感測器的探針，做x、y、z三軸方向的移動，以檢測量測點位置，可以自動記錄、運算、分析。檢測三方向的移動量是利用雷射干涉，使用差動變壓器，來檢測探針的接觸變位，則可量測精密的形狀。

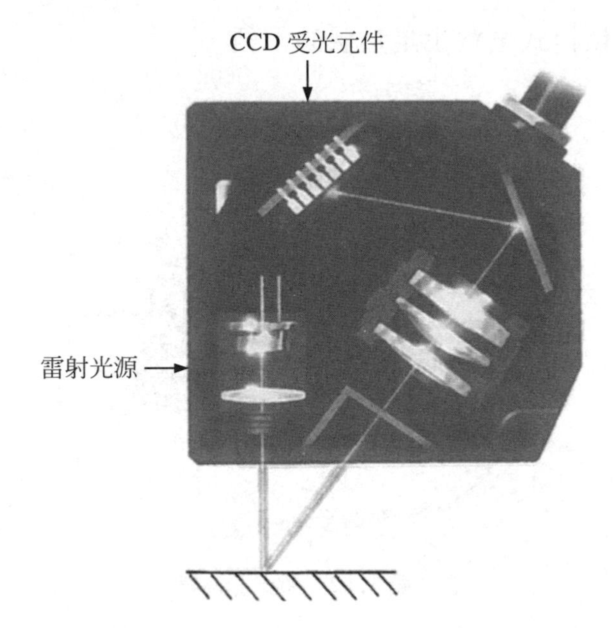

圖 1.13　非接觸式雷射變位計

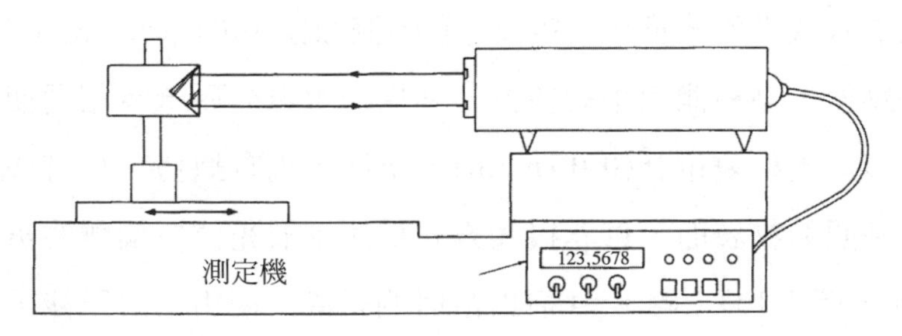

圖 1.14　雷射測長儀的構造

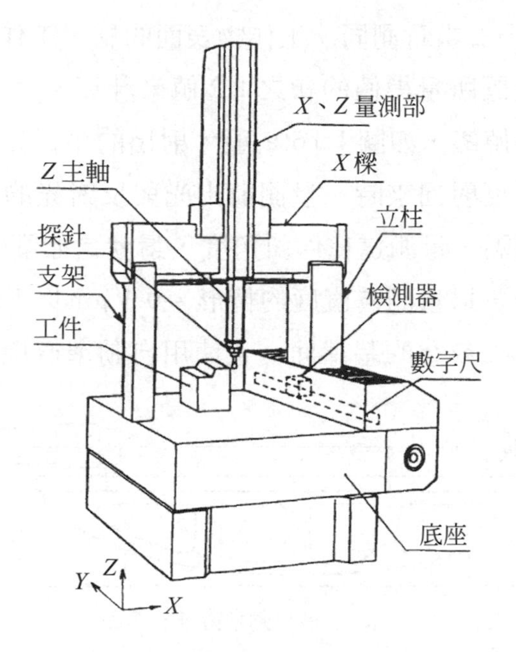

圖 1.15　三次元量床概略圖

1.4.2　量測形狀精度

量測工作物全體形狀的項目，有眞直度、平面度、眞圓度、角度等。眞直度就是①將測量物至於有精度保證的基準平面(例如 3 面磨合的精密平板等)，以平板爲基準面，將探針(前節提到的變位感測器)碰觸到測量物。朝一個方向移動，以量測探針的變位量變化。②將探針固定在有精度保證的直角規(氣墊滑件)之靜壓支持滑件，移動滑件並描繪工作物表面，以量測其變位量的變化。③很多使用自動準直儀等方法，做精密量測的情況。

在①、②的情況，基準面或直角規本身，必須精加工到工作物要求量測精度的 1/10 以上之精度。例如使用具有 0.2 μm/300 mm 以上平面(眞直)精度的基準面。但是，②的情形，即使直角規本身的精度不佳時，以直角規的左右，2次量測同一工作物表面的話，工作物表面的眞直度，是以同一量測位置所量得值的和之1/2值來計算。

③的自動準値儀，如圖1.16(a)般，射出的平行光，射到設置於垂直光軸的反射鏡，反射回來時，量測射出光與反射光的光軸角度偏離，並在直線上每一間隔，量測這種傾斜角度，這就是如圖(b)般，換算離中心線的變位後重疊，以量測眞直度的情形。0.1 μm以下的放大能，是可以達到的，故校正①或②的基準面，也使用自動準直儀。

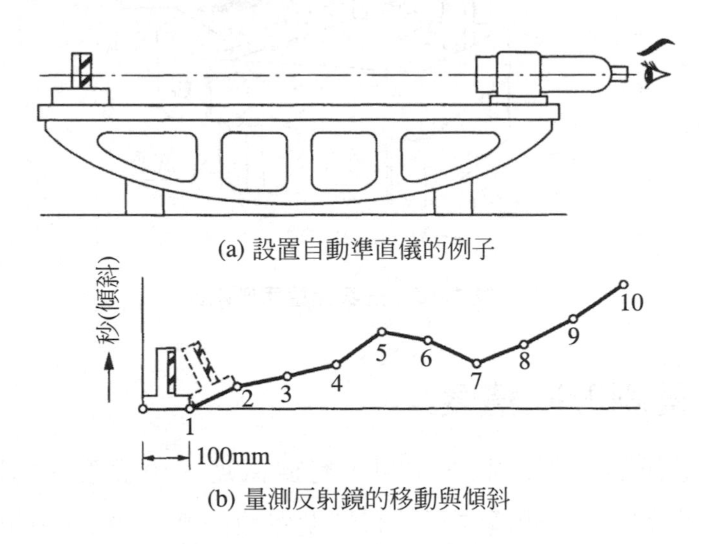

(a) 設置自動準直儀的例子

(b) 量測反射鏡的移動與傾斜

圖 1.16　以自動準直儀量測真直度的方法

平面度就是量測在量測物平面外圍4個方向及對角線方向的眞直度，大部分的情況都是以最大值與最小值的差表示。像矽片般的薄板厚度誤差，稱爲平坦度。設置對稱的2個變位感測器(靜電容量感測器、雷射變位感測器)。在兩變位感測器間，插入測量片，然後分別量測各感測器到薄矽片表面及裏面的距離。由兩感測器間的距離扣掉前兩者的值，可以得到該量測點的厚度。重複相同的操作，測量薄矽片全面的厚度分佈，一般，是以最大値及最小值的差表示平坦度。

量測車床或圓筒磨床，車或磨的圓桿或圓柱的眞圓度，通常如圖 1.17 所示般，使用眞圓度量測儀，亦即，將測量物置於迴轉精度相當高(迴轉偏擺 0.025 μm以下)的迴轉工作台上，使其旋轉一圈時，量測探針的變位，一般，是其最大直徑差的 1/2，來表示眞圓度。

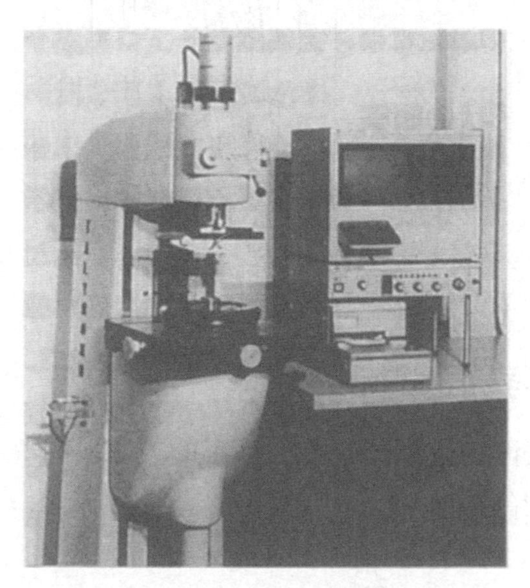

圖 1.17　真圓度量測儀

量測角度是以現場容易取得的量具，如擁有斜角量角器或附 60 等分副尺刻度的投影機。量測秒單位的角，則經常使用正弦桿。如圖 1.18 般，以正弦桿接觸量側面，將塊規塞入保證直角度的直角尺與正弦桿間的間隙h來量測的話，兩桿間的距離爲L時，由以下公式

$$\sin\theta' = h/L$$

可以計算角度θ'。特別是在量測直角度時，稱爲直角尺的直角規與量測面直接接觸，以厚薄規塞入間隙量測。量測秒以下的微小角度，大多使用自動準直儀。

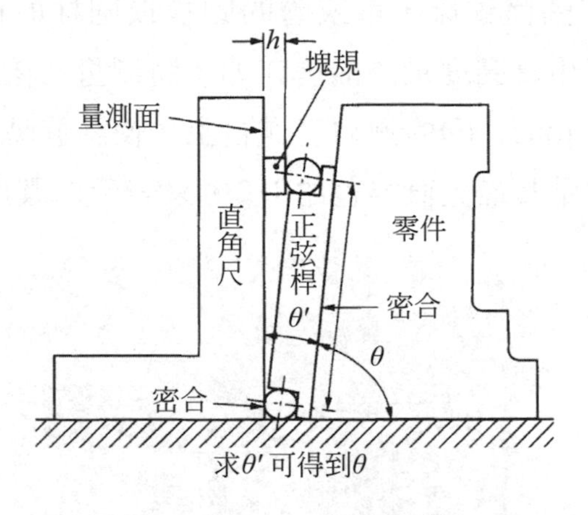

圖 1.18　以正弦桿量測角度

1.4.3　觀察表面微細形狀

放大加工表面的微細形狀，來觀察的方法，有光學顯微鏡、電子顯微鏡、掃描型探針等。

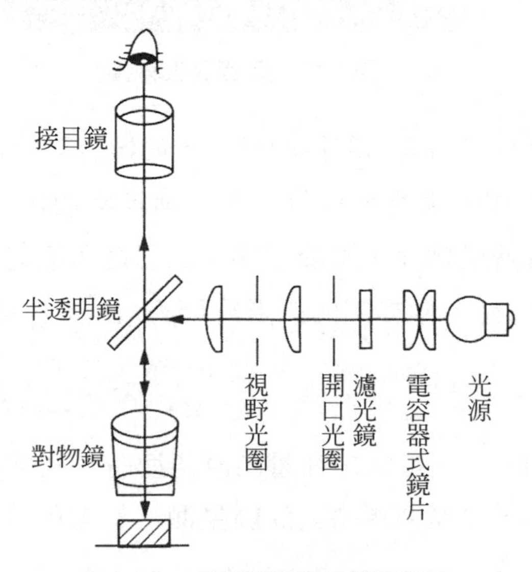

圖 1.19　金屬顯微鏡的構造例子

一般，用來觀察金屬表面很多的固體試片組織或表面狀態，是稱為金屬顯微鏡的光學顯微鏡。如圖 1.19 般，為金屬顯微鏡的構造。從原理上，是不可能得到波長以上的放大能的，一般，使用的量測倍率在數十～數百倍。位相差顯微鏡(利用光的干涉現象，將造成試片凹凸的反射光位相差，改變明暗對比，使眼睛可以看到的方式)或微分干涉顯微鏡(將試片的像僅挪成二個，使兩者產生干涉，並產生干涉色差，以強調凹凸的方式)兩種顯微鏡可作為觀察表面微細凹凸或段差的光學顯微鏡(參考圖 5.48)。

偏光顯微鏡(照射偏光時，就可以明瞭觀察有光學異方性的物質)或多重干涉顯微鏡(利用光的干涉，從產生的干涉條紋形狀，量測微細凹凸的分佈或其高低差)也經常使用(參考圖 5.49)。

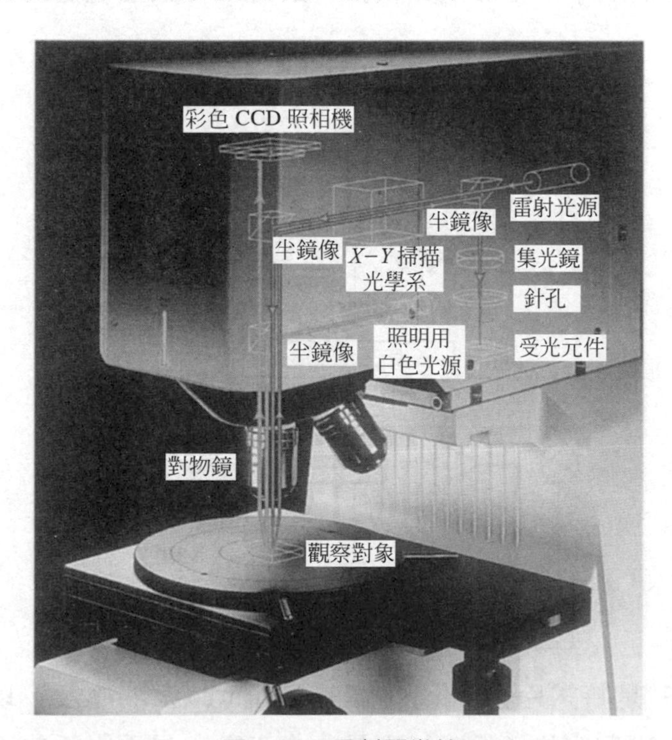

圖 1.20　雷射顯微鏡

圖 1.20 所示，爲最近快速普及的雷射顯微鏡，其倍率在數千倍以上，且利用共焦點方式的對焦機構。可以得到焦點深度非常深的裝置，在市面上已開始銷售。

是一種比光學顯微鏡可觀察更高倍率的電子顯微鏡。在眞空中以電磁鏡片、集束、擴大從熱燈絲前端飛出的熱電子，可以得到數十倍到數十萬倍的放大像，也可以觀察原子像。有掃描型電子顯微鏡(SEM)與透過型電子顯微鏡(TEM)兩種方式。

SEM是一邊將集束電子掃描到試片表面，一邊以光電子增倍管檢測照射時產生的二次電子，將其強度變化做爲對比，而表示在布朗管上的方式。圖 1.21 所示，爲其基本裝置的構造。圖 4.16 是以 SEM 觀察藍寶石加工表面的例子，由於焦點很深，故可以得到立體感的放大像。

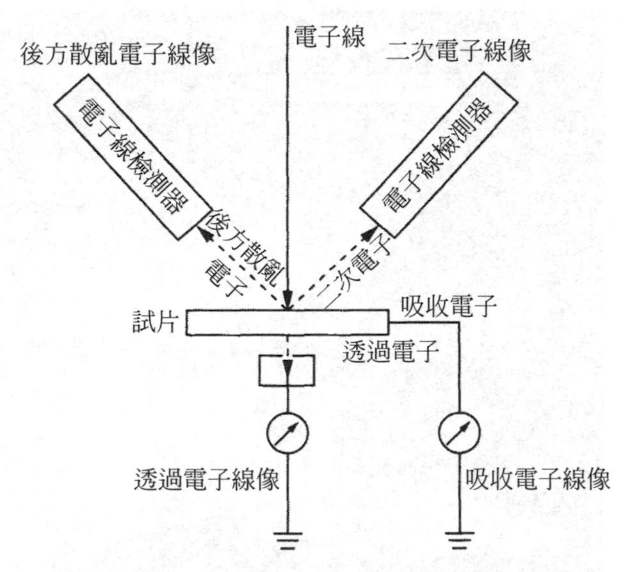

圖 1.21　掃描型電子顯微鏡的構造

TEM 就是將試片薄片化，做在 0.1 μm 以下的厚度，以透過電子束的方式，也可觀察格子像。特別是包含表面、界面附近的剖面，將薄片以 TEM 觀察的方法，稱爲剖面 TEM，可以有效知道表面附近的微細構造。圖 1.22 是研磨矽表面的剖面 TEM 像例子，斜格子模型反映出 Si 原子的格子排列，我們可以觀察到最表面，並未產生加工變形。

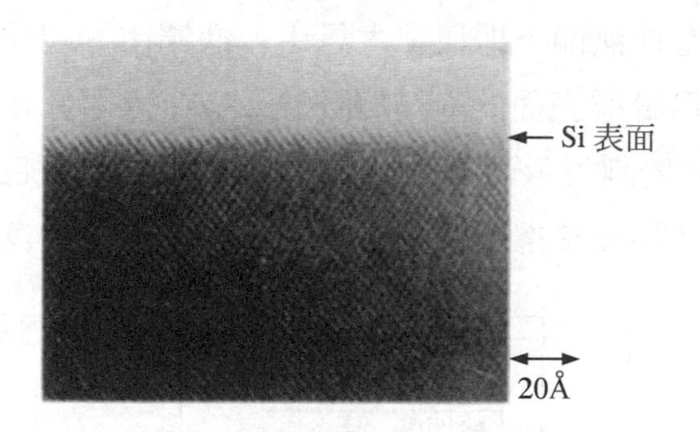

圖 1.22　研磨 Si 表面的剖面 TEM 像

掃描型探針顯微鏡，是以敏銳前端的探針，以操作於試片表面的方式，來觀察的方法，是最近盛行開發裝置的新技術。如表 1.2 所示，有許多種類。其中，量測表面形狀最常使用的爲AFM(原子間力顯微鏡)。

表 1.2　掃描型顯微鏡例

顯微鏡名稱	做為檢測對象的局部物理量
STM　：掃描型透納顯微鏡	透納電流
AFM　：原子間力顯微鏡	力(分子間力量)
MFM　：磁力顯微鏡	磁力
FFM　：摩擦力顯微鏡	摩擦力
NFOSM：掃描型近視野光學顯微鏡	熱線光
SNFAM：掃描型近接場超音波顯微鏡	超音波
SUTM　：掃描型超音波探傷顯微鏡	超音波
STP　：掃描型截面形狀控制器	熱
SICM　：掃描型離子傳導顯微鏡	離子傳導

AFM就是利用探針，無限接近表面原子，首先，引力在愈接近時，有所謂排斥力作用的現象。追蹤幾何學形狀變化，使原子間的力量(通常爲排斥力)一定，利用探針掃描的原子比例，以量測表面形狀的方法(圖1.23)。此與導電性無關，即使在大氣中、液體中，也可以量測，故通用性高。圖 5.43 爲研磨表面的AFM像例子。AFM即使稱爲「顯微鏡」，本質上爲以 3 維量測表示表面凹凸的變位量，故亦可包含下一節要說明的表面粗糙度範疇。矽的評估項目之一的「　　」，大多以AFM來量測。

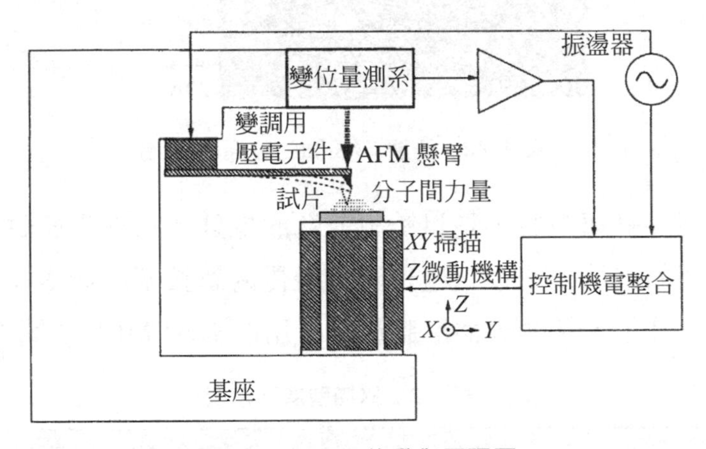

圖 1.23　AFM 的動作原理圖

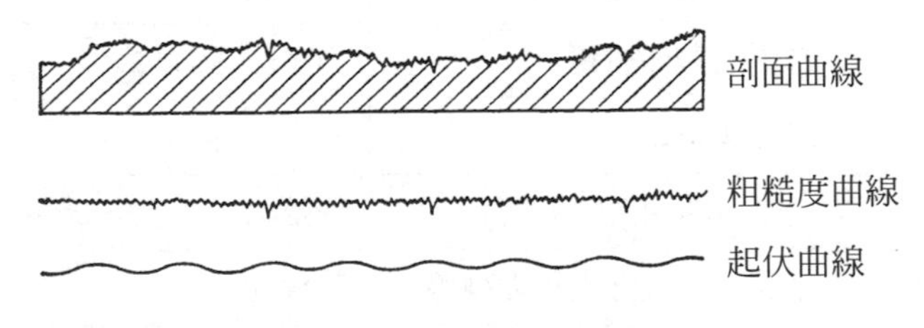

圖 1.24　表現表面形狀的方法

垂直切斷某一表面時，其表面凹凸的形狀，稱爲「剖面曲線」。圖 1.24 所示，爲其模型。此剖面曲線可分解爲表示一般表面微細凹凸的「粗糙度曲線」與載於此粗糙度曲線上的波長長度之「起伏曲線」。在要求表面粗糙度時，必須以適當的方法除去比特定波長長的表面起伏。該極限波長稱爲「切除値」。切除値配合粗糙度的程度，有0.08、0.25、0.8、2.5、8.25 mm6 種規格。量測長度必須爲切除値的 3 倍以上。

1.4.4　量測表面粗糙度

最近，國際標準(ISO 4287)的主要粗糙度表示方法，如下所示。亦即，如圖 1.25 般，在樣本長度 1(相對於切除値)的樣本區間，由數個構成的量測長度L(標準爲$L=$ 51)的粗糙度曲線，其最大高度(最高山頂與最深山谷底的差)爲R_{ti}，在量測長度L的R_{ti}最大値爲R_y、R_{ti}的平均値爲R_{tm}，在量測長度L中 ，由中心線到最大高度R_p與最大深度R_u的和，定義爲R_t。R_t可以說是原來稱爲最大粗糙度的$R_{\max}$之對應値。粗糙度表示符號，一般最常使用的爲R_a，其定義爲以長度L除中心線與粗糙度曲線所構成面積的總和，所得到的値，亦即以

$$R_a=\frac{1}{L}\int_0^L |f(x)|\,dx$$

來計算，做爲量測表面的平均粗糙度之表示値，來加以利用。

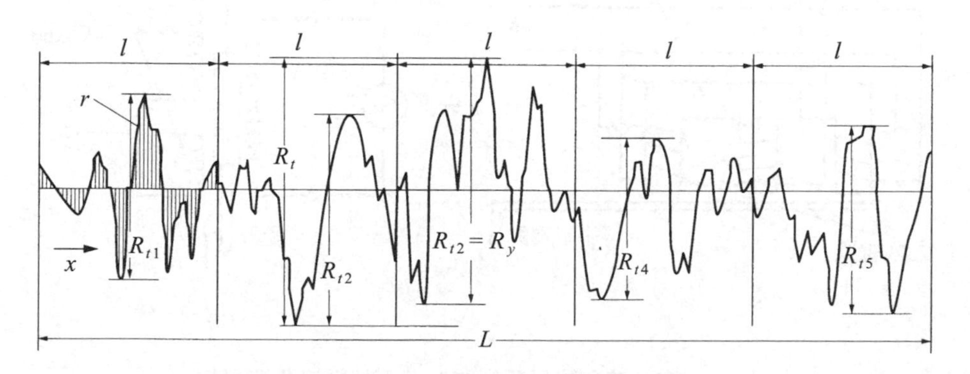

圖 1.25　粗糙度量測範圍與表示符號

表 1.3　精密表面粗糙度量測法現況與問題點

	方式	小分類	簡單說明	敏感度 (mm)	橫向放大 (μm)	特徵	問題點
接觸式	觸針式	差動變壓器	以針狀鑽石描繪試片表面，並以差動變壓器檢測變位。	0.1	0.1	高放大，高信賴，工業規格	不適合軟質表面留下無損表面的擦除痕 不適合高速測量
幾何光學式	投影	光切斷	由不同角度觀察投影在表面的模型邊緣	30	30	簡單	低放大、定性的
	焦點檢出	刀形	以稜鏡分開光軸左右在焦點前後利用光量的反轉	1.5	2	自動對焦廣測量範圍	比較低的縱向放大
		非焦收差	以 4 分割光電變換元件檢測焦點附近的非焦點收差模型變化	0.2	1	高放大、高安定、小型輕量感測器	狹窄的測量範圍
		臨界角	利用全反射臨界角附近的急激反射率變化	0.2	1	高放大、高穩定、小型輕量感測器	狹窄的測量範圍

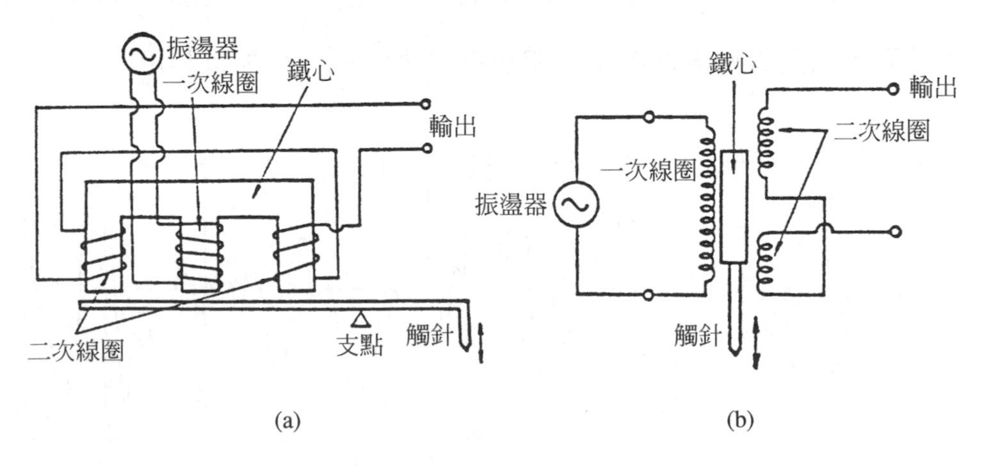

圖 1.26　差動變壓器方式的表面粗糙度量測機構

實際上，量測表面粗糙度的方式，有表1.3所列的各種方式。使用最多的就是圖1.26般的差動方式之觸針式粗度計。最高可量測縱倍率可達100萬～200萬倍的粗糙度。前節已敘述過的AFM，也是使用普及的新超高倍率粗度計。

1.4.5 量測表面狀態

即使精密加工可使尺寸或表面粗糙度，達到目標精度，如果，表面的結晶構造差，又有不純物附著在表面，則會出現無法滿足表面所要求性能的情形。在本節要針對表面不純物的分析法、結晶組織、構造量測法，介紹代表性的例子。

爲了調查殘留於表面附近的汙染、不純物、格子變形、組織變化等，照射電子、離子、X光等能量束，所以，廣泛利用分析發生的新電子、離子、X光等能量狀態的方法。

表1.4所示，爲代表性的表面分析裝置與其特徵。特別是一照射電子，則如圖1.27般，二次飛出各種能量粒子，其能量狀態，因爲依存在元素的種類或原子結合狀態而異，故廣泛利用於表面分析。其中，特性X光經常用於特定物質、表面構造分析或量測殘留變形。所謂特性X光，高速度電子衝撞到陽極金屬時，而產生特定波長的X光，其波長依目標物材質而異。

例如，圖1.28所示，爲目標物M_o的X光波長與X光強度的關係，在$\lambda = 0.7$Å(埃$= 0.1$ nm)附近，可以了解有強度更大的特性X光。考慮將波長λ的特性X光，照射到某某結晶時(圖1.29)，同位相的入射光1及2，在格子面a及b反射，變成反射光$1'$及$2'$時，兩者的行程差$BC + CD$，如爲波長的整數倍，$1'$及$2'$再次變成同位相，強力結合變成強反射X光。此稱爲Bragg反射條件，成爲分析X光的基礎公式，亦即

表 1.4 代表性表面分析法及其特徵

入射粒子	觀察粒子	分析儀器與方法	獲得的資訊	特徵及其他
電子	反射一次電子	低速電子能量損失(LEES)	吸附狀態	使用數eV的低能量電子，可了解吸附分子的振動狀態。
	俄歇電子	俄歇電子分光(AES)	元素分析，結合能量，化學效果的狀態分析	使用～3 keV左右的電子線，以1 μm以下的束，可以分析表面。
	特性X線	X光微分析儀(EPMA)	微小部元素分析	常用微小部分分析，檢測深度爲1 μm左右。
	光(紫外)(可視光)	發光分光分析	元素分析	
離子	反射離子	離子、散亂光譜(ISS)	單原子層的元素分析	使用低速離子(1～數keV)，以分離反射回來的一次離子能量。
	後方散亂離子	後方散亂(IBS)	組成，元素分析，深度方向分佈	使用數MeV的He^+離子能量。
	二次離子	二次離子質量分析(SIMS)	微量分析，深度方向分佈	薄膜、表面分析、巴克微量分析、深度方向的濃度分佈。
		離子微分析(IMA)	微小部分析，深度方向分佈	
X線紫外線	光電子	光電子分光(XPS) 眞空紫外電子分光(UPS)	元素分析 電子結合能量	利用光電子的能量量測，進行電子的結合能量、元素分析。
X光低X光	二次X光	螢光X光分析	元素分析	
		低X光分析	電子狀態	照射低X光(10～10^3 eV)以量測原子的電子狀態。

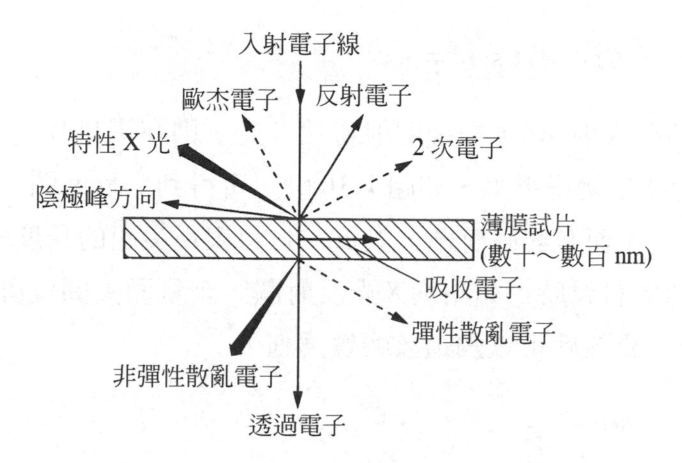

圖 1.27　將電子線照射在試片上時，產生的訊號

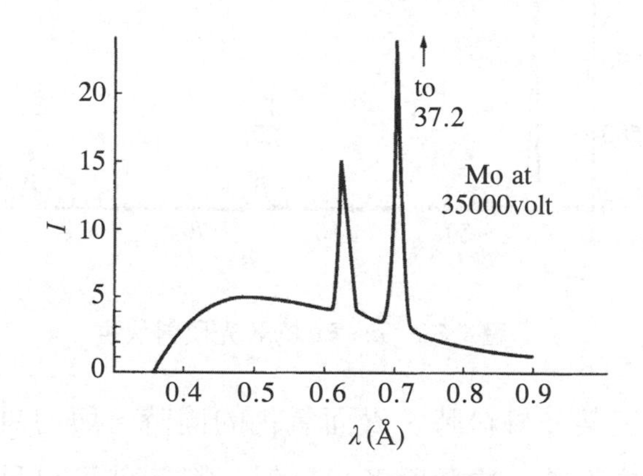

圖 1.28　連續 X 光與特性 X 光

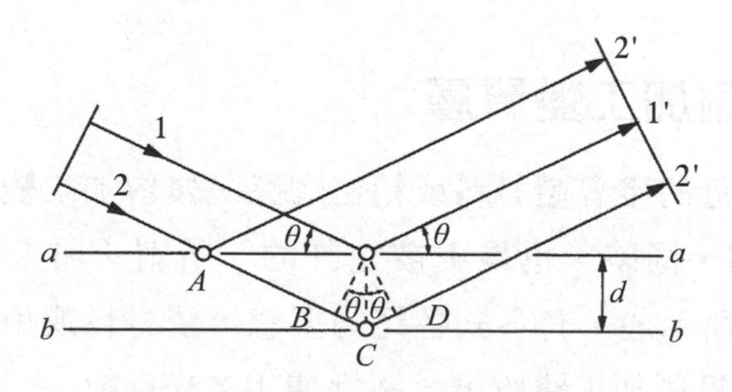

圖 1.29　利用格子面的 X 光反射

$$BC + CD = 2d\sin\theta = n\lambda$$

一邊變化入射角θ，一邊照射特性X光，則在滿足Bragg公式的θ，其X光反射強度變得很大，如圖1.30般，可得到一反射圖。格子面間隔d依材料不同，而有其固有值，故每一材料表現尖距的角度θ不同。相反的，不知道的材料時，如果從X光反射圖，來量測尖間位置的話，則可計算d的值，應該就可以知道該物質爲何。

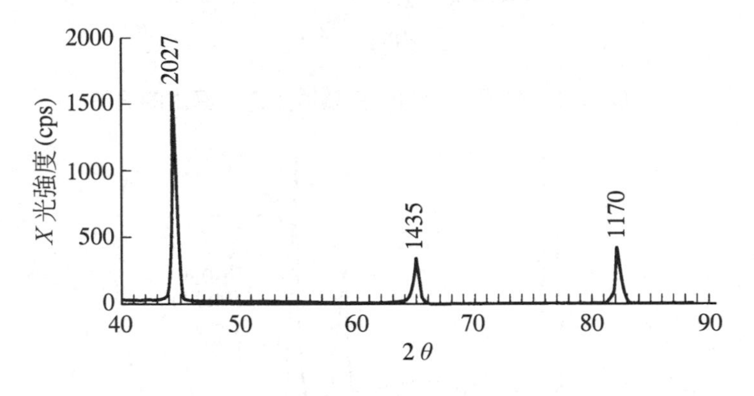

圖 1.30　α－Fe 的 X 光反射狀態

亦即，加工某一材料時，表面氧化的同時，與刀具產生反應，會同時產生反應生成物時，由這種X光反射資料，就可以具體知道產生何種程度的情況。

1.4.6　量測加工變質層

特別是最近的半導體材料或精密陶瓷，殘留加工變質層，是造成機能降低的原因，同時，也是不被允許的。所謂「加工變質層」，實際上，如表1.5所示般，有各式各樣的型態，依材料或用途不同，當然問題也不一樣。量測加工變質層，經常使用X光反射法、電子反射法、超音波顯微鏡法、化學腐蝕法等。

X 光反射法是利用非破壞性方法，經常用於切削或研磨加工，發生較深加工變質層處。由於加工而殘留在材料表面的壓縮應力，會使格子面間隔d變窄$(d-\Delta d)$。相反的如果殘留張應力，則d會變寬$(d+\Delta d)$。亦即，如前節敘述過的，將特性 X 光照射在這個表面上，則滿足 Bragg 條件的θ，也會變化爲$(\theta\pm\theta)$(參考圖 1.29)。如果以圖 1.30 的反射圖來說，則可觀查到尖距位置只向左或向右移動。一般的加工表面，因爲是拉伸應力與壓縮應力混在一起，故施予研磨加工的鋼料表面，如圖 1.31 (a)般，可觀察到尖距的寬度變寬了。將此表面研磨到深度 1.15 μm，去除加工變質層，則如同圖(b)般，會回復尖銳的結構。且結晶粒微細化時，尖距寬度變寬也是大家都知道的，在無變形狀態下，利用量測尖距位置及寬度的偏移量，應該可以量測加工表面的殘留應力或結晶粒的變化。

表 1.5　加工變質層的分類

變質的原因	變質的種類
外在元素作用	污染 吸附層(物理吸附、化學吸附) 化合物層 埋入異物
組織變化	非晶質化 微結晶化 塑性變形(轉位的增值、雙晶) 向成份元素、組成表面移動 摩擦熱的再結晶 研磨變態 產生龜裂
應力作用	殘留應力層

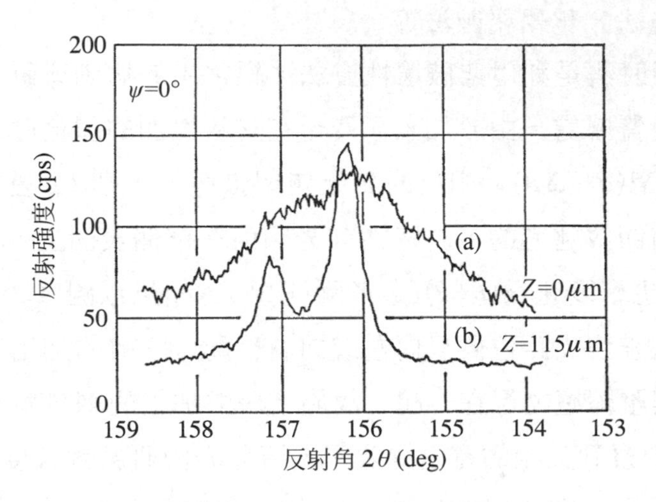

圖 1.31 離研磨面深度的反射 X 光寬度變化

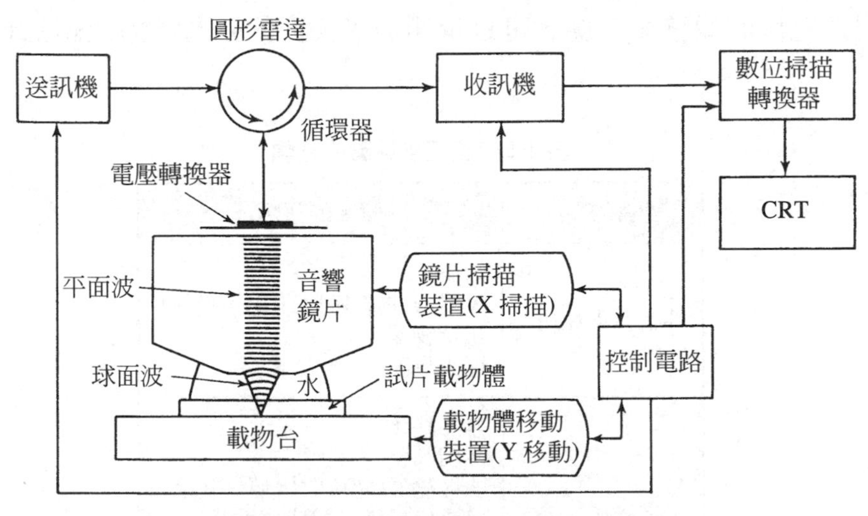

圖 1.32 超音波顯微鏡的方塊圖

將電子束照射到材料表面，與X光反射時一樣，到用反射束的反射現象，也可量測加工變質層。因反射法時的電子線滲透深度為 10～20 nm，故適合量測電子材料或硬脆材料等加工變質層很少的表面。而試片厚度做得很薄，一照射電子束，則利用透過來的干涉現象，可以觀察格子像。這種情形稱爲 TEM 線，利用原子級的高放大能，可以觀察結晶的變形狀態(參考 1.4.3 節)。

超音波顯視鏡法就是將發射的頻率高之超音波，通過音響鏡片而收束，以觀察來自材料內部焦點附近反射波的裝置(圖 1.32)。內部有龜裂等缺陷，則產生亂的反射波，可有效檢測表面看不到的內部缺陷。使用數百 MHz～數 GHz 的超音波，也可以觀察到數μm 到 1 μm 左右的微小內部龜裂。圖 1.33 爲在矽晶片的超精密研磨表面，沿著研磨條痕表面下，到處可以觀察到數μm 左右大小並排的內部龜裂。

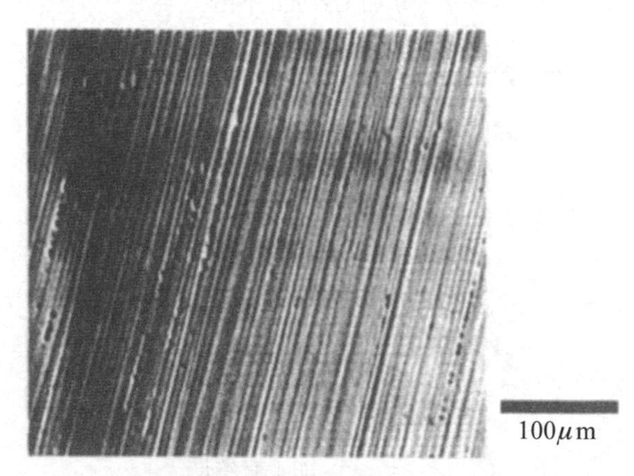

圖 1.33　矽晶片超精密研磨表面的超音波顯微鏡照片

一般，造成變形或變質的部分，是處於高化學能量的狀態，以適度的腐蝕液腐蝕，則因應變形或變質程度、狀況，其腐蝕速度就不一樣，故可用來評估變質狀態。圖 1.34 的模式圖所示，研磨觀察表面，在鏡面化後以適度的腐蝕液腐蝕，則在表面下潛在的轉位、貝爾比層、刮痕、龜裂等缺陷就會顯現，便可評估加工變質層。斜向研磨法經常用於量測加工變質層厚度或深度方向的組織變化、缺陷分佈等目的。亦即，如圖 1.35 所示般，以小角度斜向切斷、研磨，並進行腐蝕的話，就可觀察到放大表面附近的薄加工變質層。深度方向的放大率，切斷角度α爲5°時，放大率約爲10倍，1°時約變成100倍。腐蝕由於不用很貴的設備，可以較簡單的量測、觀察加工變質層，故實用性很高，不只是金屬材料，就連半導體的機能材料，也經常使用。

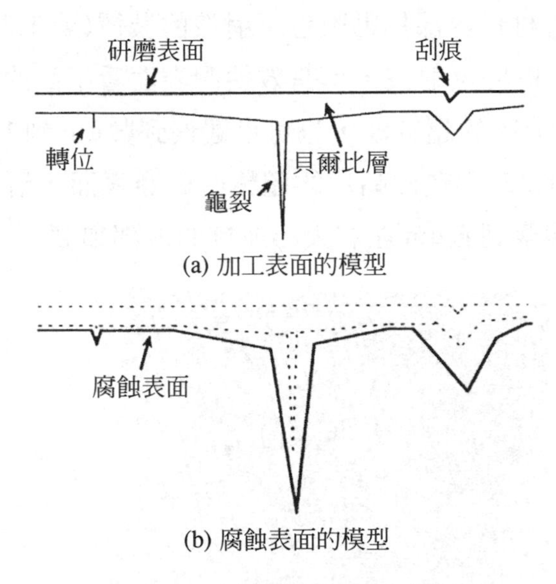

(a) 加工表面的模型

(b) 腐蝕表面的模型

圖 1.34　以腐蝕法觀察加工變質層

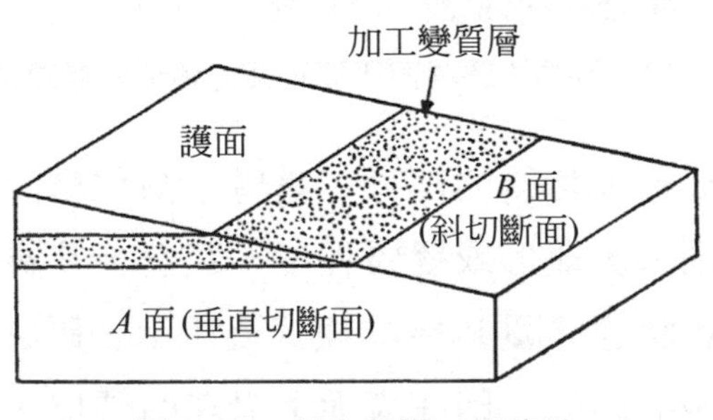

圖 1.35　斜向切斷、研磨法

參考文獻

1) Kenkyusha : New College English-Japanese Dictionary, 6th Edition
2) 中沢　弘：やさしい精密工学，工業調査会（1991）210
3) W. R. Moore : Foundations of Mechamical Accuracy, The Moore Special Tool Company,（1970）25
4) 谷口紀男：ナノテクノロジの基礎と応用，工業調査会（1988）
5) 谷口紀男：ナノテクノロジの基礎と応用，工業調査会（1988）3
6) 上野　滋：はじめての計測技術，工業調査会（2000）
7) でか版技能ブックス測定器の使い方と測定計算，大河出版（1988）
8) ㈱キーエンスカタログ
9) 山田啓文：超精密生産技術大系第 3 巻計測・制御技術，フジ・テクノシステム，（1995）305
10) 河野嗣男：超精密生産技術大系第 3 巻計測・制御技術，フジ・テクノシステム，（1995）332
11) 河村末久・中村義一：表面測定技術とその応用，共立出版，（1991）
12) 松永正久：日本機械学会誌，75，［636］（1972）15
13) 阿部千幹：超精密生産技術大系第 3 巻計測・制御技術，フジ・テクノシステム，（1995）275
14) 阿部耕三ほか：精密工学会誌，59，［12］（1993）1985

Chapter 2

切削加工原理

2.1 切削加工的特徵

切削加工是以定形的「刀具」，將「工作物」不要的部分，變形爲切屑的除去加工方法。是從很久以前就用來加工出精度良好的機械零件之方法，幾乎所有的金屬材料或高分子材料都可以加工。

切削加工具有下列特徵：

⑴ 切削材料的使用範圍廣泛

如果使用的刀具比工作物硬的話，就可以進行切削加工。(但是，在實際加工時，刀具是處於更高溫的狀態，故由於高溫的硬度，會使使用範圍受到限制)。

⑵ 可加工複雜的形狀

在鑄造或塑性加工，適合製作許多相同形狀的產品，但是，在切削加工中，利用刀具與工作物的相對運動，來去除切屑，故選擇工作母機或刀具後，就可以因應各種形狀的加工。使用*CNC*工作母機就可彈性加工多樣少量的零件。

⑵ 配合加工效率及目的，可以獲得各種等級的精度

在一般的切削中，加工出10 μm左右尺寸精度的引擎零件是很普遍的。但是，以單結晶的鑽石刀具來切削，在超精密切削中，就可以做到奈米級的加工。

⑶ 去除加工所消耗的能量低

切削加工比熱式去除加工或電化式去除加工，在去除單位體積所需的能量要低，故可以達成高效率的去除加工(參考表1.1)。

而其缺點有以下幾點：

⑴　基本上是以工作物及刀具的旋轉運動、直線運動，利用其相對運動而創成形狀，故刀具無法到達的形狀，就無法加工。

⑵　由於是將刀具的形狀轉寫到工作物，故由於摩耗會使刀具失去原來形狀，而無法獲得較高的精度。

⑶　變成切屑而廢棄的部分很多，浪費的材料比塑性加工多出許多。

⑷　由於經由刀具而受到力量作用，故會產生「彈性變形」，而影響精度，且在加工面會留下「加工變質層」。

2.2 切削加工用工作母機與刀具

切削加工或研磨加工用機械，稱爲「工作母機」。工作母機依工作物及刀具的相對運動，而有各種分類。且各種加工也有很多複合化的加工，但在本節僅介紹基本的加工。

2.2.1　車床

利用工作物旋轉運動，而使刀具(一般稱爲車刀)作直線運動，以切削加工具有機械的軸或襯套等圓截面的零件之工作母機，稱爲車床。普通車床由如圖 2.1 般的零件構成，利用刀具與進給方法的組合，除了可以車圓柱面、端面外，也可以車錐度、搪孔、車螺紋等(圖 2.2)。

大型且重量很重的大零件加工，是使用將工作物置於旋轉工作台上的立式車床(圖 2.3)。

車床用刀具

車床加工是使用如圖 2.4 所示，在角柱前端附有刀刃的「車刀」。因爲產生切屑的刀刃只有一個，故英文稱爲 Single point tool。角柱的部分是用來將刀具安裝在工作母機的部分，我們稱為「刀柄」。車刀雖然是使用在車床加工、搪孔上，但光是使用在車床加工用刀具，就有如圖示般的各種車刀。而加工小直徑螺紋，則是使用螺絲模或螺紋梳刀(圖2.5)。

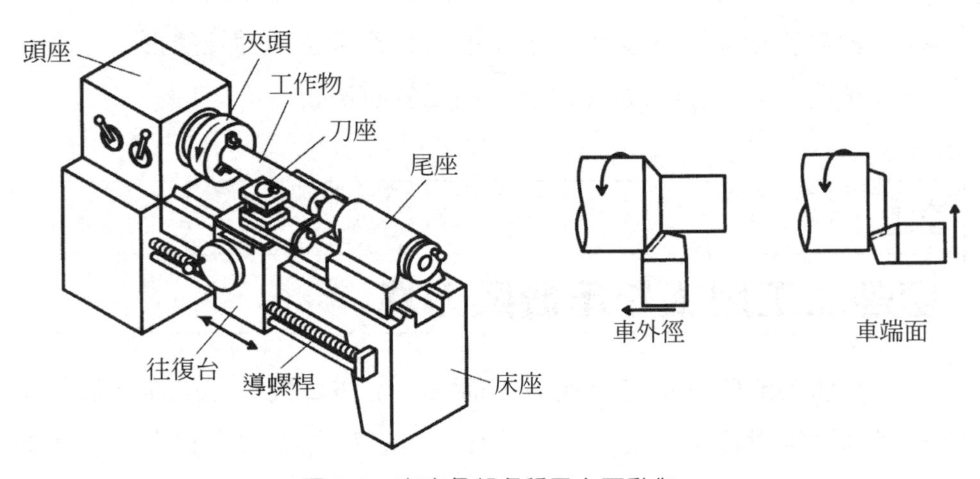

圖 2.1　車床各部名稱及主要動作

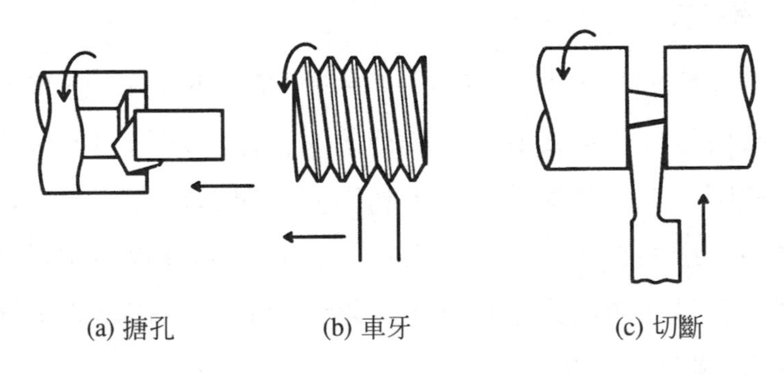

圖 2.2　車床的各種工作

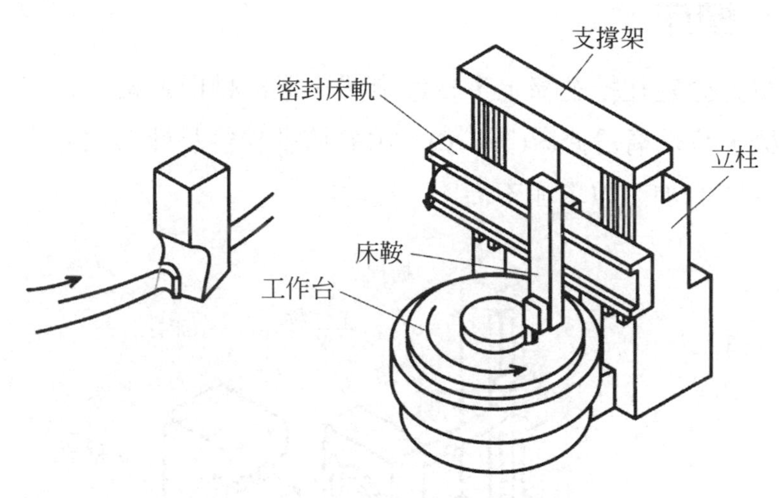

圖 2.3　立式車床及其各部名稱

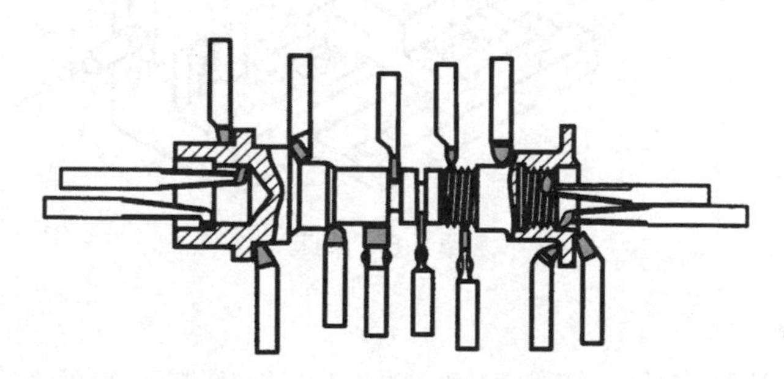

圖 2.4　車床用各種車刀

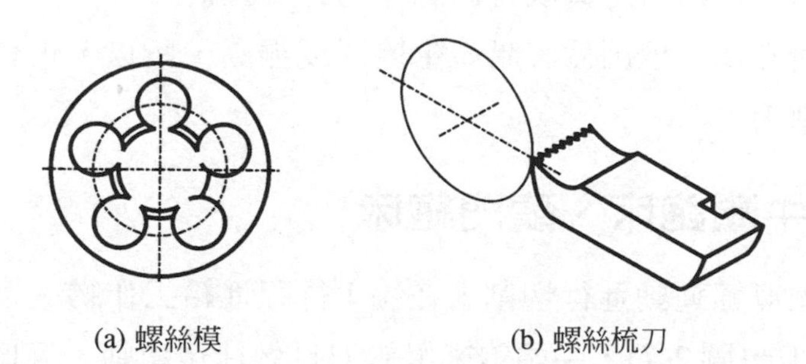

圖 2.5　切削螺紋用刀具

2.2.2 搪床

將車刀固定在搪孔棒上，一邊旋轉一邊作軸向進給，以加工內孔的工作母機，我們稱爲搪床(圖 2.6)。由於搪孔棒容易變形並產生振動，故每單位時間的加工效率並不高。

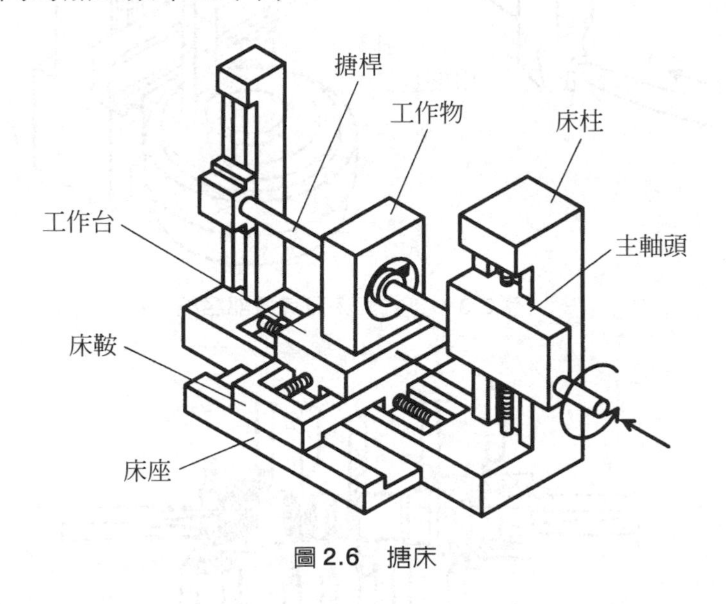

圖 2.6 搪床

搪床用刀具

搪床使用與車床一樣的刀具，但是，稱爲搪孔棒的桿狀旋軸部分，是安裝了搪刀，搪刀是做成可微調徑向伸出量的刀具。深孔的搪孔必須使較長的搪孔棒，但因爲容易產生變形或振動，所以，也有安裝特殊衰減裝置的搪刀。

2.2.3 牛頭鉋床、龍門鉋床

刀具做直線運動進行切削，在每 1 行程進給工作物，以反覆切削方式的工作母機(圖 2.7)，牛頭鉋床用於刀具做往復運動，且比較小工作物的平面及溝槽的加工。龍門鉋床是將工作物置於工作台上，而使工作台做往復運動的型式，用於加工車床床台或大型零件的平面及溝槽。由於牛頭鉋床及龍門鉋床都是利用鉋刀的往復運動，故加工效率較低，故在更換爲旋轉型刀具方式後，最近，在生產現場的數量已變得愈來愈少了。

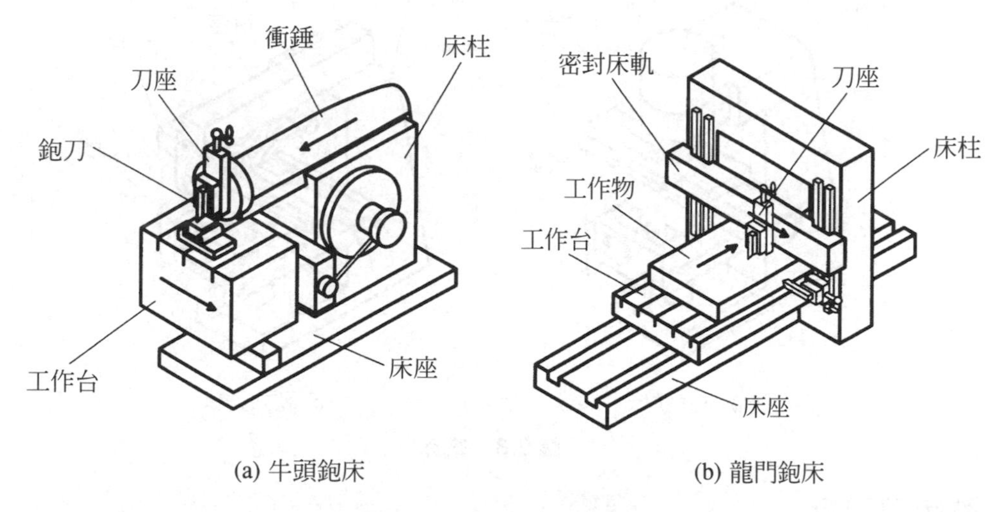

(a) 牛頭鉋床　　(b) 龍門鉋床

圖 2.7　牛頭鉋床與龍門鉋床

牛頭鉋床、龍門鉋床用刀具

牛頭鉋床、龍門鉋床使用與車床相同的刀具(在車床稱爲車刀，在鉋床稱爲鉋刀)。每一行程開始切削時。刀具與工作物的衝擊，容易使刀具破損。爲了減少這種問題，是使用將刀柄的部分彎曲成U字形，而具有彈性的「鵝頸形鉋刀(彈性鉋刀)」。

2.2.4　銑床

銑床就是將稱爲「銑刀」的旋轉刀具，安裝在主軸上，而將工作物夾持於X、Y、Z 3軸移動的工作台上，進行平面、溝槽、袋狀孔等很多種類的加工之工作母機。與車床或鑽床同爲平常使用最多的工作母機之一。

如圖 2.8 般，有垂直於工作台的「立式」銑床與平行於工作台的「臥式」銑床。

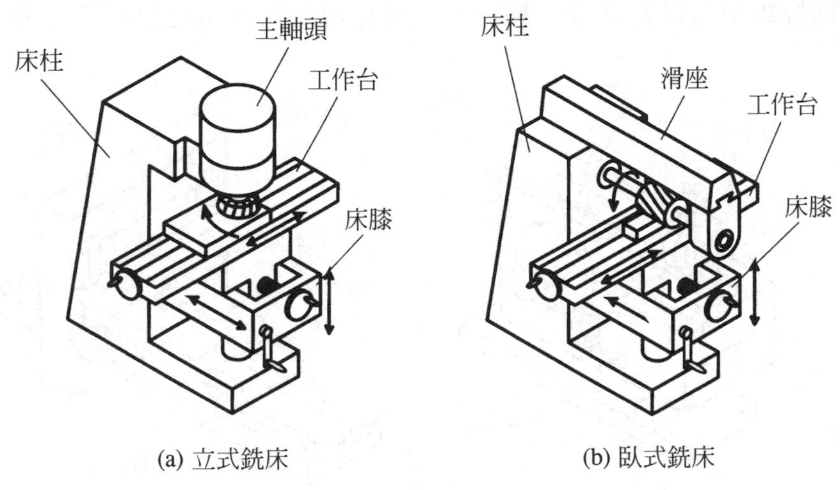

(a) 立式銑床 (b) 臥式銑床

圖 2.8 銑床

銑床用刀具

圖 2.9 所示，爲使用於臥式銑床的刀具例子。也有加工複雜剖面形狀的溝槽之特殊銑刀，做成齒輪齒形的漸開線銑刀，是用於齒輪的加工。

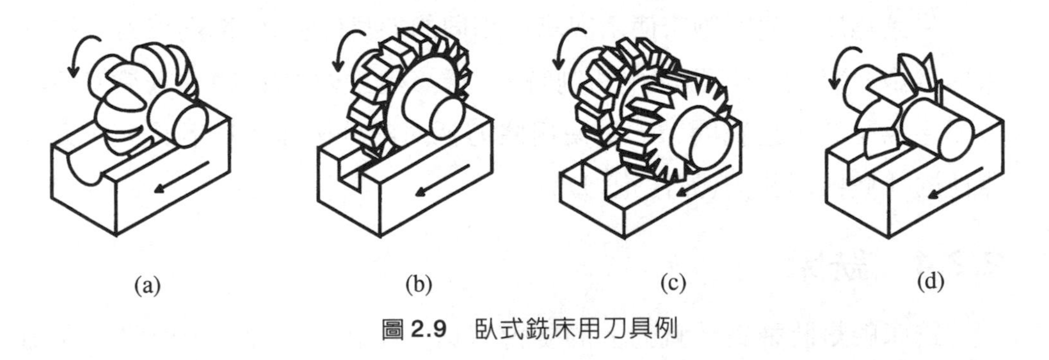

(a) (b) (c) (d)

圖 2.9 臥式銑床用刀具例

面銑刀與端銑刀是立式銑床最普遍使用的刀具(圖 2.10)。廣泛應用於溝槽加工、袋狀孔加工等處。而端銑刀前端爲球狀的球形端銑刀，是加工複雜 3 維形狀模具，不可或缺的刀具。

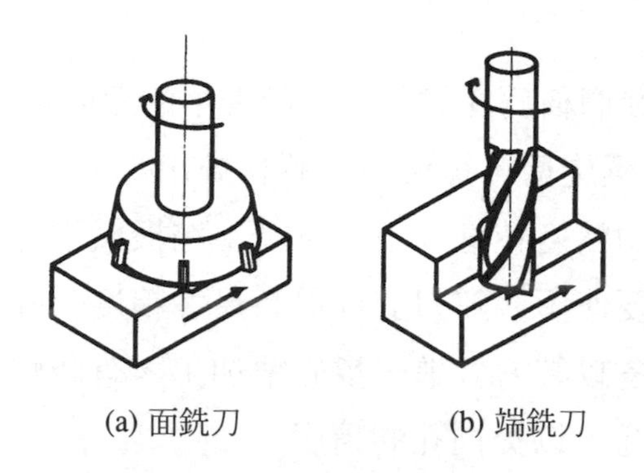

(a) 面銑刀　　(b) 端銑刀

圖 2.10　立式銑床用刀具例

2.2.5 鑽床

鑽床就是將「鑽頭」安裝在主軸上，一邊旋轉主軸一邊做軸向進給，而對固定於工作台上的工作物進行鑽孔的工作母機。工作母機的型態與銑床類似，但是，是在鑽孔時會產生很大的「軸向推力」的構造(圖 2.11)。要在大型工作物上鑽孔，必須使用主軸部份可在旋臂上做徑向移動的懸臂鑽床(圖 2.12)。

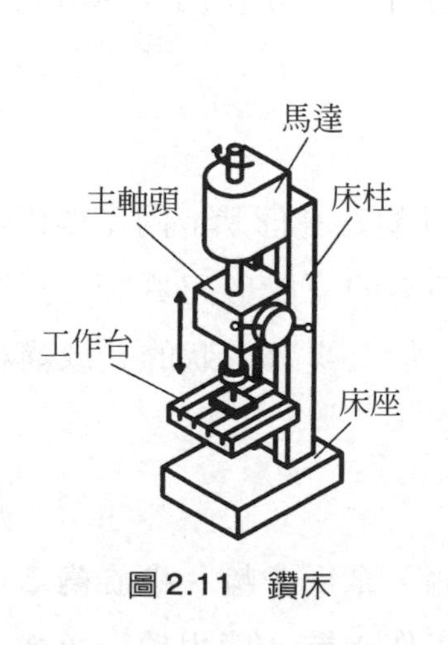

圖 2.11　鑽床

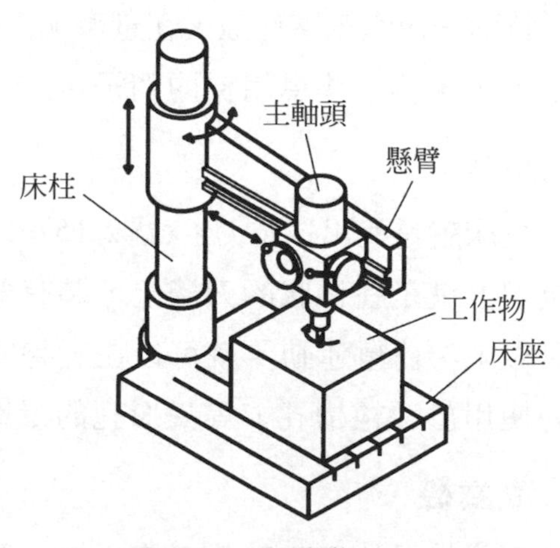

圖 2.12　懸臂鑽床

鑽床用刀具

鑽孔用刀具我們稱為「鑽頭」，最常用的鑽頭為「螺旋刃鑽頭」(圖 2.13)。鑽頭上有螺旋槽，可使切屑順利排出。

以鑽頭鑽孔的精度較低，不能直接用在機械零件的配合或與滾動軸承的配合上，故要使用「鉸刀」以提高尺寸精度及孔的圓筒度。以螺旋鑽頭鑽孔後，大多以鉸刀做進一步的精加工。有關較大孔的加工，是使用搪孔刀進行搪孔，以提高孔的精度。

以鑽頭鑽孔後的攻牙工作，是使圖 2.14 的螺絲攻，螺絲攻也使用於銑床。

圖 2.13　螺旋鑽頭

圖 2.14　螺絲攻

2.2.6　其他切削加工用工作母機及刀具

以上已說明了一些主要的工作母機，其他還有許多種類的工作母機。特別是像汽車零件般，在量產加工的要求下，大多使用「專用機」，以下所示，為一些專用機的例子。

1.　拉床

拉床就是使用「拉刀」(圖 2.15)，加工「複雜孔形狀」的工作母機。「拉刀」就是在桿狀的刀體上，裝有並排刀刃的「成形刀具」。只要將刀具做 1 次往復運動，就可以在短時間內，加工複雜形狀的孔或溝槽。拉刀使用於「栓槽孔」等異形孔的量產加工。

2.　滾齒機

滾齒機乃切削齒輪的工作母機，平齒輪、傘形齒輪、螺旋齒傘形齒輪、渦輪等各種齒輪，是分別使用專用的工作母機。使用於汽車變速箱內的斜齒平齒輪加工，是以配置於圓柱面的齒條形刀具之「滾齒銑刀」(圖 2.16)，來進行量產加工。

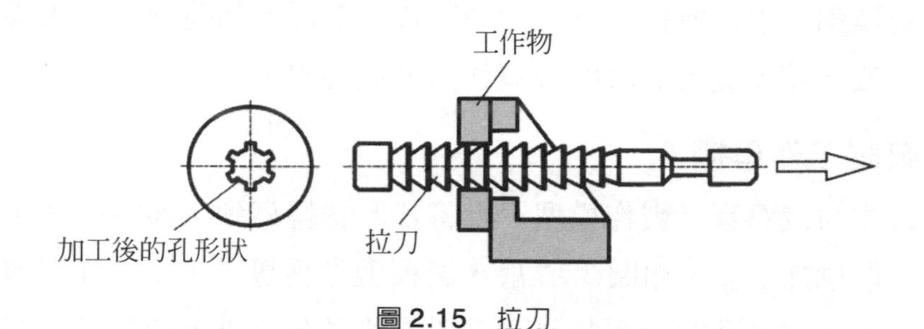

圖 2.15　拉刀

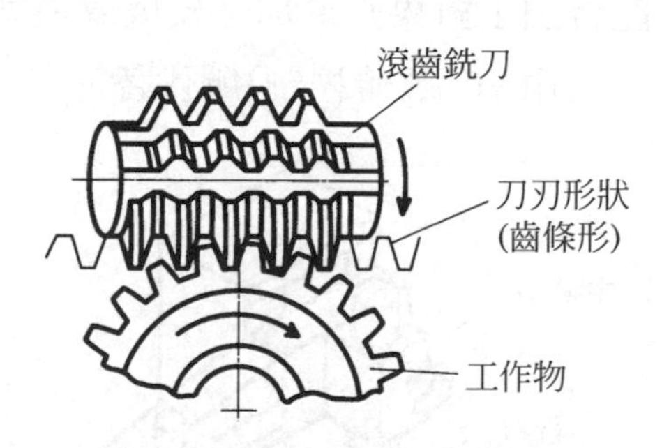

圖 2.16　以滾齒銑刀切削齒輪

2.2.7　自動化工作母機

到目前爲止所解說的工作母機，基本上是操作員以手來操作。但是，像製造汽車零件般，大量生產相同規格的零件時，是活用如前面所敘述過的「成形刀具」，縮短加工時間，並且不靠人工的自動運轉。我們要針對工作母機的自動化，一邊追蹤歷史，一邊介紹一些有關的報導。

1.　自動車床

「自動車床」大多是使用在以量產加工汽車或鐘錶等零件爲目的。它具備有自動更換許多種刀具，自動裝拆工作物的裝置。「多軸自動車床」是裝備有多數相當於車床主軸的心軸，可同時進行不同的加工，它使用於汽車零件的量產上。且在所謂電控的「機電整合」未出現的時代，是驅動凸輪或連桿，以「全機械式」進行自動運轉。加工零件一變更，一般要花上幾天的時間去調整凸輪或連桿。

2. 倣削工作母機

以木材或石膏等製作模型，再將其形狀轉寫到工作物的加工，我們稱爲「倣削加工」。如圖 2.17 般，將模型做爲導針，使工作母機依其形狀動作，來加工硬的金屬材料。這種方法長久以來，使用於沖模或塑膠模的加工。但是，配合加工對象必須加工模板或模型，所花費的成本或時間相當多。最近，已由*NC*(數値控制)所代替。

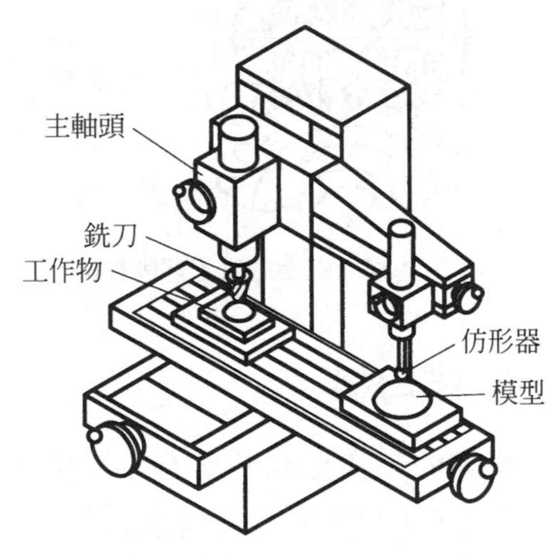

圖 2.17 倣削工作母機

3 *NC*(數値控制)工作母機

由於機電整合的發達，出現了*NC*(數値控制)工作母機。將機械各部的動作，事先製作成程式。在加工時，呼叫該程式，以進行預定的加工。將程式存檔在控制器中，配合各種需要，可因應各種零件加工。與目前使用的「自動車床」或「倣削工作母機」比較，*NC*工作母機較具彈性。且由於高速化處理機的出現，可以高速加工複雜的3維形狀。

2.2.8　複合化、彈性化工作母機

1.　轉移型機械

針對像汽車引擎般，必須做平面加工、孔加工、攻牙等很多加工的量產零件，為了要達到自動加工，所使用的就是轉移型機械。如圖2.18將工作物置於托板上 移動到各「工作點」進行銑削加工或鑽孔加工，亦稱「加工的流動工作」。

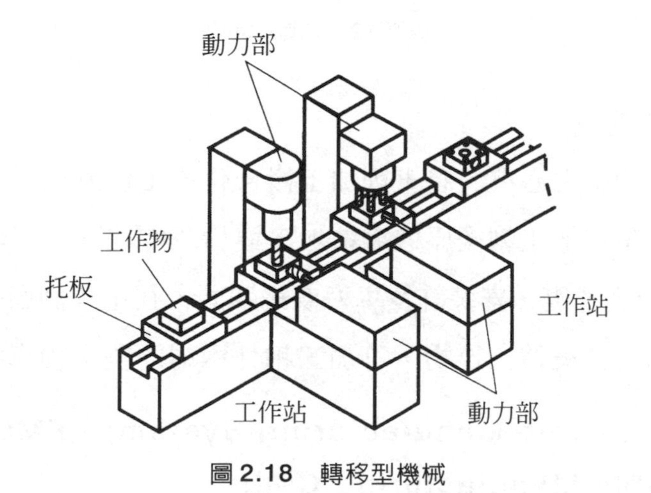

圖2.18　轉移型機械

2.　切削中心機

分別使銑削、鑽孔加工、搪孔加工等刀具旋轉，以達到複合化的工作母機。以*NC*銑床為基礎，安裝能自動更換各種刀具的裝置(ATC)，在無人的情況下，可以進行一連串的加工(圖2.19)。切削中心機也可以配備自動更換工作物的托板，操作員下班前可備好托板，以便在深夜無人的情況下運轉。隔天再將加工完工作物拆下，這樣的工程是很普遍的。

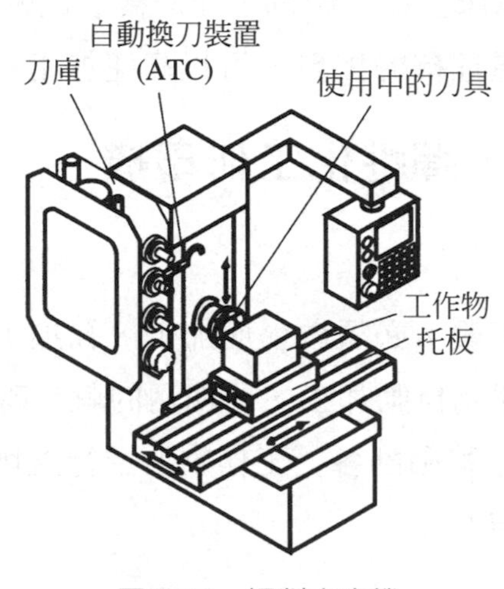

圖 2.19　切削中心機

3. 車銑複合機

相對於切削中心機，將車削加工複合化的工作母機，我們稱為車銑複合機。就是在加工軸後原機繼續加工鍵槽或螺紋孔的工作母機。也可以以*NC*車床為基礎，安裝許多車刀或銑刀頭，在尾座側備有夾持工作物夾頭，自動更換夾持工作物，可加工軸件兩端的雙主軸車銑複合機。

4. FMS(Flexible Manufacturing System)、FMC (Flexible Manufacturing Cell)

將工作母機複合化，而以彈性化為目標的系統，有 FMS 及 FMC。FMS就是以無人搬運車連結多數切削中心機、車銑複合機及量測站等，在無人的情況下，進行各式各樣的零件加工或更換刀具的工廠，在1980年代成了人們討論的話題。但是，完全無人化的設備成本過於大，最近，多引進將FMS小規模化的FMC。

FMC(圖 2.20)是以機器人連結數部 *NC* 工作母機，在「單元」內運轉的系統，可以達到利用多數工作母機，因應相當高度多樣化的能力。最近各地的工廠，構築這種FMC，以達到最少的操作員及深夜無人運轉。

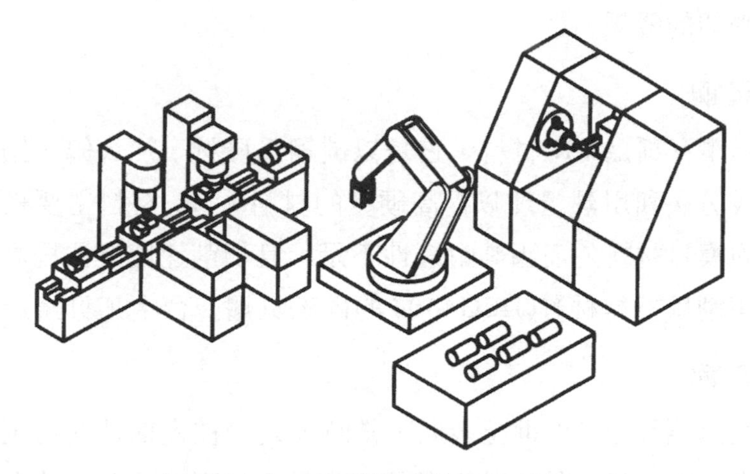

圖 2.20　使用機器人的 FMC 實例

2.3 切削刀具用材質

切削用刀具必須具備「比工作物更高硬度」的條件。只有在室溫有較高硬度，是無法發揮切削刀具的功能。18 世紀開始使用工作母機的切削加工，是使用含碳量高的淬火硬化鋼，做爲切削碳鋼的「刀具」。刀尖的溫度愈高會使刀具回火，而失去其切削功能。後來，由於提高「高溫區域硬度」的材料技術進步，而開發出各式各樣的刀具材質來。

刀具材質與武器開發有密切的關係，現在，使用量很多且花費高的「碳化鎢」，是以公元 1920 年代，將德國開發安裝在砲彈前端部分的

「高硬度材料」拿來做爲刀具材質。合成鑽石或CBN，也是在同樣的情況下，開發出來的刀具材質。看了由石器進入金屬器，由青銅器進入鐵器的材料歷史。我們也可以了解，「最尖端的技術」是與「武器的開發」有密切的關係。

1. 工具鋼

工具鋼又稱爲 SK 材料，它是以碳鋼爲母材，加入鎢、鉬、鉻、鎳等合金成分，利用熱處理以提高硬度的材料。SK 材料主要是做爲鍛造或沖壓的模具材料。而因其耐磨性不足，且切削速度無法提高，故不適合做爲切削用刀具材質(JISG4404 的碳工具鋼、合金工具鋼)。

2. 高速鋼

高速鋼開發於 19 世紀末期，當時，是一種畫期性的切削用刀具材質，與當時的刀具比較，其高溫硬度高且可以高速切削，故命名爲「高速鋼」。但是，在現在已稱不上是高速了。High Speed Steel 簡稱爲 H. S.S.，高速鋼大多用於鑽頭、鉸刀、螺絲攻、螺絲鏌等刀刃形狀比較複雜的刀具。高速鋼是切削刀具使用量最多的材質(JISG4403)。

3. 碳化鎢

在日本將碳化鎢稱爲「超硬合金(簡稱超硬)」，但它並不是「合金」，而是將 WC 的粉末，以 Co 爲結合材料，「燒結」而成陶瓷與金屬的混合物。在公元 1920 年，因爲德國開發出來的名稱爲Hart melall，故日本稱它爲「超硬合金」。而英文的 Sintered Carbide(燒結碳化物)的稱呼較恰當。以碳化鎢做爲切削刀具，從交易金額來看，是使用最多的切削刀具，在要求去除效率的切削加工中，車刀、銑刀、鑽頭使用碳化鎢做爲刀具材質最多。(JISB4053)。

將碳化鎢的主要成分，換爲碳化鈦(TiC)或氮化鈦(TiN)的材質，我們稱爲「瓷金」，在很多場合必須與碳化鎢有所區分。它是陶瓷與金屬結合而成的新術語，其耐磨耗性比碳化鎢優越，但是，耐衝擊性則稍差，故多用於精加工的切削。

4. 陶瓷刀具

陶瓷是在高溫具有較高強度的材料，也有做爲刀具材質來使用。但是，其韌性比高速鋼或碳化鎢低，且容易崩損，故要做爲切削用刀具，成爲可靠性高的刀具材質，是經過了一段漫長的歲月。最近，由於工作母機的高性能化，而減少了刀具損傷的一些因素，而變成可以做爲比碳化鎢更高速切削的刀具來使用。

陶瓷刀具大致上分爲鋁系、氧化鋁－碳化物系及氮化矽系的陶瓷。氮化鋁系陶瓷是在公元 1950 年，開發出來後代替碳化鎢的，其顏色爲白色，故稱爲「白陶瓷」。氧化鋁－碳化物系陶瓷，因爲添加了碳化鈦或氮化鈦，而有「黑陶瓷」的名稱。對於機械式、熱式的衝擊強，故用於切削高硬度材料。又氮化矽系陶瓷則適合於鑄鐵的高速高進給切削或銑削加工。

5. 被覆刀具

切削刀具的耐磨耗性與耐衝擊性，有其表裏的關係，要兩者皆成立是很困難的，所以，我們考慮了被覆刀具。在高速鋼或碳化鎢表面，施予陶瓷被覆，而使表面陶瓷具有耐磨耗性，而母材本的韌性具有耐衝擊性。而被覆的材質是使用鋁、氮化鈦(TiN)、碳化鈦(TiC)及其複合而成的材質，它廣泛使用於鑽頭、端銑刀、鉸刀、齒輪加工用滾輪銑刀等處。

6. 鑽石刀具

鑽石是地球上最硬的物質，當然，會被考慮用來做爲切削刀具。但是，刀刃的成形或研磨並不容易，且對鐵系工作物的耐磨耗性低等原因，幾乎不用來做爲鐵系刀具材質。但它卻廣泛使用於非球面鏡片用模具、隱形鏡片、雷射反射鏡等光學零件的「超精密切削」。其原因乃單結晶鑽石，可以研磨原子等級的凹凸，在切削銅、鋁、鎳系合金時，刀刃形狀可以正確轉寫，而比較容易達到次微米的精加工面粗糙度。

鑽石依其結晶方位，磨耗特性會有很大的變化，但是，將微小的鑽石粉末燒結，而消除其缺點的「燒結鑽石刀具(PCD)」，是用於鋁合金製的活塞或影印機用感光滾筒的精密切削。

7. CBN 刀具

CBN(立方晶氮化硼)是僅次於鑽石的第二硬物質，原來是不存在於地球上的物質，但在公元1957年，經由合成而變成 CBN。對於鐵系材料的耐磨耗性，CBN 比鑽石來得優越，故大多用於汽車零件的量產加工。特別是在最近，用於因熱處理而提高硬度的鋼料精加工。省掉了原來必要的研磨工程，而對降低成本有重大貢獻的例子到處可見。

圖 2.21 所示，是依溫度高低來比較各種刀具材質的硬度。圖 2.22 是各種刀具材質的切削速度使用範圍。

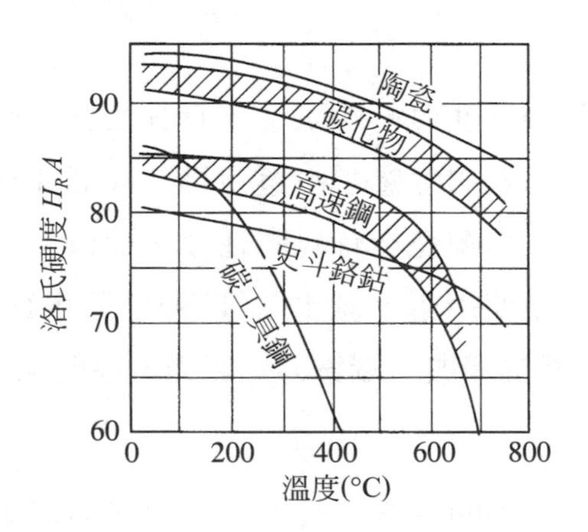

圖 2.21　各種刀具材質的硬度

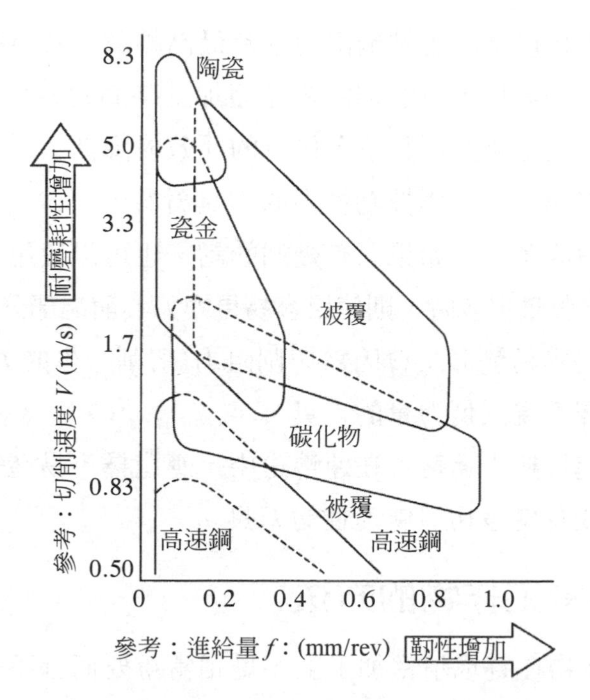

圖 2.22　各種刀具材質的切削速度使用範圍

2.4 切削加工的準備工作

只將刀具與工作物安裝在工作母機上，並無法做到精密機械加工。在開始切削加工前，必須準備的工作很多，在本節將舉出一些代表性的事項。

2.4.1 選擇切削刀具

前節已經針對刀具材質的特性加以解說，實際上，在選擇刀具時，必須考慮以下各項：

⑴ 使用工作母機的主軸輸出功率及最高轉數：考慮配合機械能力的刀具耐磨耗性，並選擇能夠縮短加工時間的刀具。

⑵ 工作母機主軸的振動或工作台的「效能降低」：比較容易造成刀具的崩損，故要選擇韌性高的刀具材質。

⑶ 加工數的多少：如果只有幾個的話，也可以使用手磨的刀具，但是，在數量很多時，則使用容易更換刀具前端部分的捨棄式刀具。

⑷ 工作物容易變形：會因爲切削阻力(切削產生的力量)而變形時，應選擇重視減低力量的刀具。

⑸ 是否進行無人運轉：在運轉途中，應選擇不易產生崩裂而停機的刀具或有優越切屑處理性的刀具。

2.4.2 夾持工作物的方法

夾持工作物在實現精密加工上，是相當重要而且不會改變的，文獻上也是不太會介紹到的技術。在進行機械式去除加工時，一定不要同時產生力量，這種力量會造成刀具或工作物的變形。夾持工作物使其變形在小限的方法，是實現精密機械加工的要件。且在加工點產生熱量，會造成工作物的熱變形。使熱變形最後不會影響加工面精度的夾持方法，也應該加以考慮。

進一步舉一個單純的例子，將工作物或虎鉗固定在銑床的工作台時，如果沒有去除工作台表面的傷痕或毛邊，就會影響工作物的形狀精度。這些工作是精密機械加工不可或缺的技能。即使是無人化工廠，也不要使工作物變形。正確將工作物安裝在拖板上的工作，是無法由機器人取代的。

2.4.3　切削液

在切削加工中，爲了抑制刀具磨損及減小加工面粗糙度等目的，而使用切削液。切削液的功能有「潤滑」、「冷卻」、「洗淨」等，必須配合加工目的，加以區分使用。

切削液大致分爲非水溶性切削液(JISK2241)與水溶性切削液(JISK2242)。

非水溶性切削液是在礦物油或植物油加入添加劑，其潤滑性較優越。在礦物油加入極壓添加劑(氯或硫磺的化合物，在金屬表面形成薄膜，可防止熔著)的切削液，用於容易產生刀具磨耗的不銹鋼切削。

水溶性切削液是以水爲主體，加入數%的添加劑，主要使用於重視冷卻性的加工。水溶性切削液分爲乳化液型及可溶型。乳化液型是以水稀釋後，則變成白濁色，故亦稱爲乳化油，爲具備潤滑及冷卻兩種功能的切削液。但因容易腐敗，故壽命極短。可溶型切削液是以界面活性劑爲主體，添加的幾乎都是水的油劑，用於重視冷卻功能的研磨加工。

在切削加工中，切削液的潤滑效果，可以得到期待，是因爲在切削溫度不太高的速度範圍，而不是在所有的切削條件，可以得到效果。在切削速度很高時，由於冷卻所造成的熱衝擊，會使刀具產生龜裂，而導致破損，故一般都不使用切削液。

供給切削液的方法，能否發揮切削液的效果，是重點所在，在鑽孔時，由於切削液無法到達切削點，故有採取在鑽頭內部，設置給油孔，而送出高壓切削液的方法。

2.5 切削加工原理

切削加工是刀具進入工作物，機械式產生切屑的去除方法。將冰箱內冷藏的奶油，用奶油刀在奶油表面切削的動作，奶油會斷續的變形而堆積在刀子的表面。金屬材料的切削，基本上也是以相同原理產生切屑。首先，要針對切削加工的基本，產生切屑的原理加以解說。

2.5.1 二維切削與實際切削(三維切削)

爲了單純了解切削加工原理，而將切削加工原理分類爲以下的切削樣式。

1. 二維切削

如圖 2.23(a)般，刀具的刀刃垂直於切削寬度的方向，刀具的刀形與寬度方向相同的切削，我們稱爲二維切削。圖 2.24 所示，是由切削方向取剖面。這種形狀在寬度方向的任何位置均相同。圖中所示，爲二維切削時各部的名稱。

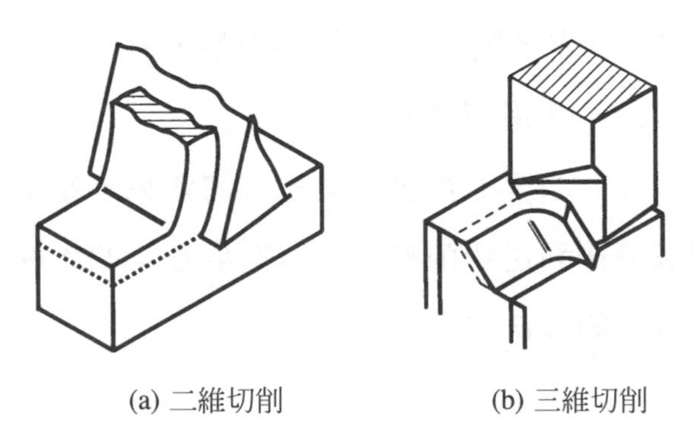

(a) 二維切削　　(b) 三維切削

圖 2.23　二維切削與三維切削

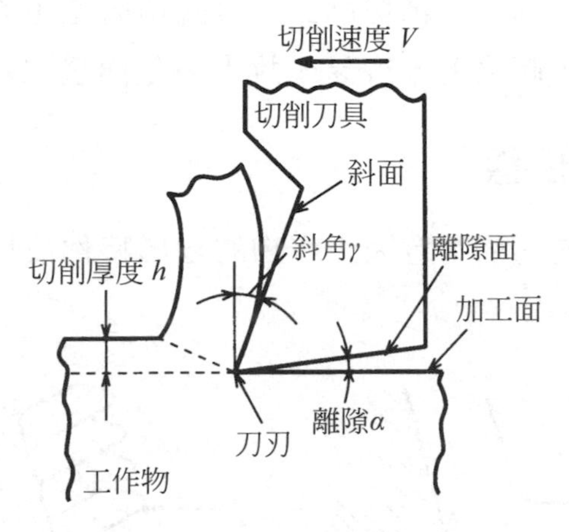

圖 2.24　二維剖面

切屑從切削材料分離的刃邊，我們稱爲「刀刃」，構成刀刃的 2 個平面中，切屑圓滑脫離的面，稱爲「斜面」，加工面側邊稱爲「離隙面」。刀刃通過以後的面，稱爲「加工面(精修面)」。

表示斜面傾斜的角度，我們稱爲「斜角」，垂直於切削方向時爲 0°，斜角對產生切屑的影響最大。一般斜角多採－5°～－10°。

離隙面與加工面所構成的角度，我們稱爲「離隙角」，對於產生的切屑不會有影響，但對與刀具的磨耗或破損，有很大的關係，所以，離隙角不能太大。一般，在－5°左右。

斜面與離隙面相交所成的「交線」，就是刀刃。在圖中所看到的刀刃並沒有圓角，但實際上在刀刃上必存在圓角，在切屑厚度小的精密切削，因爲是以圓角的部分，做爲斜面來動作，故刀刃上圓角的大小，大大影響了切削機構。

2. 三維切削

在實際的切削中，如前面所提到的像二維切削的情況，幾乎都像圖 2.23(b)所示般，刀具前端的刀刃成曲線的部分形成切屑。切屑排出的方向並不單純，故稱為「三維切削」。有關切屑產生的研究很多，但影響的因素很多，分析起來並不容易，故大多化簡為二維切削來考慮。

2.5.2 切屑形態

切削所產生的切屑，會因工作物的變形特性或切削條件，而有各種的型態(圖 2.25)。

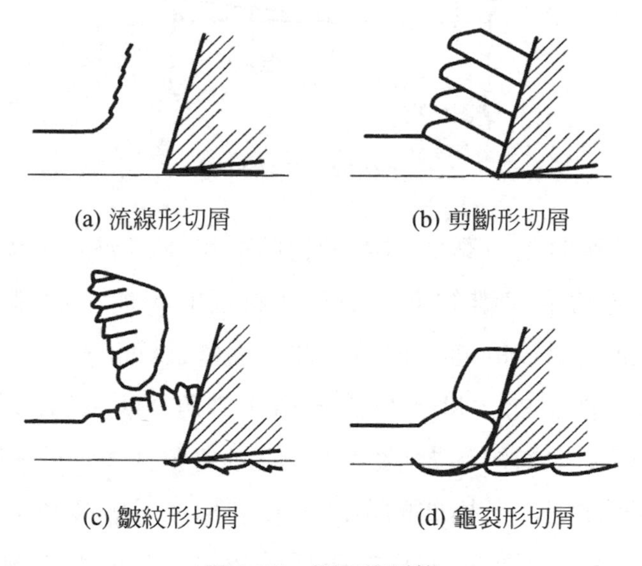

圖 2.25　切屑的形態

1. 流線形切屑

如圖 2.25(a)所示，表面光滑厚度均勻的切屑，我們稱為流線型切屑。精加工面也變得光滑，我們都希望產生這樣的切屑。

2. 剪斷形切屑

在表面產生各種凹凸狀，產生週期性中瘦形或週期性龜裂的切屑，這種切屑大多發生在切削脆性材料或熱傳導率很小的工作物。(圖 2.25(b))。

3. 皺紋形切屑

在切削純鋁或純銅等延展性很高的工作物時，所產生的切屑。斜面的潤滑不足時，切屑凝結於斜面排不出來，而變成「一堆」。在精加工面產生皺紋，使粗糙度顯著惡化(圖 2.25(c))。

4. 龜裂形切屑

如圖 2.25(d)所示般，爲不連續稀稀落落分離的切屑，在切削灰鑄鐵等脆性材料時，容易產生這樣的切屑。所產生的龜裂比預定切削的面深時，會增加精加工表面粗糙度。這種龜裂型切屑會同時產生切削阻力的變動，但是，由於切屑所承受的變形小，故切削阻力也小。

2.5.3 影響切屑形態的因素

前節所提的 4 種切屑形態，是在切削中母材受到變形，而變成切屑時，依「造成破裂者」的程度來分類的。亦即在切屑內部不產生破裂時，就會變成「流線形」切屑。雖然產生破裂，但是，在中途會停止的，就變成「剪斷形」切屑。不會產生破裂，但切屑的變形過大之切屑，就變成「皺紋形」切屑。而產生過度的破裂，達到精加工面的切屑，就成爲「龜裂形」切屑。又造成破裂的容易度，是依材料固有的「破裂變形」及其應力狀態來決定。

依工作物的情況，要產生「流線性」切屑比較困難。但是，一般要提高切屑的連續性，有以下的對策。

⑴ 減少切屑承受的變形。具體來說，就是增加刀具的斜角。

⑵ 提高切削材料的延展性。具體來說，就是提高切削材料的溫度。雖然，提高切削速度可以提高切削材料的溫度。但是，變成切屑時的「變形速度」也提高了，反而降低了材料的延展性。

⑶ 降低刀具斜面的摩擦。具體來說，就是供給有潤滑效果的切削液。

2.6

切削機構(產生切屑的原理)

切削加工雖然是利用對切削材料施加力量，使其產生「剪斷變形」，連續使切削材料產生剪斷變形，變成切屑後達到去除的目的。但是，造成剪斷變形的條件爲何，又刀具斜面的摩擦力，會造成何種影響，我們必須加以思考。在本節中爲了將狀況單純化，針對流線形切屑，在二維切削時的情況，來加以分析。

2.6.1 二維切削的剪斷角與剪斷變形

1. 切削比

如圖 2.26 所示，將某長度的金屬做二維切屑時，切屑的長度會變短，且厚度反而成反比會變厚。此時的長度比，我們稱爲「切削比」，以下列公式表示

$$C_h = \frac{L_c}{L} = \frac{h}{h_c} \tag{2.1}$$

其中，L表示切削材料的長度，L_c爲切屑的長度，h爲切削厚度，h_c爲切屑厚度。

2. 剪斷角

產生流線形切屑時，在圖 2.27 的$\overline{AB}$，切削材料會變形爲切屑。此平面稱爲「剪斷面」，而與切削方向所構成的角度ϕ，稱爲剪斷角。由圖可以了解，切削厚度h、切屑厚度h_c、刀具斜角γ及剪斷角ϕ之間，以下的關係是成立的。

$$\frac{h}{\sin\phi}=\frac{h_c}{\cos(\phi-\gamma)} \tag{2.2}$$

在此公式中，爲ϕ加以整理，使用切削比C_h來表示，就變成了以下公式。由此公式可以算出，在二維切削中如果測量切屑厚度或長度，就可以算出剪斷角。

$$\tan\phi=\frac{C_h\cos\gamma}{1-C_h\sin\gamma} \tag{2.3}$$

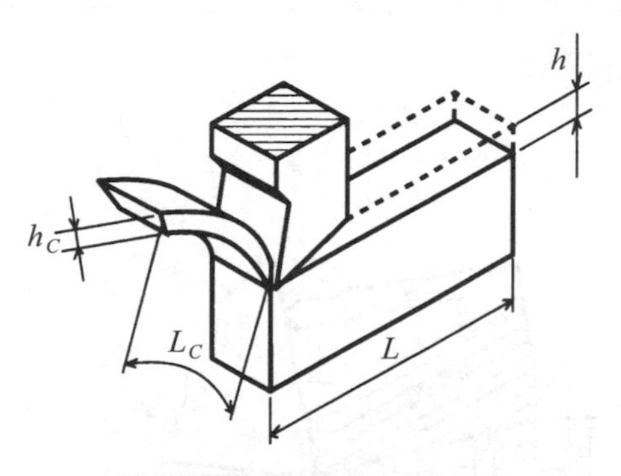

圖 2.26　二維切削的切削比

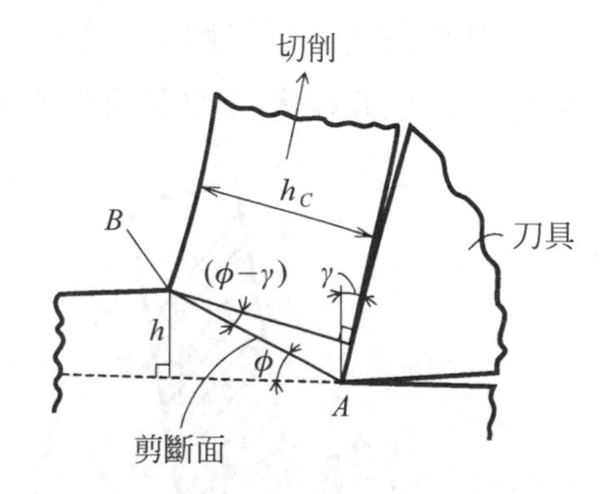

圖 2.27　剪斷面與剪斷角

3. 剪斷變形

切削材料在剪斷面變形，而變形成爲切屑。這時候所承受的「剪斷變形」，可以如下般求得。在圖 2.28 中，刀刃前端的A到B間的移動，切削材料的平行四邊形$ABCD$的部分，承受剪斷變形，而變成平行四邊形$A'BC'D$的「切屑」。此時的剪斷變形爲

$$\gamma_s=\frac{\overline{AA'}}{BE}=\frac{\overline{AE}+\overline{EA'}}{BE}=\cot\phi+\tan(\phi-\gamma) \tag{2.4}$$

如果斜角改變的話，由切削比來計算剪斷角，而以剪斷角來表示。

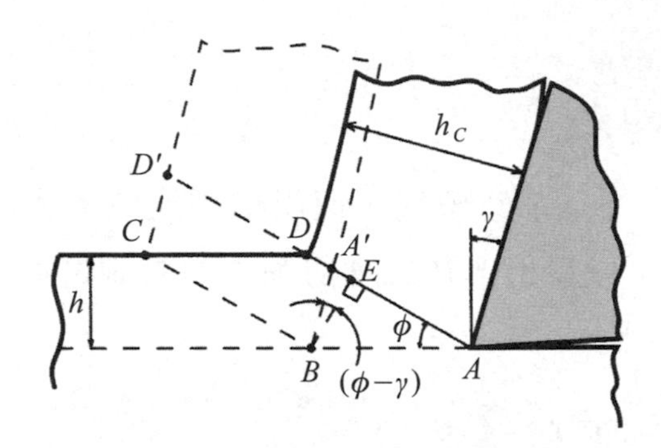

圖 2.28　切屑承受的剪斷變形

由此公式可以了解，一般，ϕ愈大則剪斷變形愈變得愈小。圖 2.29 所示，爲以條紋表示切屑承受的剪斷變形。

圖 2.29　剪斷角不同產生不同的剪斷變形

2.6.2　二維切削的切削阻力

針對在二維切削中產生切屑時，作用於刀具或切削材料的力量(切削阻力)來思考。在本節中必須注意以下情況，「力量」不只與剪斷變形有關的力量外，它是由切屑在斜面上產生滑動時的摩擦力。可測量的切削阻力，就是這些力量合成而得的，要分別分開測量是相當困難的。在本節中只以切削阻力的合力爲對象，來檢討剪斷面上的應力及斜面上的摩擦力。

要產生切屑應該是如圖2.30般，沿著剪斷面有產生剪斷打滑的力量作用。以R表示切削阻力的合力，如果以ω表示剪斷面所成的角度，則造成在剪斷面上打滑的力量(剪斷力)爲$R\cos\omega$，剪斷面的面積爲$bh/\sin\phi$，故剪斷面上的應力，爲以面積除力量所得的值。在產生切屑時，應該是切削材料的剪斷變形等於必要的應力τ_s，故以下公式成立。

$$\tau_s = \frac{R\cos\omega}{bh/\sin\phi} \tag{2.5}$$

另一方面，如果，我們注意到施予刀具的反作用力，則R'可以分解爲垂直於斜面的力量N，與平行於斜面的力量F。F看做是切屑沿著斜面移動時的摩擦力。如果N與R'所構成的角度爲β的話，則

$$\tan\beta = \frac{F}{N} \tag{2.6}$$

β表示切屑與斜面間的摩擦係數，我們稱爲「摩擦角」。摩擦力F除了斜面的摩擦力，也包含在剪斷面產生剪斷變形的力量。但是，摩擦角β表示相對於斜面的切削阻力的方向之角度。

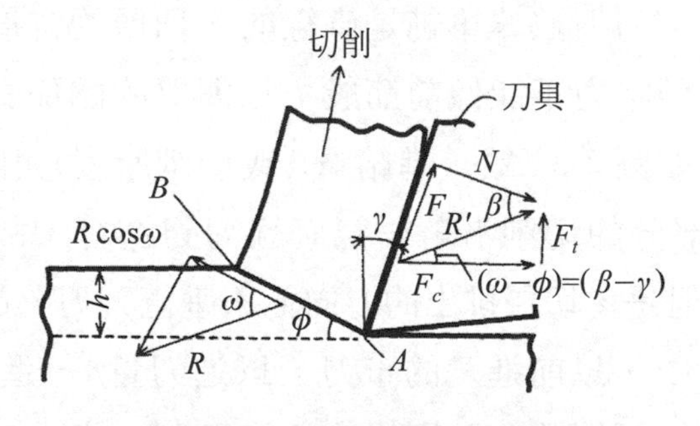

圖2.30　二維切削的切削阻力

由圖2.30可以了解，摩擦角β與斜角γ、剪斷角ϕ及切削阻力的合力與剪斷面所構成的角度ω之間，有以下的關係。

$$\omega = \phi + \beta - \gamma \tag{2.7}$$

其次，我們將切削阻力分解爲切削方向的分力「主分力F_c」與垂直方向的「背分力F_t」，則以上的公式可以表示成如下公式。

$$F_c = R\cos(\omega - \phi) = bh\tau_s(\cot\phi + \tan\omega) \tag{2.8}$$

$$F_t = R\sin(\omega - \phi) = bh\tau_s(\cot\phi\tan\omega - 1) \tag{2.9}$$

其中，b爲二維切削的切削寬、h爲以切削厚度，設定切削時的量、τ_s一般爲依切削材料而採一定值，如果ϕ與ω分開的話，即使未測量切削阻力，也可以由這些公式，算出切削阻力。但是，τ_s與由切削材料的靜態材料試驗所得到的剪斷應力，有相當的差異。由此公式可以了解以下的趨勢。

(1) 切削阻力與切削寬度b、切削厚度h及切削材料的變形應力成正比。

(2) 剪斷角愈大，則切削阻力特別是背分力F_t會減少。

2.6.3 三維切削(一般切削)的切削阻力

普通的切削，刀刃並非單純是直線的，切屑的排屑方向，也不是垂直於切刃，故切削阻力不能像前節般，以簡單的關係式表示。但是，即使是三維切削，如圖 2.31 般，進給量f(或切削厚度)與隅角半徑γ_ε，比進刀量a小時，大部分的切削沿著一條直線刀刃進行，故可以看到近似二維切削的情況。但是，切屑排出的方向並不垂直刀刃，故必須加以修正。

在車床加工中，以前進角的車刀，以進刀量a、進給率f切削時，如果忽視切削寬度的兩端部分，則視爲二維切削。由上往下看由此切削，則切屑排出的方向，與二維切削不同，一般是傾斜角度v_c，此角度稱爲「切屑排出角」。作用於斜面的摩擦力方向，因爲，與切屑排出的方向一致，故這種切削被視爲二維切削時的背分力，F_t的方向，如圖中所示般，被視為進給方向與角度(ϕ與v_c)。

由以上的檢討，三維切削的切削阻力 3 分力，可以下列公式表示。

$$F_v = F_c = af\tau_s(\cot\phi + \tan\omega) \tag{2.10}$$

$$F_f = F_t\cos(\phi + v_c) = af\tau_s(\cot\phi\tan\omega - 1)\cos(\phi + v_c) \tag{2.11}$$

$$F_p = F_t\sin(\phi + v_c) = af\tau_s(\cot\phi\tan\omega - 1)\sin(\phi + v_c) \tag{2.12}$$

其中，公式中的a、f及ϕ為已知，τ_s為切削材料的一定值，如果ϕ、ω及v_c求出的話，則 3 分力就可以算出來。但是，斜面如果相對於切削方向，而傾斜很多時，或隅角半徑的影響很大時，這些公式就不適合。

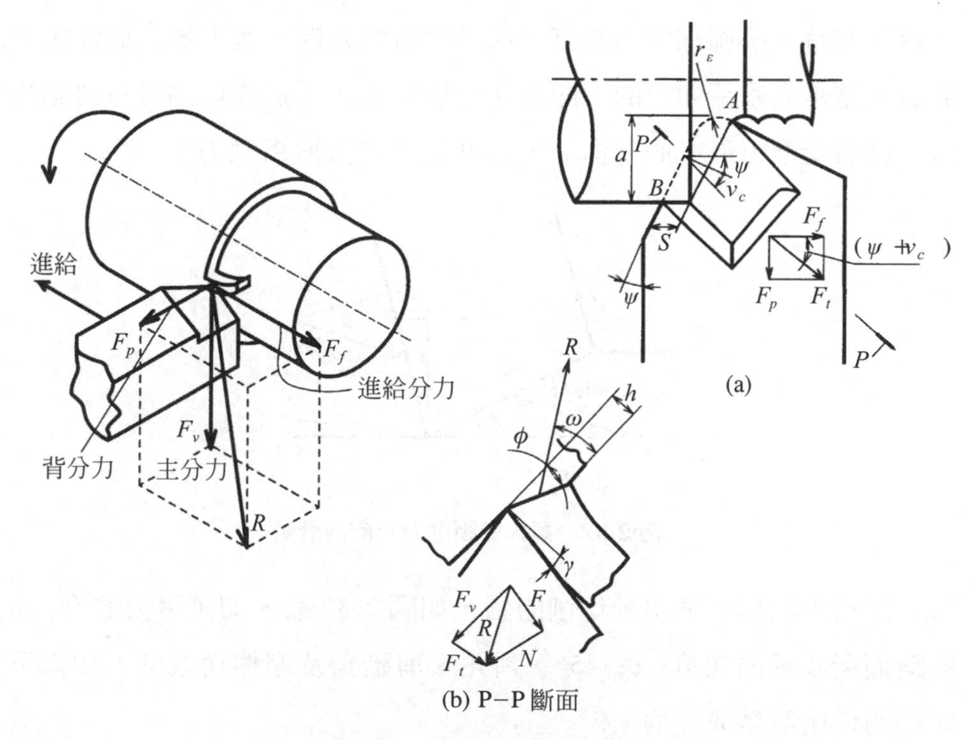

圖 2.31　三維切削的切削阻力

2.6.4 剪斷角的理論與實際

剪斷角與在切削加工的切屑產生機構及當時所需的力量(切削阻力)，有密切關係，那就是在產生切屑時，是否由切削材料的剪斷方向，亦即「剪斷角」如何來決定。自古以來就有很多的研究在進行，在本節只介紹一些代表性的情況。

1. 最大剪斷應力

在材料的壓縮試驗中，逐漸增加負荷，則在材料某處造成斜向滑動而產生變形。其滑動是由於「剪斷應力」而產生的現象。與單純壓縮或單純拉伸時，所施加的力量方向成 45°角的方向，產生最大剪斷應力的滑動，這是大家都知道的。即使在切削加工，「造成切削材料滑動的方向，爲剪斷應力最大的方向」，這就是「最大剪斷應力」。

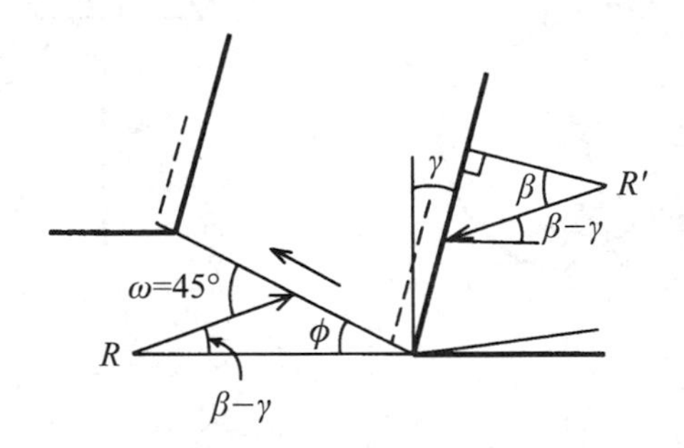

圖 2.32 最大剪斷應力方向的滑動

這種說法如果適用於切削的話，如圖 2.32 般，切削阻力的合力R與剪斷面所構成的角度ω爲 45°，斜角、剪斷角及摩擦角之間，如以下公式的關係應該是成立的。

$$\omega=\phi+\beta-\gamma=45^\circ \tag{2.13}$$

2. 最小能量

切削材料雖然受到剪斷面的剪斷應力及斜面摩擦力的影響，但會向能量最小的方向滑動，而引起剪斷變形。亦即「向切削能量亦即切削阻力最小的方向滑動」的說法。

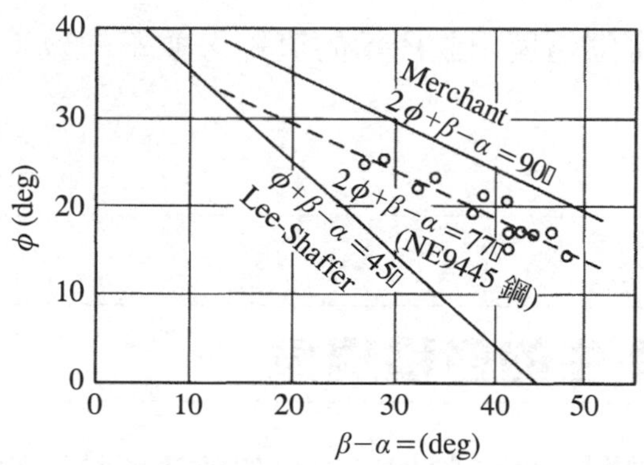

切削材料：NE9445 鋼
　　刀具：碳化鎢刀具，斜角－10～＋10
切削條件：切削厚度 1.09～1.88□ 10^3 in
　　　　　切削速度 197～1186f/min，乾切削

圖 2.33　剪斷角理論與實驗值

(2.5)公式表示R與ω的關係，代入公式(2.7)的關係，則變成

$$R=\frac{bh\tau_s}{\sin\phi\cos(\phi+\beta-\gamma)} \tag{2.14}$$

其中，求得R為最小條件時，則應視為

$$\frac{dR}{d\phi}=0 \tag{2.15}$$

並不是ϕ一定與ϕ以外各值無關，但是，在這裡視為沒有關係，在微分後可以得到以下公式。

$$\cos(2\phi+\beta-\gamma)=0 \tag{2.16}$$

$$2\phi+\beta-\gamma=90^\circ \tag{2.17}$$

圖 2.33 所示，是將在「最大剪斷應力」與「最小能量」中，剪斷角 ϕ 與 $(\beta-\gamma)$ 的關係，以圖形來表示。實際上，將在進行切削實驗時，所得到的資料畫點，實際值與兩說所示的直線，並不一致，大多落在這兩條直線的中間值。

2.7 切削加工產生的各種現象

切削加工爲機械式的去除加工，故如前節所提及的，一定會產生切削阻力外，同時，也會產生以下各種現象，其中，大部分的現象都會影響加工面精度。

2.7.1 切削熱與切削溫度

切削所消耗的能量，極少的部分留在切屑或加工面表層，成爲彈性變形能量儲存起來，但是，大部分(99％以上)變成熱，而傳到切屑工作物或刀具。

1. 熱的發生來源與流動

切削熱的發生來源，如圖 2.34 所示，大致區分爲 3 個區域。

(1) 剪斷面(正確爲厚度的某剪斷區域)的剪斷變形能量。

(2) 刀具的斜面與切屑的摩擦。

(3) 刀具離隙面與精加工面的摩擦。

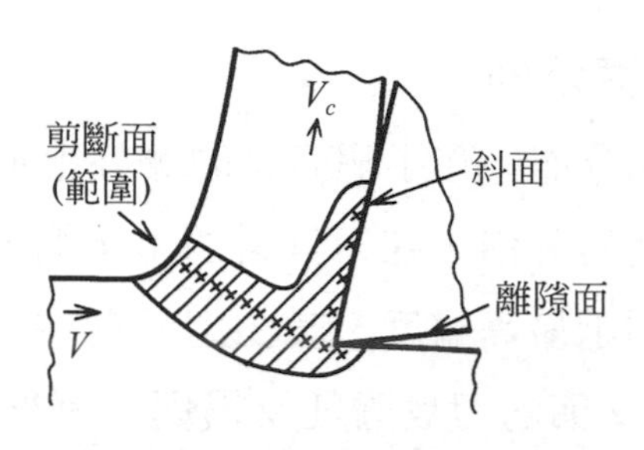

圖 2.34　切削熱的發生源

在本文中，如果刀具沒有磨耗的話，則可忽略刀具離隙面的摩擦，但是，切屑厚度很小時，就會變成很大的比例。

產生的熱會傳到切屑、刀具及工作物。但是，其比例如圖 2.35 所示般，6 成進入切屑。切削速度愈快，切削厚度愈厚，進入切屑的熱量比例會增加，超過 8 成的情況也不稀奇。

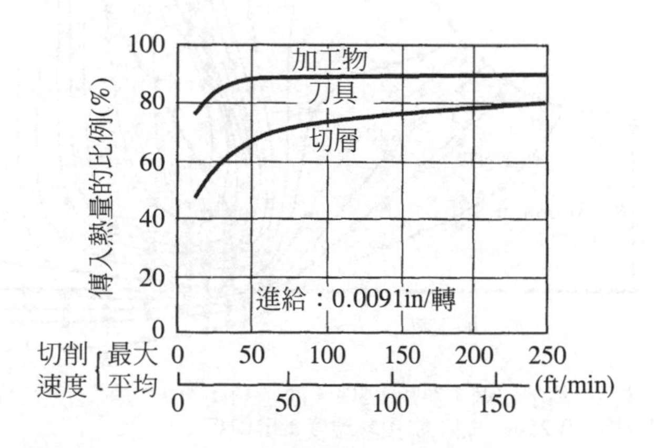

圖 2.35　切削熱的傳入比例

傳入工作物及刀具的熱量，會產生熱變形，且會影響加工精度。傳入刀具的熱量，會造成刀具的「疲勞殘留變形」(熱引起的塑性變形)或介面的磨耗，一般，並不受歡迎。

2. 刀刃附近的溫度分佈

刀刃附近的溫度分佈，在了解刀具的磨耗上很重要。圖2.36所示，是由紅外線求出溫度的分佈，在刀具斜面上，溫度斜率的變化很大，且可以了解在斜面上顯示最高溫度，是由刀刃前端移到切屑排出方向。這種溫度分佈，與2.7.2節的刀具磨耗及損傷，有很大的關係。

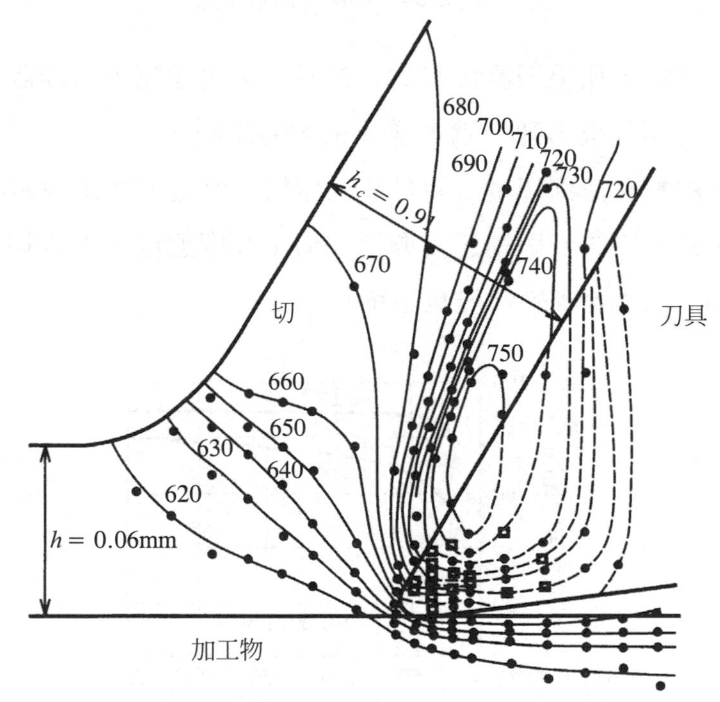

切削材料：易削軟鋼，斜角：30□，離隙角：7□，切削速度：75ft/min，切削厚度：0.25in，加工物預熱溫度：610□C

圖2.36 由紅外線照片求得切削點附近的溫度分佈

3. 切削條件與切削溫度

切削條件影響切削溫度，切削速度V與切削厚度h愈大，由許多實驗結果，大致上以下的實驗式是成立的。

$$\theta \propto V^{0.5} h^{0.3} \tag{2.18}$$

因爲，切削溫度會影響刀具磨耗及尺寸精度，故溫度愈低愈好。要抑制切削溫度上昇，有以下幾個方法：

⑴　減少切削阻力。

⑵　使用熱傳導率高的刀具，使熱傳到刀具。

⑶　使用高壓給油的切削液，以提高冷卻效率。

以每分鐘數萬轉的主軸，進行端銑加工的「超高速切削」，刀具刀尖的溫度應該會變高。但是，使用被覆刀具來抑制磨耗，且幾乎所有的切削熱，都留在切屑而分離，故工作物的溫度幾乎都不會上昇，而得到維持精度的好結果。

2.7.2　刀具的磨耗、損傷與壽命

使用切削刀具後會伴隨產生磨耗，然後隨著磨耗的進行，最後，達到壽命而不能使用。

1.　磨耗與損傷

所謂刀具磨耗，就是隨著切削的進行，離隙面或斜面慢慢減少的現象，即使以最硬的鑽石，切削鋁等軟金屬材料時，也是無法避免的現象。但是，形狀的變化過程是連續的，故磨耗的程度是可以預測的，在加工產生問題前，最好更換刀具或重磨。

所謂刀具損傷，就是刀具的一部分，由於塑性變形而產生脆性的破壞、分離，使刀尖的形狀產生變化的現象。小規模的脆性破壞，稱爲微崩，其規模從數十到數百μm。如果發生得很突然，則尺寸精度會變差，而且加工面的粗糙度也會增加，故加工現場都不太喜歡。

2. 磨耗的形態與定量量測方法

圖2.37所示，微切削刀具的典型磨耗形態。實際上，使用的刀具形狀種類很多，圖示的磨耗形態，爲代表性的磨耗形態，以代表所有的磨耗形態。

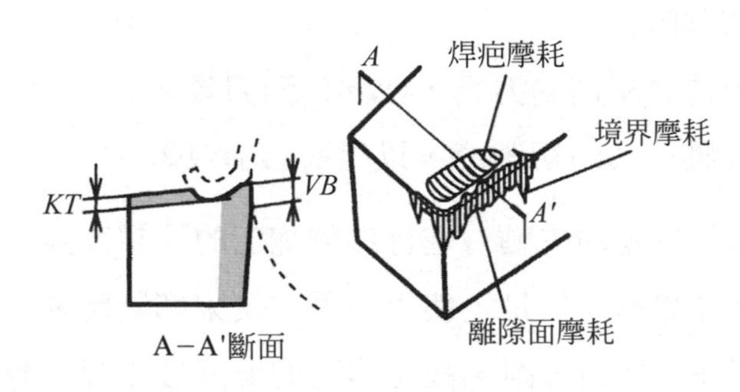

圖2.37 切削刀具的磨耗形態

在斜面產生的銲疤狀磨耗，我們稱爲「銲疤磨耗(斜面磨耗)」。以「銲疤的深度KT」表示磨耗的程度。且離隙面後退的磨耗，稱爲「離隙面磨耗」，我們以「離隙面磨耗寬度VB」表示。

離隙面磨耗的端部，會產生溝槽狀的磨耗，此現象稱爲「境界磨耗」。切屑在刀刃邊部分的離隙面，斷續產生摩擦的現象，這是造成精加工面的粗糙度過大的原因。

3. 磨耗的機構

一般，磨耗的機構很複雜，但是，在切削加工時，在刀刃附近的溫度，達到工作物的溫度，達到工作物的融點。且又在高壓狀態下，故要使用在常溫磨耗試驗所得到的數據，確實比較困難。切削刀具所造成的磨耗機構如下，在實際的切削狀態下，它不是分別獨立的狀態，而是複合化的情形。

(1) 擴散磨耗：刀具與切屑或刀具與工作物的接觸面溫度很高，則會使構成雙方材料的元素產生磨耗。以碳化物切削鋼料，會造成由鋼料到磁化物的鐵擴散及由磁化物到鋼料的鈷擴散。提高切削速度則會促進刀具磨耗，一般，擴散磨耗就是這種磨耗的主要原因。

⑵ 機械式磨耗：又稱磨緣磨耗，在一邊接觸一邊做相對運動的物體，一點一點被磨除的機構。分散到切削材料的碳化物或氧化物過多時，變成硬的粒子磨除刀具材質的磨耗機構。此時，切削速度的影響不大，倒是磨耗會隨切削距離成正比進行。

⑶ 凝著磨耗：切削材料附著在刀具表面，且在附著物脫離時，會帶走刀具的一部分，此機構稱之爲凝著磨耗。附著物成長後，堆積在刀尖而成爲「刀瘤」。刀瘤穩定的附著在刀尖部分，可當作刀刃使用，故可抑制磨耗。

⑷ 化學式磨耗：又稱腐蝕磨耗、氧化磨耗，刀具材料在高溫環境下，會造成化學反應或氧化，是去除反應生成物的機構。境界磨耗就是以這種磨耗機構爲主體。

4. 刀具壽命與壽命判斷

刀具產生磨耗或損傷時，到不能使用時的實際切削時間，我們稱爲「刀具壽命」，其時間通常以「分鐘」表示。在此，所謂「不能使用」的意思，是隨加工目的而異，其情形有以下幾項。

⑴ 無法獲得尺寸精度、形狀精度或表面精度時。

⑵ 切削精加工面的品質(加工變質層或殘留應力)達到極限時。

⑶ 由於切削阻力增加，而使振動或噪音達到極限時。

在精密機械加工的生產現場，一般，是以⑴爲基準。⑵爲在電子零件或光學零件等重視表面「機能」的零件加工，是以此基準做爲判斷壽命的依據。⑶爲不要求精度的粗加工或工作母機的動能極限時，以此爲判斷壽命的基準。

另一方面，為了比較刀具的性能，必須要有一定的基準，一般是使用離隙面磨耗寬度VB或鋘疤深度KT的大小(參考JISB4011)。達到VB或KT基準值的切削時間就是刀具壽命。

以VB為基準的刀具壽命和以KT為基準的刀具壽命有很大的不同。在切削速度較低的範圍，VB較快達到壽命點，在高速範圍，KT較快達到壽命點。圖2.36所示，為刀刃附近的溫度分佈，我們可以了解，在溫度達到最高值的範圍，是依切削速度移動的。

切削速度V(m/min)時的刀具壽命為T(min)，則兩者之間以實驗得到以下關係，其中n與C為常數。

$$VT^n = C \tag{2.19}$$

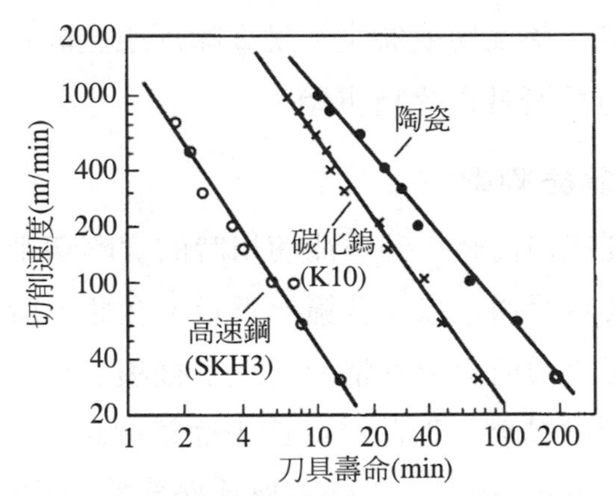

切削材料：石墨，進刀量：0.5mm，
進給：0.08mm/rev，乾式、壽命判斷基準 VB0.5mm、
刃部形狀：高速鋼(0、0、6、6、15、15、0.3)
碳化鎢(0、0、6、6、15、15、0.3)
陶瓷(−5、−7、5、7、15、15、0.3)

圖 2.38 壽命曲線的例子

這是 20 世紀初泰勒(F.W.Taylor)提出的建議，又稱爲「泰勒壽命方程式」，即使經過將近 100 年後的現代，還是廣泛使用於壽命特性的評估。

將以上公式兩邊取對數，則變成

$$\log V + n\log T = \log C \tag{2.20}$$

兩對數取點狀圖，則得到圖 2.38 所示般的直線關係。此直線的斜率爲 n，$\log T = 0$ 的碎片對照 C。n 值顯示在高溫時，刀具材料的耐熱性指標，一般，高速鋼刀具時爲 0.2 左右，碳化物刀具爲 0.5 左右，陶瓷刀具爲 0.8 左右。

泰勒壽命方程式成立，表示擴散磨耗支配磨耗的機構時，由於切削速度增加，而進行指數函數的刀具磨耗。

2.7.3　刀瘤

使用碳化物車刀，以 50 m/min 以下的切削速度，低速切削低碳鋼，則在加工面留下粗糙的凹凸與刀痕。產生這種現象時，如圖 2.39 般，在刀尖堆積附著物，它不是以刀具的刀刃，而是以「堆積物構成刀刃」亦即「刀瘤」來切削，刀瘤返覆堆積、脫落，而使加工面留下刀痕。

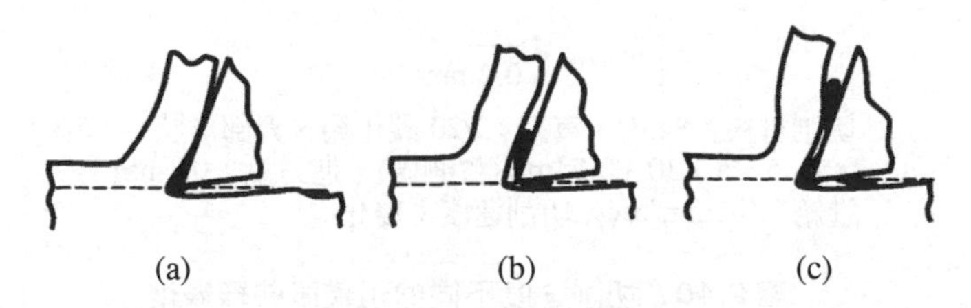

圖 2.39　刀瘤的產生與脫落

刀瘤有保護刀具刀尖，減少切削阻力的效果，但是，在精密加工上並不是好現象。使用車床由外圓周向中心，切削工作物的端面，如果工作物的轉數一定時，切削速度愈接近中心附近愈低，故在中心附近的粗度變得最差。

圖2.40爲車削含碳量0.45％的碳鋼桿料，在改變切削速度切削時，表面粗糙度的曲線。切削速度100 m/min以上時，刀具前端隅角部分的形狀，會轉寫到工件表面，在低速範圍粗糙度的最大高度，增加了好幾倍。

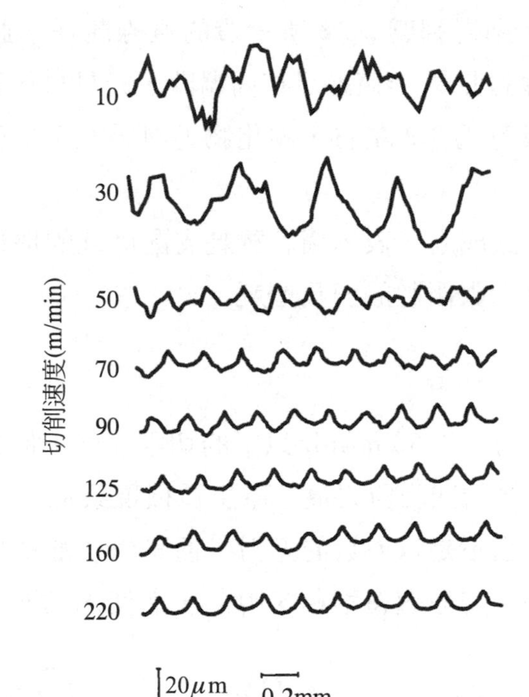

切削材料：S45C、車刀：P20碳化鎢、刃部形狀：−5、−5、5、5、30、0.74mm(實測値)，進刀量：0.1mm、進給：0.2mm/rev、切削速度：變化

圖 2.40 切削速度不同的粗糙度曲線變化

不產生刀瘤的條件如下：

(1) 切削刀具的斜角要大到30°左右(做到接近刀瘤的斜角値，則不容易產生刀瘤)。

⑵　加強斜面的潤滑，防止切削材料的熔著(使用高速鋼刀具，低速加工齒輪或螺紋，要大量添加有優良潤滑性的切削液)。

⑶　刀具刀尖的溫度要高於切削材料的再結晶溫度(提高切削速度，可以避免刀瘤，就是基於此原因)。

2.7.4　切削造成的振動

切削加工中產生的振動，稱爲「顫動」，它會增加精加工表面粗糙度或表面起伏，很嚴重時，會造成刀具的損傷。

1.　強制振動的顫動

由於迴轉部分不平衡產生的振動，或銑刀斷續切削，產生的切削阻力之變動等，強制性變動或力量引起的振動。排除振動來源是第一對策，而使用減振器或調整切削速度，以錯開共振點也是有效果的。

2.　自勵振動的顫動

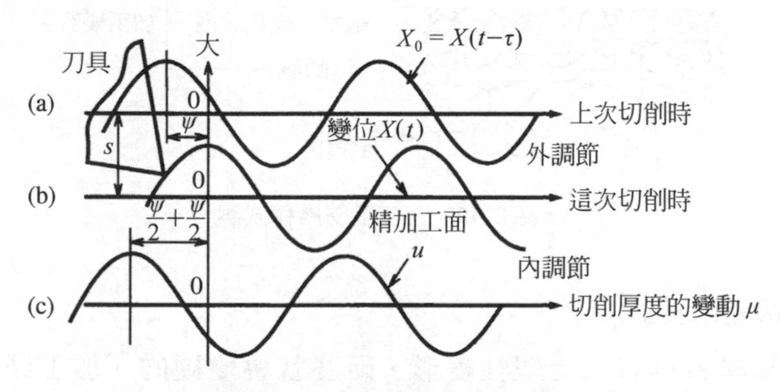

圖2.41　再生效果產生的振動

它分爲「摩擦型顫動」與「再生顫動」兩種。「摩擦型」是刀具產生離隙面磨耗時，會產生像「剎車叫聲」般的高頻聲音。離隙面的摩擦係數，在相對隅滑動速度，有減少的關係時，會產生摩擦型顫動，振動會產生在切削速度方向。「再生顫動」是首先切削加工面時，由於阻力變動的位相差，而供給能量、振動擴大、持續的現象(圖 2.41)。其振動發生在切削厚度的方向。

改變切削速度以錯開共振頻率，並使用減振器，就可以抑制振動。

2.7.5 加工變質層

在切削加工中，切削承受極大的剪斷變形，而達到再結晶溫度以上的高溫，刀具通過後的加工面表層，也受到變形或溫度上昇的影響。結果，造成工作物表層部分與內部不同的性質。這種變質的部分，我們稱為「加工變質層」。圖 2.42 所示，為再切削金屬材料時，所產生的加工變質層模式圖。結晶組織產生變形，其表層多為非晶質化，我們看到了以下的特徵。

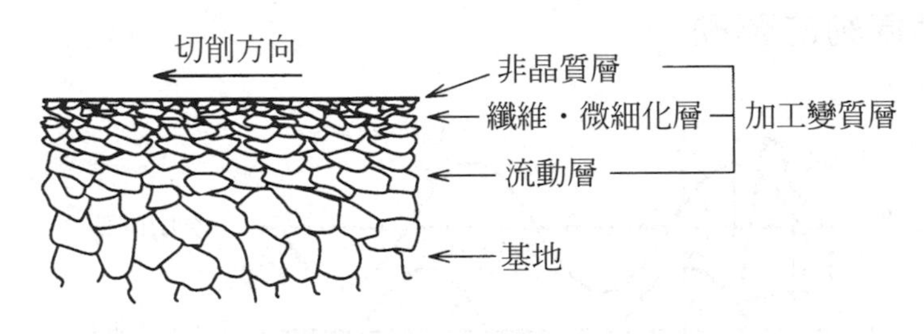

圖 2.42　加工變質層模式圖

1. 硬度的變化

金屬材料具有承受塑性變形，硬度就會變硬的「加工硬化」之特性。另一方面，加熱到再結晶溫度以上，則可去除變形而軟化。切削加工所產生的加工變質層，一般都會提高硬度，但是，在切削經熱處理而硬化的淬火鋼時，會因為切削條件不同，而有軟化的情形。

2. 殘留應力

由於結晶變形及熱的影響，也會發生殘留應力。只有在機械式變形時，才會產生壓縮殘留應力，但是，隨著溫度的上昇，也會使工作物最外表面產生拉伸應力，這時情況就變得較複雜(圖 2.43)。表面殘留壓縮應力時，雖然會提高疲勞強度，但是，表面殘留拉伸應力時，則會降低疲勞強度，且在薄零件時，由於表層的殘留應力，會使工作物產生很大的變形。

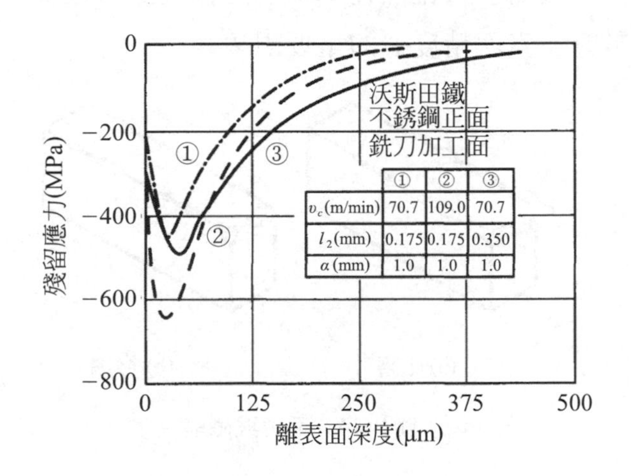

	①	②	③
v_c(m/min)	70.7	109.0	70.7
l_2(mm)	0.175	0.175	0.350
α(mm)	1.0	1.0	1.0

圖 2.43 銑削加工面的殘留應力

3. 活性化表面

加工變質層是因爲結晶格子在承受很大的變形狀態，故很容易變成金屬離子。亦即容易產生化學反應，而使耐腐蝕性惡化。要減少加工變質層，有以下幾個方法：

(1) 減少切屑承受的變性，具體來說，就是增加刀具的斜角，並供給潤滑性佳的切削液，以減少斜面的摩擦。

(2) 儘可能減少刀刃的刀鼻半徑或離隙面磨耗。

⑶ 選擇減少切屑厚度的切削條件。但是，刀刃的刀鼻半徑變大時，有時反而有反效果產生。

2.7.6 毛邊與微崩

上一節的加工變質層，會在工作物出現「毛邊」與「微崩」。以小斜角的刀具，切削富延展性的材料時，如圖 2.44 所示般，在工作物的側面及切削的離開處，產生「毛邊」。另一方面，缺乏延展性的脆性材料，就會產生「微崩」，雖然在 JIS 中沒有規定，但是，在精密機械加工中，它是影響「表面精度」的重要現象。

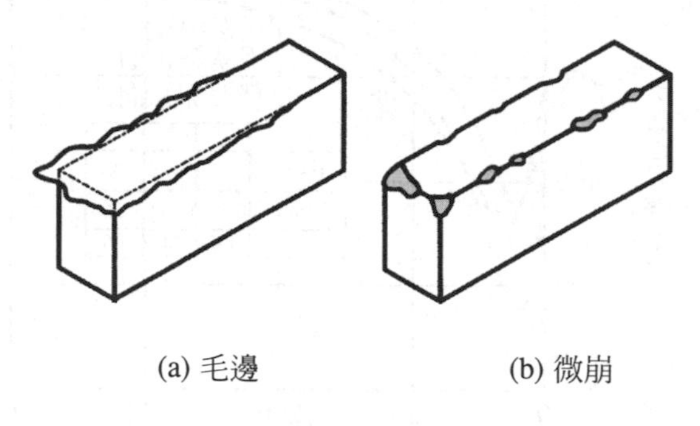

(a) 毛邊　　(b) 微崩

圖 2.44　毛邊與微崩

幾乎在切削加工所有的金屬材料時都會發生毛邊(圖 2.45)，精加工後留下毛邊，會使接下來的裝配工程更加困難，在拿零件時還會傷及工作人員。在精密機械零件，必須去除加工面邊緣留下的毛邊，我們稱之為「倒角」。

產生毛邊或微崩的條件，類似上一節的「加工變質層」。在工作物的端面，由於未受到塑性流動的約束，就露出毛邊，無法塑性流動而破壞分離，就產生微崩。

抑制毛邊或微崩的方法，可以使用前節加工變質層的情況，但是，要完全不發生，實際上相當困難，故一般是以倒角來去除毛邊。

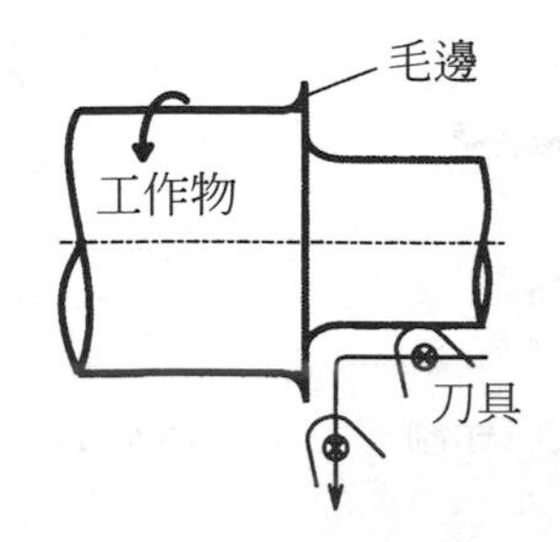

圖 2.45　在切削離開時產生毛邊

2.8 切削加工表面的造形原理

切削加工就是以刀具一邊產生切屑，一邊去除不要的部分，以造形目的形狀之加工方法。亦即，基本上加工面的精密度，是由轉印刀具形狀及其運動軌跡來決定。以下要來檢討利用刀具的運動軌跡，產生理想加工面的凹凸(理論粗糙度)。但是，實際上受到許多凹凸增加的因素影響，大多與理論粗糙度有很大的不同。

1. 車削加工的理論粗糙度

使工作物旋轉，車刀在工作物軸向進給的「長方向車削」之進給方向理論粗糙度，可由以下公式計算而得，這公式也可適用於搪孔、鉋削、面銑。如圖 2.46 般，只有刀具前端的隅角刀鼻部分，轉印到精加工面時，其理論粗糙度可用下列公式表示。

$$R_y \fallingdotseq \frac{f^2}{8\gamma_\varepsilon} \tag{2.20}$$

其中，f為工作物旋轉 1 圈的進給量，γ_ε為隅角刀鼻半徑。

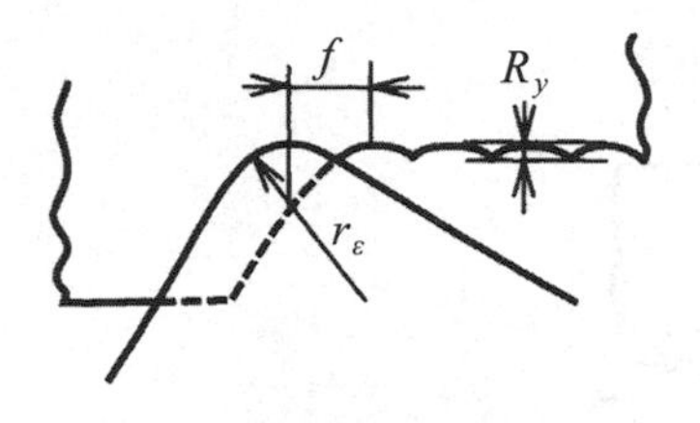

圖 2.46　車床加工的外徑切削理論粗糙度

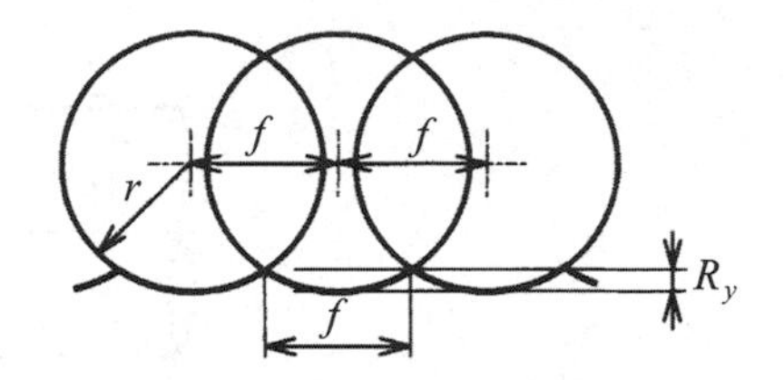

圖 2.47　銑刀加工的理論粗糙度

2. 銑削加工的理論粗糙度

在銑削加工中，銑刀以一定的轉數旋轉，工作物是以一定的速度做直線運動，故銑刀的刀尖相對於工作物，會描繪出如圖 2.47 般的擺線。

工作物的速度因為比切削速度小，故擺線的曲率接近銑刀的曲率，則精加工面是以半徑γ的圓弧，像圖般以f的間隔並列而成，故理論粗糙度的計算如下：

$$R_y \fallingdotseq \frac{f^2}{8\gamma} \tag{2.21}$$

在面銑加工中，如果以包含銑刀的中心軸剖面來考慮的話，與前節的車削加工時相同，故理論粗糙度可以下列公式表示。

$$R_y \fallingdotseq \frac{f^2}{8\gamma_\varepsilon} \tag{2.22}$$

以上的理論粗糙度，刀刃原先是假設正確的並排在同心圓上，實際上，由於刀刃的高度誤差或安裝刀具時的偏心，其值會比以上式計算的值來得大。又如前節舉出的刀具磨耗、產生的刀瘤、切削時的振動，會大大的影響表面粗糙度。

2.9 影響切削加工表面精密度的因素

機械零件的精密度，在JIS中有以下規定。

⑴　尺寸精度(長度、厚度、直徑等)JISB0401。

⑵　形狀精度(真直度、平面度、真圓度等)JISB0021。

⑶　表面精度(粗糙度及表面起伏等)JISB0601。

尺寸精度及形狀精度，爲巨觀形狀精度，主要是受限於工作母機的運動精度或彈性變形、熱變形的支配。表面精度爲微觀形狀精度，主要是受限於刀具刀尖的形狀、磨耗、熔著等的支配。彼此互有影響，且相當複雜。又所謂表面幾何學形狀，就是另外與加工表面品質有關的「加工變質層」及發生在加工端面的「毛邊」及「微崩」，也是以表面精度爲對象，以下列舉影響加工面精密度的幾個因素。

2.9.1　工作母機的運動精度

加工面的精度，特別是要達到相當水準的尺寸精度及形狀精度時，工作母機的運動精度及定位精度是必要的。有關工作母機的精度，在JISB6302～6361是由測量方法及規定值來決定。但是，實際上在生產加工的狀態下，也有不依規定值來動做的情況。例如以下幾個例子。

⑴　將較重的工作物置於工作母機的工作台上，以高速來移動時，由於大的慣性力，也會產生不依原定軌跡動作的情形。

⑵　工作物的質量及置於工作台上的位置，也會影響工作台本身的位置變化及運動精度。

(3) 工作母機的傳動系統，使用的齒輪或滾珠螺桿，都會有背隙，故依工作台的往復運動，旋轉軸的旋轉方向，會有不同的運動特性，同時，也會因切削阻力產生的方向，而有產生振動的情形。

2.9.2 工作物及刀具的夾持狀態

將工作物安裝於工作母機時，工作物固定後變形的方法，會使加工後的工作物，在拆下後因彈性回復，而使尺寸精度及形狀精度完全走樣。特別是薄的工作物更要注意。圖 2.48 所示，爲夾持工作物的方法。

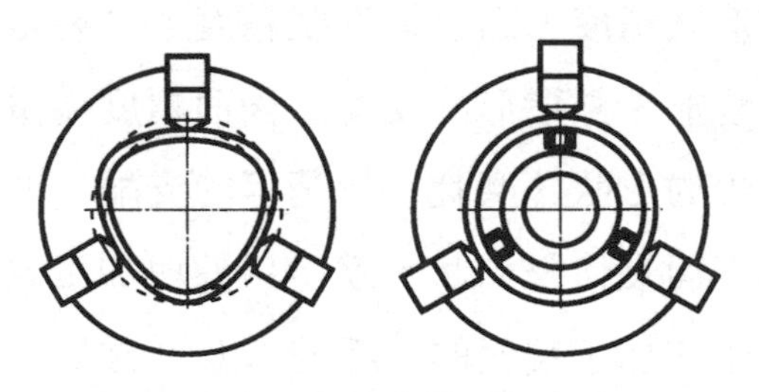

圖 2.48 薄工作物的變形與夾持方法

安裝刀具的方法，也大大的影響加工精度。例如，將車刀安裝於車床的刀座上時，外伸(刀尖伸出量)太長時，會因切削阻力而容易變形，是造成振動的原因。在外圓周擁有多數刀刃的平銑刀或面銑刀，刀刃的高度不一樣高，會使加工面的粗糙度變差，但實際上，刀刃的高度很難以微米的精度來調整，因爲，光是將銑刀安裝在工作母機的主軸上時，就已產生數微米的誤差。

在使用主軸最高轉數超過 1 萬 r.p.m.的切削加工中心機加工時，平衡性變差會反映在加工面粗糙度或面的起伏上，故將刀具安裝在主軸上的狀態，調整平衡或減少本體的安裝誤差，對提高精度也很重要。

2.9.3　切削阻力造成的變形及振動

在產生機械式切屑的切削中，是無法切削阻力爲 0 的。提高工作母機的剛性，是因應切削阻力的第一個對策。隨著作用於工作母機構造上的主軸之作用力方向不同，也會改變變形的方向，故如果能控制加工時的切削阻力方向，使其變形爲最小，就會使精度降低在最小限度。

無論如何提高工作母機的剛性，也無法避免工作物的變形，以車床車削長方向的細長圓桿，則會因背分力而如圖 2.49 般，在夾持一邊時，產生「前端較大」，而兩端有支撐時，則產生「中間較大」的情形。在切削中，雖然有使用「中心架」以防止變形的方法。但是，要得到較高的精度，就必須要熟練。熟練的技術人員，選擇最小的切削阻力背分力，使進給方向的分力變大之車刀磨法及切削條件，就可以做到高精度的加工。

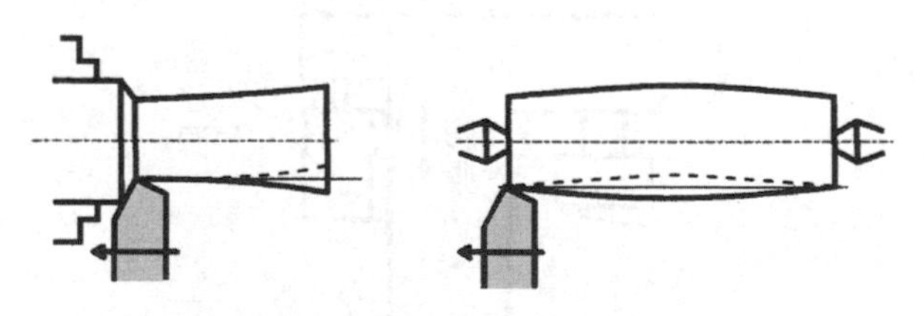

圖 2.49　切削阻力工作物的形狀誤差

由於切削阻力的方向，大致上與切屑排出的方向一致，故如果調整切屑排出的方向與機械或工作物變形較少的方向一致的話，就可以使因切削阻力而產生的變形最小。

工作母機的振動，會使加工面的粗糙度等表面精度變差，是造成刀具損傷的原因。但是，有關強制性的振動，正確取得迴轉部分的平衡，去除產生振動的來源，是第一個對策。也有許多情況是安裝利用機械式摩擦或流體的減振器，來解決振動的情況。

2.9.4 熱變形及變位

鋼的熱膨脹係數約爲 1.3×10^{-6}，各邊爲 100 mm 的立方體，溫度上昇 10℃，則立方體的膨脹 1.3 μm。工作母機或工作物的溫度如果上昇，全體產生熱膨脹，如果溫度上昇不均勻，就會產生熱變形，而降低工作物的形狀精度。特別是大型工作母機，熱變形及其對策，變成很大的一項課題。

熱膨脹的熱源有以下幾種情形。

1. 工作母機的傳動部位

圖 2.50 所示，爲馬達、軸承、進給螺桿、油壓泵、制動器等，馬達的配置與工作母機的構造，產生了變形。其對策爲以冷卻液循環工作母機各部，保持一定的溫度分佈，或採用「熱對稱」構造的設計。

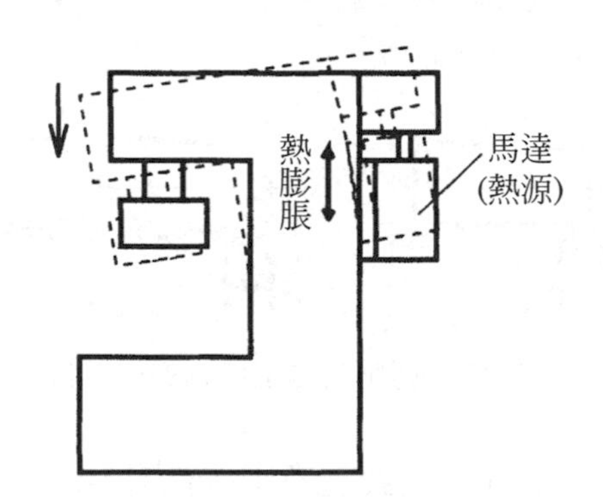

圖 2.50 由於馬達發熱而使銑床主軸傾斜

2. 切削熱

在切削點產生的熱量，造成工作物的溫度上昇，尺寸精度變差。且大部分的切削熱會傳到切屑，故堆積在工作台上的切屑，使工作台不均勻加熱，而造成變形。其對策就是工作母機採用不堆積切屑的構造，並且使用輸送帶，迅速將熱源的切屑運離工作母機。

3. 工廠環境

工作母機安置在射入陽光的窗子附近，隨著時間的過去，床柱或工作台的溫度分佈，有很大的變化，故很難保持微米級的加工精度。其對策就是工廠不設置窗子，使1天的溫度變化，在最小的範圍之溫度管理。

2.9.5　刀具磨損

刀具磨耗後就無法得到預期的尺寸精度或形狀精度，同時，也因切削阻力增加，而使工作物或工作母機的變形增加。切削阻力增加也同時使切削點的發熱增加，而使熱傳到工作物或刀具，熱變形也會增加。

另一方面，刀具的離隙面一磨耗，就會產生顫動，而且表面粗度也會惡化。刀具前端的形狀破壞，則隅角部分的轉印性會變差。特別是境界磨耗在精加工切削時，大多是粗糙度增加的主要原因。

刀具的離隙面磨耗變小時，也有加工面的粗糙度變小的情況，但是，它未變成切屑而排出，而是摩擦表面，增加加工變質層，而降低表面的品質。加工變質層一增加，則殘留應力會變大，而使加工後的工作物變形。

如以上所敘述的，刀具磨耗對加工精度，有很大且複雜的影響，故必須做到使磨耗爲最小的管理。具體來說，就是將磨耗的刀具換掉或重磨後恢復刀刃的銳利度。

2.9.6　刀瘤

由於刀瘤返覆成長或脫落，而在加工面留下起伏，使得表面精度變得很差。穩定的刀瘤有抑制刀具磨耗的作用，但是，設定比切削厚度厚的切削，容易造成過切削，很難加以控制，故在要求精密度的精加工切削，大多不希望產生刀瘤，因爲，它會對尺寸精度、形狀精度有不良的影響。

要防止刀瘤的發生，其對策如2.7.3節所示。

2.9.7 殘留應力造成的工作物變形

加工變質層如果只是表面的問題，就較容易處理。但工作物的厚度，會使加工變質層的比例變大，故不能忽視殘留應力所造成的工作物變形。一般，以離隙面磨耗的刀具切削，在加工面會留下壓縮殘留應力，故薄的工作物時，會向緩和應力的方向彎曲。以面銑刀銑削薄的板料，則如圖2.51所示般，加工面會伸長，中央會變高而使工作物彎曲。切削圓桿外徑，即使殘留應力變大，但因外徑平衡，不會造成大的變形。

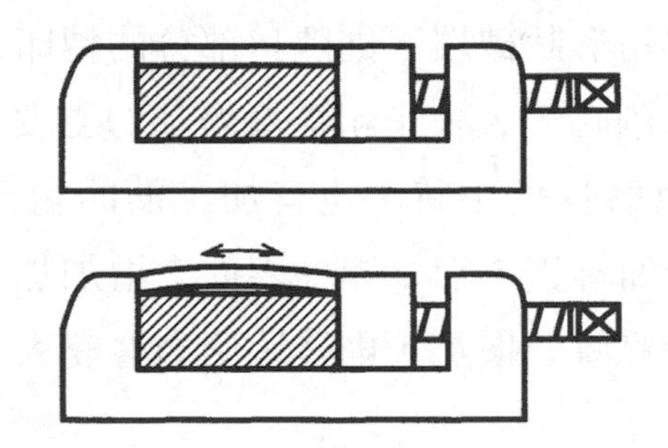

圖 2.51　薄工作物的殘留應力造成的變形

不造成這種變形，必須減少加工變質層，而其方法則示於2.7.5節。

2.10 各種工作母機的精密機械加工原理

要達到精密機械加工，必須因應工作母機構造或刀具形狀等個別問題。以下，要介紹幾個工作母機及加工目的別的精密加工原理。在加工現場發生的各種問題，與許多因素有關，故這些原理並不保證可以這樣使用。

2.10.1　車削加工

1.　抑制切削阻力造成的工作物變形

車床以夾頭夾住工作物一端，故切削遠離夾頭的部份，則由於切削阻力的背分力，而使工作物產生彎曲變形。在這種狀況下繼續切削，則工作物的前端直徑變得較大。特別是在長方向切削細長工作物時，如圖 2.52 般，使用「扶架」一邊使變形消失一邊切削，在切削加工中，調整防止偏擺的襯墊，調整要完成的尺寸，故要有較好的熟練度。

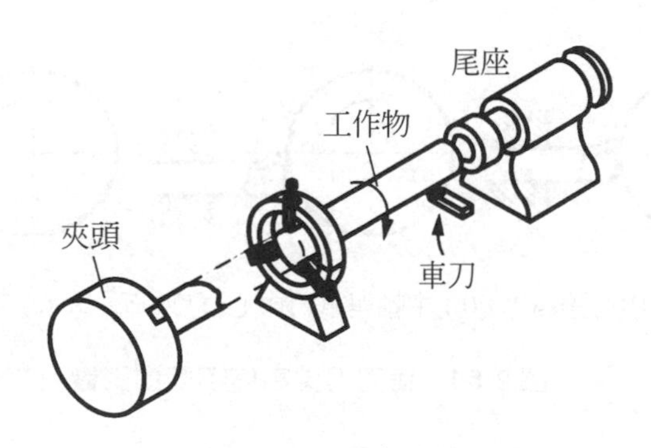

圖 2.52　固定扶架

調整切削阻力的方向，以做爲抑制工作物變形的對策是有效的。由於切削阻力的方向，大致上與由斜面排出的切屑方向一致，故熟練的技術人員一邊看切屑排出的方向，一邊使工作物變形最小的條件來切削。例如像圖 2.53 般，使用負前進角、正前斜角的車刀，可使切削阻力的背分力變小，進給分力變大。車床主軸的軸向推力較小時，可能會有其他的問題產生，但是，可使工作物徑向的變形變小。

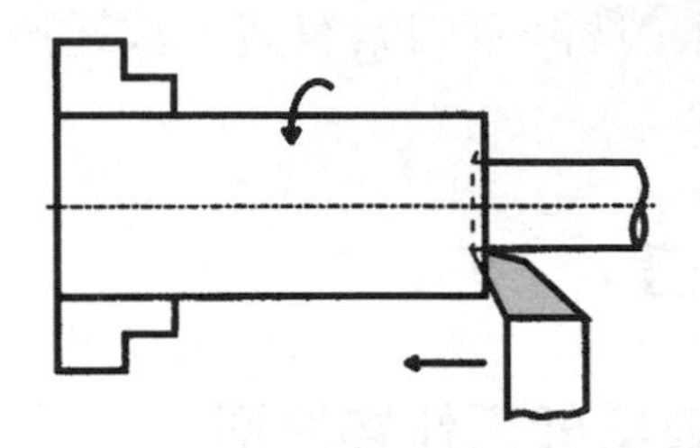

圖 2.53　車削加工中，減少背分力的刀刃形狀

2. 抑制調整車刀刀尖高度造成的變形

將車刀安裝在車床刀座上時，要調整到車刀刀尖高度，大約與主軸中心的高度一致(圖 2.54(b))。車刀刀尖高度高低，對是否產生顫動有很大的影響。

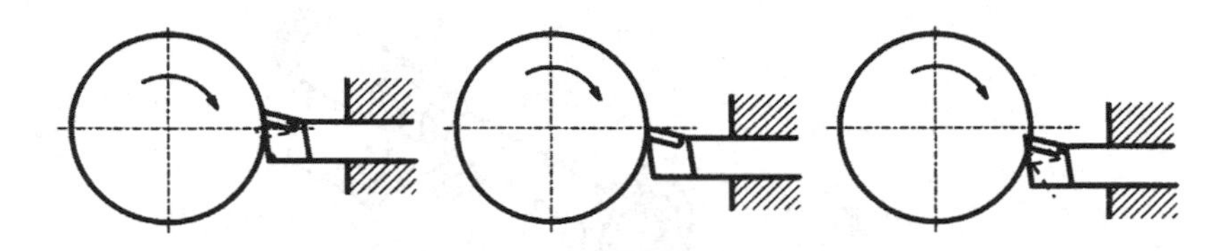

(a) 車刀中心過高　(b) 主軸與車刀中心高度一致　(c) 車刀中心過低

圖 2.54　車刀刀尖高度不同的影響

車刀刀尖比車床主軸中心高，則如圖 2.54(a)所示般，由於切削阻力使車刀刀柄承受彎曲變形時，變成使進刀更深的位置關係。這種狀況稱爲「車刀中心過高」。相反的，車刀刀尖比車床主軸中心低時，進刀阻力反而變小的動作，稱爲「車刀中心過低」。

安裝成(a)的狀態時，容易產生摩擦型顫動。產生離隙面磨耗而開始顫動時，可調整車刀刀尖的高度，成爲稍低於車床主軸中心，使不產生顫動。

2.10.2　搪孔加工

搪孔加工中，「懸臂樑」般的搪桿剛度低，共振頻率低，較容易發生顫動，故要以顫動的產生爲前提，積極採取必要的對策。在前一節提到利用車刀的形狀，控制切削阻力的方向，雖然有某種程度的效果，但是，目前則是積極在使用可改變共振頻率的制振裝置。圖2.55是使用固體摩擦的制振裝置，裝入搪桿內的情形。這種制振裝置也用於切斷或切槽用車刀。

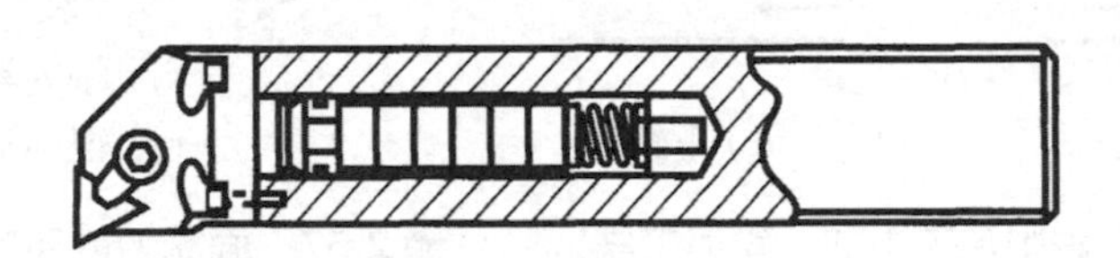

圖2.55　裝入摩擦式制振裝置的搪桿

2.10.3　銑削加工

1.　上銑與下銑

使刀具旋轉以進行切削的銑削加工，如圖2.56般，依刀具旋轉的方向與工作物進給的方向，分爲上銑(逆銑)與下銑(順銑)兩種方法。

以臥式銑床進行重切削時，工作台的進給螺桿有背隙時，禁止使用下銑法。工作台由於切削阻力，斷續產生拉擠動作，造成刀具的損傷。但是，最近，工作母機的工作台傳動，改成滾珠螺桿後，就解決了這樣的問題，而大多改採下銑法。其原因乃上銑法在開始切削點的切入角小，使刀具產生橫向滑動，而促進離隙面的磨耗。

立式銑床大多使用端銑刀，加工袋狀孔，加工板料側面等工作，在上銑與下銑法中，加工面的粗糙度有很大的不同。那是因爲在切削終了點，切屑熔著造成的原因，下銑法的表面粗糙大多變得較粗。

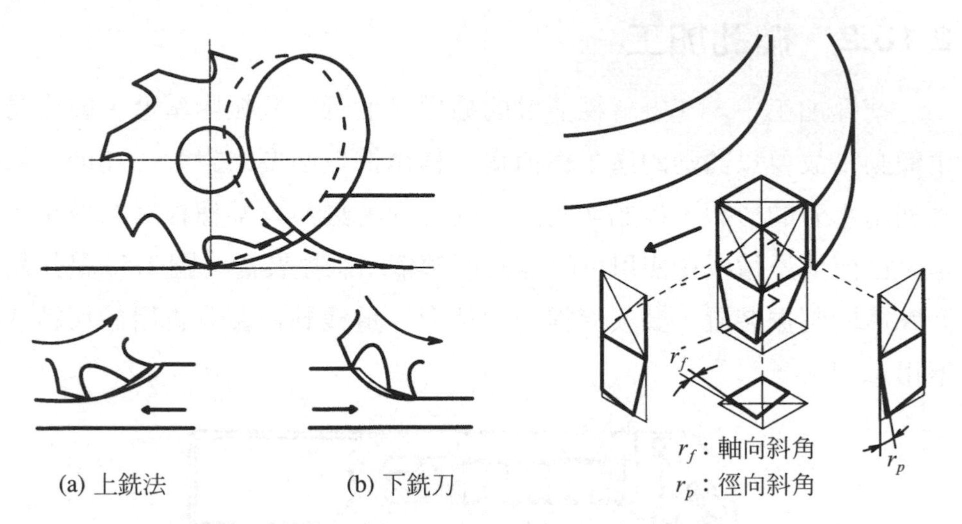

圖 2.56 銑削加工中的上銑與下銑

圖 2.57 面銑刀的徑向斜角與軸向斜角

2. 徑向斜角與軸向斜角

面銑刀的刀刃斜角，如圖 2.57 所示，分為「徑向斜角(從半徑方向看時的斜角，又稱橫向斜角)」及「軸向斜角(從軸向看時的斜角，又稱背斜角)」。我們依切削材料的種類來選擇這些斜角。另一方面，這些斜角組合後，切削阻力的方向會有很大的變化，故選擇適合銑床變形特性(依力的方向造成剛性的高度)的刀具，有助於提高加工精度。

3. 高速切削的優點

以銑床為基礎，備有自動換刀裝置，可進行自動運轉的切削中心機，最近，由於主軸高速化的進展，具有每分鐘數萬轉以上主軸的機械，實在一點也不稀奇。以高速使主軸或工作台動作，則由於慣性力或發熱，而降低尺寸精度或形狀精度。刀具磨耗後表面精度也降低了，這幾個問題點，都很令人擔心。但是，高速切削也有下列幾個優點，由各種切削現象來看，我們了解高速切削的優點很多。

⑴　由於銑削加工為斷續切削，故提高刀具轉數，刀刃在高溫的時間縮短，可抑制刀具磨耗。

⑵　切削熱在傳入工作物前，幾乎都由切屑帶走，故可抑制工作物的溫度上昇。

⑶　如果加工效率相同，則提高刀具轉數，可降低切削阻力，就可以加工容易變形的薄工作物。

以上的效果，是在刀具材質或切削條件最佳的時候，其最佳條件的範圍，比低速加工時窄，偏離最佳條件時，刀具就會迅速磨耗，我們必須多加留意。

2.10.4　鑽孔加工

鑽孔加工是以旋轉刀具鑽削的工作，鑽頭最先與工作物接觸的部分，在鑽頭中心部分的切削速度為零，亦即，在鑽頭的中心部分，不容易形成切屑，而且，是許多問題的原點。

以鑽頭所鑽的孔精度較差，軸承等指定公差的加工，必須採用鉸孔或搪孔。

1.　磨薄鑽腹部位，以降低軸向推力

最常用的麻花鑽頭的前端部分，如圖2.58般，會留下不容易形成刀刃的「鑽腹」部分，在加工時，會產生擠壓切削材料的作用力，而變成軸向推力(軸向切削阻力)。即使是直徑10 mm左右的鑽頭，軸向推力大多可達1000 N以上，對鑽頭壽命有不好的影響。將鑽腹的一部分磨掉，我們稱為「磨薄鑽腹」，也就是如圖2.58所示的方法。

2.　鑽薄板

以麻花鑽頭鑽薄材料時，會碰到各種問題。首先，鑽腹部不容易鑽入工作物，而使工作物凹陷、變形(孔周圍)。並且，在鑽頭貫穿時，產

生很大的扭矩，並孔周圍變形。工作物夾持力不足時，會使工作物旋轉。更使加工後的孔形狀，變成「三角結」的形狀。

這些問題的根源在鑽腹，磨薄鑽腹後，鑽腹變小，如果提高了鑽腹前端的位置精度，就可以緩和這種現象。鑽薄板時，如果，壓上壓板一起鑽孔的話，也可抑制周邊的變形，出口側的毛邊也會變小，並可防止貫穿時扭矩增加。產生異形孔是由於鑽頭刀刃左右未對稱，鑽腹也偏離中心，鑽頭前端產生偏心運動，而變成三角結形狀的孔。

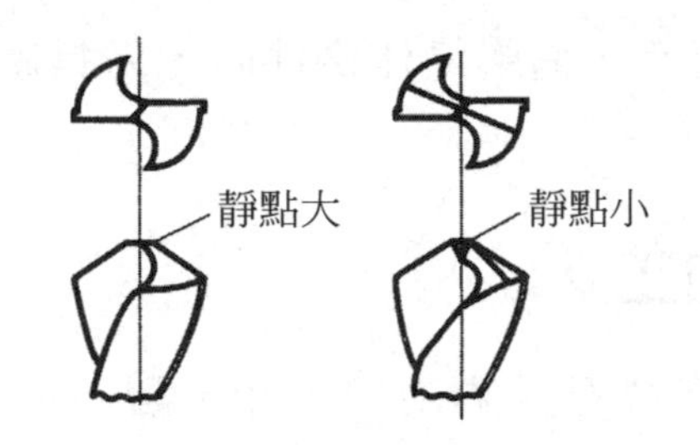

圖 2.58　螺旋刃鑽頭的磨薄鑽腹

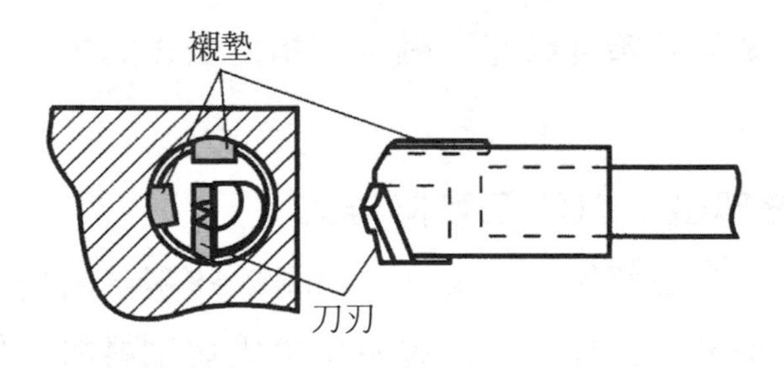

圖 2.59　BTA 刀具

3. 深孔的精密加工

鑽直徑 10 倍以上的深孔時，必須使用特殊鑽頭。使用一般的麻花鑽頭鑽深孔，大多會造成排屑困難而折斷。且鑽頭無法直線前進，大多會產生彎曲，一旦開始彎曲，就會愈來愈彎，到最後就會斷掉。要做到不彎曲的深孔加工，則如圖2.59般，使用 BTA 刀具或鎗鑽。刀刃為單刃故沒有鑽腹，切削阻力會將2個襯墊壓在孔內面，自行以鑽空的孔為基準，故可以做到高真直度的孔加工。

參考文獻

1) 精密工学会編：新版精密工作便覧，コロナ社（1992）79
2) 中山一雄：切削加工論，コロナ社（1978）160
3) 精密工学会編：新版精密工作便覧，コロナ社（1992）60
4) 精密工学会編：新版精密工作便覧，コロナ社（1992）4
5) 中山一雄：切削加工論，コロナ社（1978）97
6) J. Krystof : VDI Verlag (1939)
7) M. E. Merchant : J. Appl. Phys. (1945) 318
8) M. E. Merchant : J. Appl. Phys. (1945) 267
9) A. O. Schmidt et. al. : Trans. ASME 67, 4 (1945) 225
10) G. Boothroyd : British J. Appl. Phys. 12 (1961) 238
11) 精密工学会編：新版精密工作便覧，コロナ社（1992）34
12) 竹山秀彦他：日本機械学会論文集，31, 225（1975）834
13) 星鐵太郎：機械加工の振動解析，工業調査会（1977）19
14) E. Brinksmeier : Annals CIRP 31, 2 (1982) 505
15) 精密工学会編：新版精密工作便覧，コロナ社（1992）119
16) 精密工学会編：新版精密工作便覧，コロナ社（1992）154

Chapter 3

研磨加工原理

3.1
磨粒加工與磨粒

使用稱爲「磨粒」的硬粒子，進行機械式去除的加工方法，稱爲「磨粒加工」。石器的研磨或寶石的鑽孔，與人類的出現，同爲發展最古老之加工技術。而現在的半導體之研磨加工，是使用最尖端的超精密加工技術。

3.1.1 磨粒加工的特徵

磨粒加工的特徵如下：

⑴ 可加工切削無法加工的硬材料：如在切削用刀具材質一節所敘述的，刀具所要求的最重要特性，爲「高溫硬度」，因爲，一般要以切削刀具加工淬火鋼較困難，故使用磨粒加工。

⑵ 可做高精度的加工：磨粒加工因爲是以單一的刀刃，磨除較小的體積(加工單位)，故可以提高加工精度。半導體矽晶片的奈米級訂單，也是使用磨粒加工。

⑶ 刀刃的「再生作用」：磨粒在加工中受力而破碎，產生尖銳的刀刃，並更新刀刃。切削刀具一磨耗，刀具壽命就結束了，但是，善於利用磨粒的再生作用，就可以維持磨粒的銳利度。

磨粒加工的分類如下：

⑴ 利用固定磨粒的強制切入加工：以結合材固定磨粒的「磨輪」，所使用的加工方法，有研磨加工、皮帶研磨加工等。

⑵ 利用固定磨粒的定壓加工：有搪光、超精加工等。

⑶ 利用游離磨粒的定壓加工：以游離磨粒加工的方法，有研光、拋光、噴射加工等。

3.1.2　磨粒的種類

用於磨粒加工的「磨粒」，自古以來是使用天然材料，但是，現在工業上幾乎使用人造材料，其種類如下。表 3.1 所示，是硬度與氧中的分解溫度。

表 3.1　主要磨粒的特性

磨粒種類	JIS 符號	Knoop 硬度	氧氣中的分解溫度	切削材料
氧化鋁	A，WA，PA，HA	1600～2100	1700～2400℃	鐵系材料
碳化矽	C，GC	2200～2800	1500～2000℃	鑄鐵、鋁、黃銅
鑽石	D，SD，SDC	6000～9000	700～800℃	非鐵金屬、陶瓷、玻璃
CBN	CBN，CBNC	4200～4700	1200～1400℃	碳鋼、合金鋼、耐熱合金

1. 氧化鋁磨粒

自古以來使用的「石榴石」及高級研磨材料的「氧化鋁」，爲代表性的天然研磨材料。現在，使用於工業上的材料，是以電爐熔化氧化鋁，再徐冷而結晶的「熔融氧化鋁」，常使用於鐵系材料的研磨加工。

2. 碳化矽磨粒

碳化矽磨粒比氧化鋁磨粒硬且脆，並不是天然材料。在 19 世紀末期，以電阻爐的高溫反應，將矽與碳合成，而廣泛使用。碳化矽磨粒用於研磨或研光鋼以外的金屬或玻璃、石材等非金屬。

3. 鑽石磨粒

鑽石是最硬的物質，爲天然的材料，自古以來用於寶石的研磨。如在切削刀具一節所敘述般，鑽石的構成元素爲碳，故不適合加工鋼料，它用於加工玻璃、矽、硬度高的陶瓷。

4. CBN磨粒

是硬度僅次於鑽石的物質，雖然它不存在於地球上，但是，在公元1957年成為合成物質，在公元1980年代，為迅速普及於汽車零件加工領域的磨粒。其構成元素為氮與硼，因具有鑽石構造，故硬且與鐵的親和性差，最適合加工淬火鋼。其價格比氧化鋁磨粒貴，但磨輪壽命比較長2位數以上，故開始擴大到汽車零件的加工範圍。鑽石磨粒與CBM磨粒都稱為「超磨粒」。

5. 其他磨粒

將磨粒用於磨輪的「研磨加工」，氧化鋁、碳化矽、鑽石及CBN磨粒，幾乎都具有「高硬度」。但是，使用游離磨粒的「磨削加工」，因為，要求平滑的加工面，故在常溫是使用硬度較低的磨粒，在高溫是使用硬度不會降低的磨粒。在矽的精密研磨是使用二氧化矽，在鏡片或稜鏡等玻璃製光學零件的研磨，是使用氧化鈰。研磨金屬製品是使用氧化鉻。

3.1.3 磨粒的大小(粒度)與破脆性

磨粒做為「刀具」使用時，必須依加工目的，選擇磨粒的大小。「粗加工」的加工效率很重要，而精加工面的粗糙度，因比較沒有問題，故使用較大的磨粒。而在「精加工」如果想要使粗糙度較小或得到較高的加工精度時，要使用較細的磨粒。磨粒的大小稱為「粒度」，氧化鋁及碳化矽的一般磨粒，在JISR6001中有規定，鑽石及CBN的超磨粒，在JISB4130中有規定。

表示磨粒的數字，稱為「篩孔尺寸」，為舊的網眼數(為每1英吋的網目數)。有關粒徑的微尺寸，是以μm來表示平均粒徑的數字。

磨粒的「破脆性」與加工中刀刃的再生作用，有很大的關連，並且爲左右加工性能的重要特性值。破脆性愈高，只要以很小的力量，就可以造成微細的破碎。因爲，產生新的磨粒刀刃，故能維持銳利的狀態，但是，磨粒的消耗較快。JISR6128 以球銑法，來評估破脆性。

3.2 研磨加工的特徵

研磨加工是以使用結合材料，固著磨粒的「磨輪」，「利用固定磨粒的加工」，以高速旋轉圓板或圓柱狀的磨輪，利用擁有尖銳「刀刃」的磨粒之切削作用，來去除材料的加工方法。其加工單位(去除切屑的最小單位)比「切削」小，可做較高精度的加工。但是，每單位時間可去除的體積比切削小，其加工效率較低，故爲了減少加工時間或成本，使去除部分的體積在最小限度，是很重要的。

3.3 磨輪

研磨加工就是以高速旋轉，利用結合材料將硬粒子的「磨粒」，固著在圓板狀的磨輪上，以磨除工作物的加工方法。「磨輪」就像印象深刻的研磨菜刀或剪刀用「板狀油石」，大多數用於工業領域的磨輪，是做成圓板或圓柱狀，以每秒 30 m 以上的外周速度高速旋轉，做爲刀具來使用。使用超磨粒的砂輪，稱爲「磨輪」。

磨輪除了使其旋轉後使用外，也有以一定壓力壓在工作物上，進行去除加工的棒狀磨粒或後面要敘述的用於超磨粒磨輪「修整」的棒狀磨粒。

磨輪是由圖 3.1 所示的「磨粒」「結合劑」及「氣孔」所構成，這些稱為「磨輪三要素」。磨粒是做為產生切屑的刀刃，結合劑是支持磨粒的構造體，磨耗後不能使用的磨粒，對脫落的「再生作用」有很大的影響。氣孔是收容切屑的空間，具有很重要的任務，是大大影響研磨效率或研磨能量的因素。

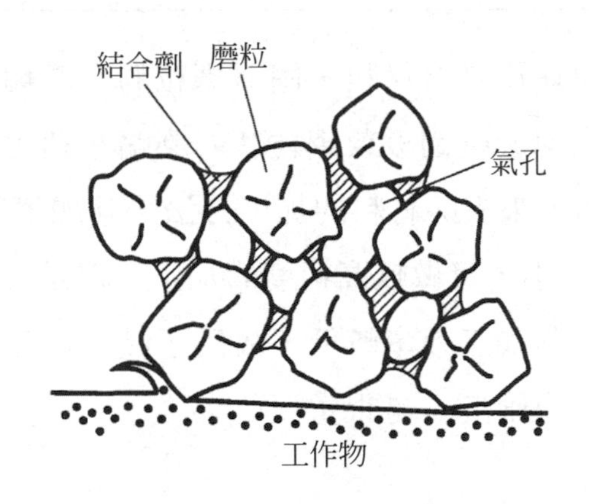

圖 3.1　磨輪三要素

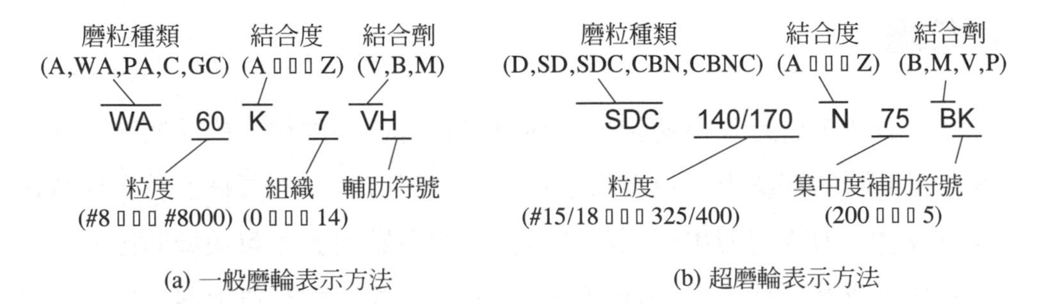

圖 3.2　磨輪的 JIS 表示方法

一般磨輪的表示方法，在 JISR6211 中有規定，超磨粒磨輪的表示方法，在JISR4131中有規定。圖3.2所示，爲磨輪符號的表示方法。

「結合度」爲結合磨粒的強度，以字母表示。測量結合度是以壓入像一字螺絲起子般的刀頭，以其深度來評估，但是，現在是以超音波來評估測量的密度。

「組織」爲磨粒的充填率，其意思就是在磨輪的體積中，磨粒所佔體積的比例。一般的磨輪是以表 3.2 所示的數字表示。超磨粒磨輪是以「集中度」來表示。這是以1立方公分的磨輪中，含有4.4克拉(0.8 g)的超磨粒之磨輪爲100，以比例來算出。

表3.2　磨輪組織

組織 No.(JIS)	0	1	2	3	4	5	6	7	8	9	10	11	12	13	14	…
組織 (略號)	*c* (密)						*m* (中)				*w* (粗)					
磨粒率 (%)	62	60	58	56	54	52	50	48	46	44	42	40	38	36	34	…

表3.3　磨輪結合劑

名稱	JIS 符號	特徵	用途
黏土結合	*V*	玻璃質 氣孔大 刀具準備容易	以淬火鋼爲首的鐵系材料
樹脂結合	*B*	酚醛樹脂 環氧樹脂 磨粒保持力差	碳化鎢、陶瓷
金屬結合	*M*	青銅 鑄鐵粉 磨粒保持力強 刀具準備困難	石材、混凝土、玻璃
電著	*P*	鍍鎳 磨粒只有一層	內面研磨用小直徑磨輪
橡膠	*R*	天然合成橡膠 富可動性	切斷磨輪

「結合劑」如表 3.3 所示般，有很多種類，是以磨削材料的種類、硬度、精加工表面粗糙度等來分類。

3.4 研磨加工用工作母機

研磨加工是使用稱爲「磨床」的工作母機，與切削用工作母機一樣，磨床的種類很多，以下是其代表性磨床。

3.4.1 平面磨床

平面磨床用於加工平面或溝槽，依磨輪軸的方向，分爲 2 種(圖 3.3)。分爲水平磨輪軸，主要以磨輪的圓筒面爲工作面的「臥式平面磨床」與垂直磨輪軸以磨輪端面加工的「立式平面磨床」。將工作物載於工作台上，做往復運動的「長方形工作台」與做旋轉運動的「圓形工作台」。

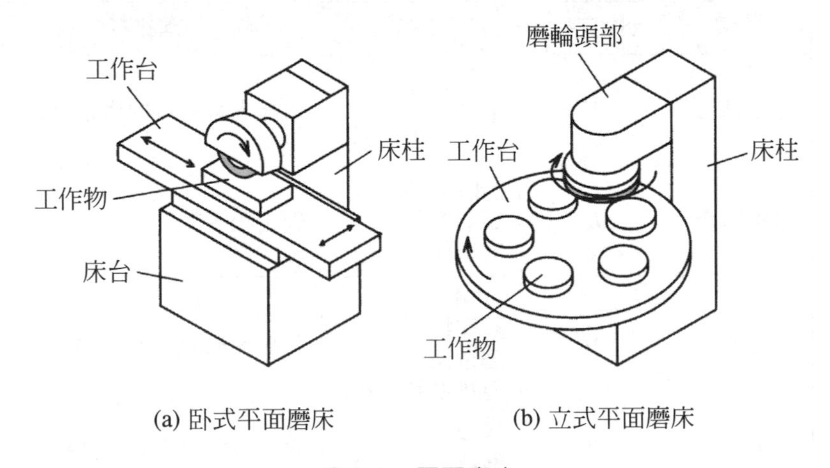

(a) 臥式平面磨床　　(b) 立式平面磨床

圖 3.3　平面磨床

臥式軸磨床的磨輪與工作物爲純接觸，故接觸面積狹小。同時作用的刀刃少，故去除效率低。但是，因爲能做微細的工作，故用於沖模的輪廓研磨。立式軸的磨床，因爲使用磨輪的端面，故同時作用刀刃較多，其特徵爲較高的去除效率與較高的平面度。但是，無法研磨加工溝槽或凹部分的底面。

3.4.2　圓筒磨床

在切削加工中，相當於車床的工作母機爲磨床。一邊以慢速旋轉工作物，一邊以高速旋轉磨輪，來研磨工作物，爲以精密加工圓筒面的工作母機。依工作物相對於磨輪的進給方向，分爲「橫行式」與「凸輪式」兩種(圖 3.4)

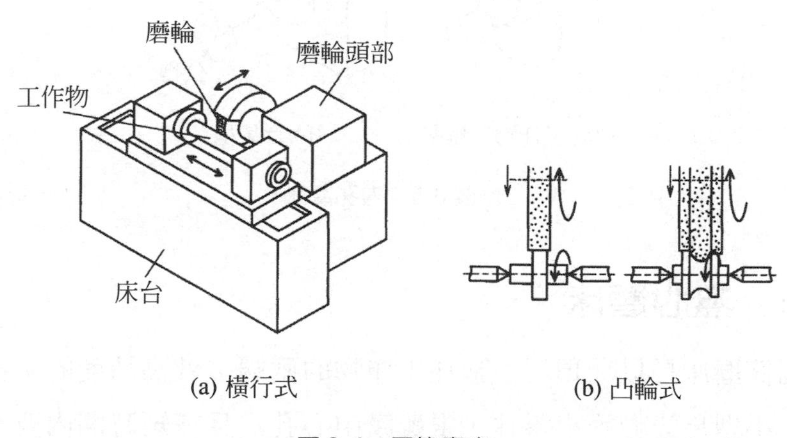

(a) 橫行式　　(b) 凸輪式

圖 3.4　圓筒磨床

3.4.3　內孔磨床

爲精密加工圓筒內孔所需磨床的，如圖 3.5 所示般，有工作物旋轉的工作物自轉式與一邊旋轉磨輪軸與一邊作行星運動的行星式兩種。在深孔的內孔研磨，加長在前端安裝磨輪的軸，其徑向的剛性很低，故容易產生磨剩或異響震動，是一種很難做到高精度加工的研磨技術。

且磨輪直徑小則會使周速度低，切削作用變得困難，在直徑 5 mm 以下的內孔研磨，爲了確保磨輪的周速，必須要有每分鐘10萬轉以上的高速主軸。最近，也有使用磁浮的「磁軸承」。

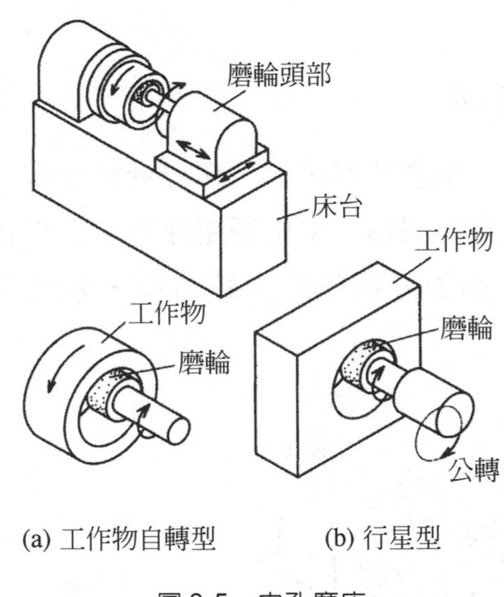

(a) 工作物自轉型　(b) 行星型

圖 3.5　內孔磨床

3.4.4 無心磨床

圓筒磨床是以「頂心」頂住工作物的兩端，做高精度的旋轉運動，但是，小型馬達軸等小零件，很難鑽中心孔，且在短時間內要量產，更省略了「夾頭」。

無心磨床就是沒有「頂心」的磨床，大多使用於量產的汽車或家電產品的軸類零件加工。如圖 3.6 所示般，以調整輪、承板及磨輪，做 3 點支撐。一邊將工作物做磨輪軸向進給，一邊做圓筒研磨。由於沒有頂心支持，容易產生「等徑變形圓」(參考3.8.4節)或振動等問題。

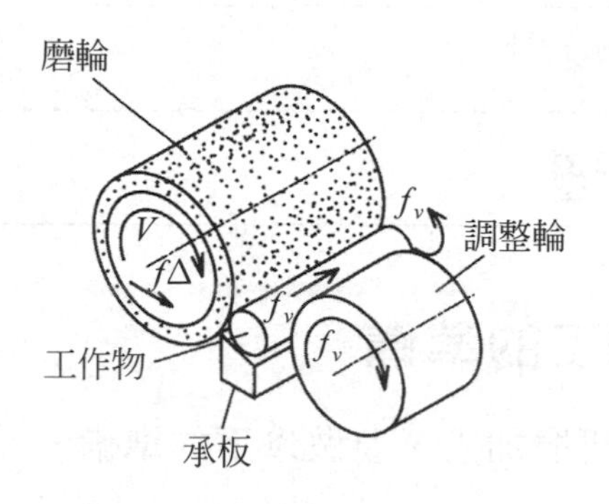

圖 3.6　無心磨床的基本構造

3.4.5　限制加工目的的磨床

⑴　齒輪磨床、螺紋磨床：做為研磨加工高精度要求的精密級齒輪或螺紋等機械元件的專用機。切削加工的齒輪或螺紋的精度較差，且還要精密加工，以熱處理硬化的表面，故需要以專用機做研磨加工。汽車變速箱使用的齒輪，幾乎都是採用研磨加工。

⑵　曲軸磨床、凸輪軸磨床：爲有效率加工引擎主要零件之曲軸或凸輪軸的專用機。它具有在短時間內，可研磨加工偏心曲柄銷或不同位相的多數凸輪之機構及控制裝置。

⑶　刀具磨床：爲研磨整形車刀或銑刀的磨床，爲了加工車刀的刀鼻曲面或螺旋狀溝槽，除了X、Y、Z 3 軸外，傾斜、旋轉部分很多，故也有 7 軸控制的*CNC*刀具磨床。

⑷　皮帶式磨床：以帶狀研磨布(研磨皮帶)替代磨輪，並以高速磨削工作物的磨床。研磨布柔軟很容易彈性變形，故同時作用的磨粒數很多，每單位時間的去除量大，但是，不適合以高精度爲目的的加工。

3.5 研磨加工原理

3.5.1 研磨加工的準備

要求精密度的研磨加工，要做以下的準備。

1. 刀具準備

正確整形磨輪的形狀，稱爲「刀具準備(修整形狀)」。一邊轉寫磨輪的工作面，一邊造形加工面的研磨加工，這種工作非常重要。鑽石或CBN的「超磨粒磨輪」，因爲，修整形狀用刀具的磨耗很快，無法維持其形狀精度，故一般使用金屬結合的鑽石磨輪，進行像圓筒研磨般加工般的「旋轉修整形狀」(圖 3.7)。旋轉修整形狀除了磨輪的整形外，對磨粒銳利度也是有很大影響的重要工作。氧化鋁或碳化矽磨粒的磨輪，是使用天然鑽石的「單粒修整器」(圖 3.8)，像以車床般切削磨輪，來修整形狀，後面要敘述的「修整」也會同時進行，故我們將這種工作稱爲「dressing」。

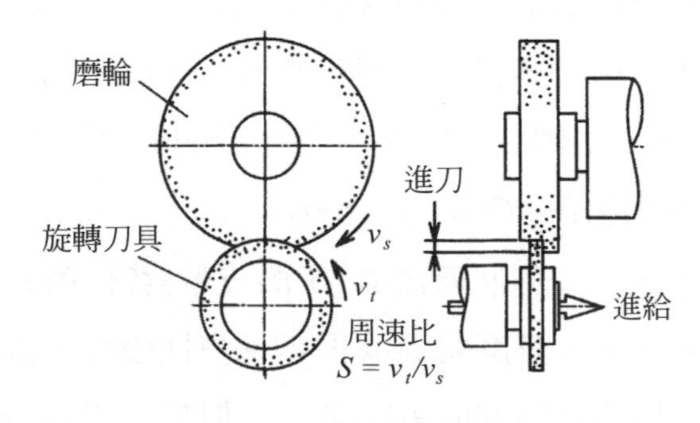

圖 3.7　旋轉修整形狀

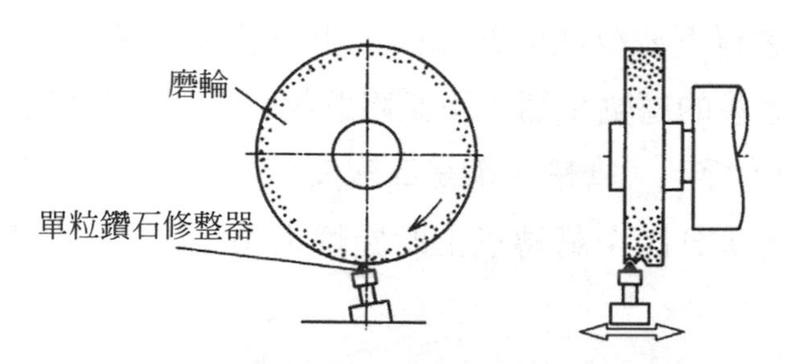

圖 3.8　以單粒鑽石修整器修整一般磨輪

2. 修整磨輪

從進行刀具準備的磨輪工作面，到去除多餘結合劑的設置氣孔工作，稱爲「修整(dressing)」。一般的方法是以棒狀磨輪，黏土燒結結合劑的氧化鋁磨輪，將結合劑磨除以去掉切屑(圖 3.9)。在製造磨輪時，設置氣孔的有氣孔磨輪，也有不要這作用的情況。且在氧化鋁或碳化矽的一般磨輪，只用先前所敘述的刀具準備就可使用，雖然，通常不會做這種工作，而先前的刀具準備工作，就稱爲「修整」。

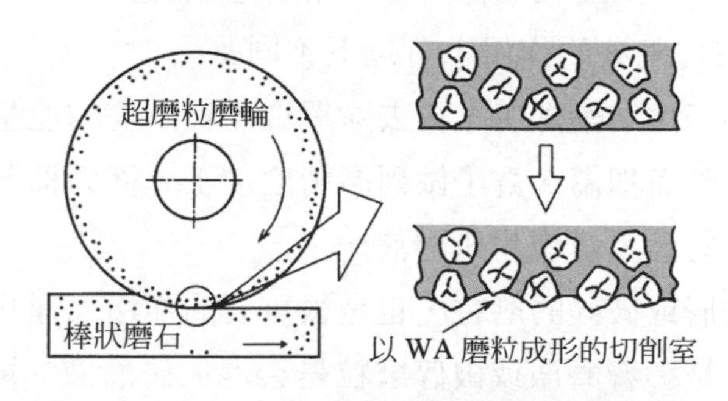

圖 3.9　以棒狀磨石修整超磨粒磨輪

3. 平衡磨輪

一般，磨輪是以 30 m/s 左右的圓周速度，做高速旋轉來使用，高速研磨實際上已達到 200 m/s。磨輪如果不平衡，則在旋轉中會產生振動，在精加工面會留下波紋狀的凹凸面，更有使磨輪破裂的危險。

施予修整後的磨輪平衡，不必將磨輪自凸緣(將磨輪裝在主軸上的圓盤狀保持具)上拆下。磨輪平衡是改變安裝於凸緣上的調整平衡用配重位置(圖 3.10)。每分鐘 1 萬轉以上的旋轉主軸，調整平衡配重，可達數微克精度。

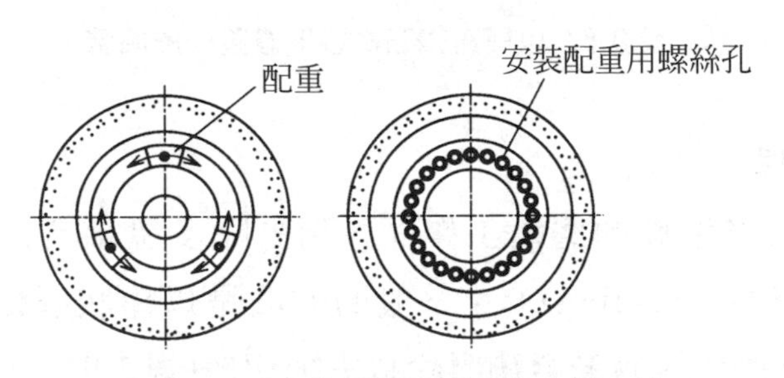

圖 3.10 調整平衡用配重的安裝方法

4. 研磨液

研磨加工與切削加工一樣，也使用研磨液(包含在JISK2241的切削油劑中)，但與切削液的作用，有以下不同：

⑴ 研磨加工比切削加工，再去除單位體積所需的能量大，故比較容易因爲熱而損傷。爲了做到高精度加工，極力抑制熱膨脹，以冷卻爲目的而大量使用研磨液。

⑵ 沖掉磨屑或破碎的磨粒，也是很重要的作用。淨化大量研磨液的裝置，是影響磨屑或破碎磨粒是否混入研磨液的關鍵。

⑶ 高速旋轉的磨輪要加研磨液，則由於其周圍的高速，而無法破壞其運動的空氣膜，使研磨液無法達到研磨點，故必須採取排除空氣膜或高壓注液的對策。

在研磨加工中，一般是以冷卻爲目的，而大量供給研磨液，但是，基於環保問題而儘量不使用。將冷風吹到研磨點的方法，或將潤滑用油劑與冷卻用油劑分開使用，以供給最少量的技術，正常實用化方向研究中。

5. 安全對策

由於高速旋轉的磨輪，具有極大的動能，如果，在研磨加工中產生衝擊而破壞，則很可能產生重大事故。在勞工安全衛生條文中明文規定，製造磨床的廠商有義務要安裝「磨輪罩」，以防止萬一磨輪破裂，碎片也不會飛出而傷人。

另一方面，夾持工作物也是很重要的安全對策，在平面磨床經常使用磁性夾頭，利用其磁力來吸住工作物。但是，工作物的厚度在數 mm 以下，或與夾頭的接觸變差時，工作物容易產生移動而發生危險，故必須使用機械式夾持黏著劑。

3.5.2 磨輪切刃的去除作用

以磨輪切刃去除材料的機構，基本上與切削加工相同，但以下幾點則與切削不同。

(1) 如圖 3.11 所示般，磨輪的切刃形狀比切削刀具鈍，其斜角爲一般切削加工無法使用的更小，大多爲$-60°$以下。

(2) 磨輪的工作面存在有很多的切刃，且爲隨機分布。

(3) 多數的切刃其磨削量都很少，磨削的厚度僅有區區數微米。在微細磨粒的場合，除了機械式的去除外，在磨粒與材料的接觸點附近，也會產生化學反應。

(4) 施於磨粒切刃的力量或摩擦熱，會使磨粒產生微小破碎，產生新切刃的「再生作用」，故切刃的狀態隨時在變化。

(5) 磨粒與磨粒間有結合劑，會妨礙切屑排出。

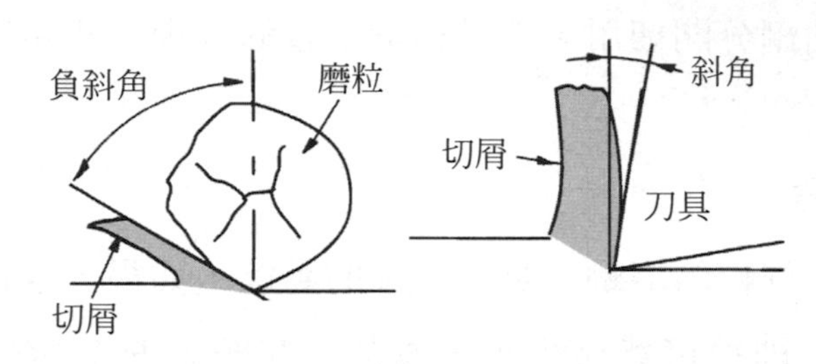

圖 3.11　磨粒切刃與切削刀具

如以上所敘述般，研磨加工比切刃形狀明確的切削加工，增加了很多因素，故分析變得非常困難。

圖 3.12 所示，磨粒切刃產生切屑的模式圖，如先前所敘述的，由於磨粒切刃斜角很小，故產生的切屑承受了很大的變形，亦即研磨比切削所需的能量大很多。

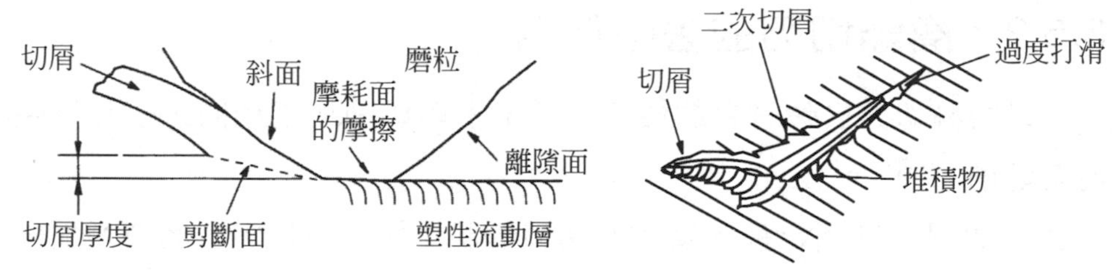

圖 3.12　磨粒切刃產生的切屑

圖 3.13　磨粒切刃產生溝槽的狀態

在切削厚度很小時，並未排出切屑，容易造成只摩擦工作物表面的「過度打滑」(圖 3.13)。更因切刃爲三維形狀，故切屑除了由前排出外，側面也會產生二次切屑。研磨加工除了產生切屑外，也無謂的消耗了很多能量。去除單位體積所需的能量，比切削加工大 1 到 2 位數。其能量大都轉變爲熱量，故會造成「研磨燒焦」等問題。

在切削加工中使用像磨粒般的鈍刀具時，很難產生正常的切屑，除了在加工面產生很差的起伏，並造成刀具的損壞，但實際在研磨加工中，會產生正面的切削，這是因爲切削速度(磨輪的圓周速度)太高。圖3.14爲以碳化鎢刀具做爲模型磨粒，進行切削實驗所產生的切屑剖面照片。切削速度較低時，產生較厚的切屑。切削速度接近研磨加工，則產生斷斷續續的薄切屑。故提高速度可以產生並列的切屑。

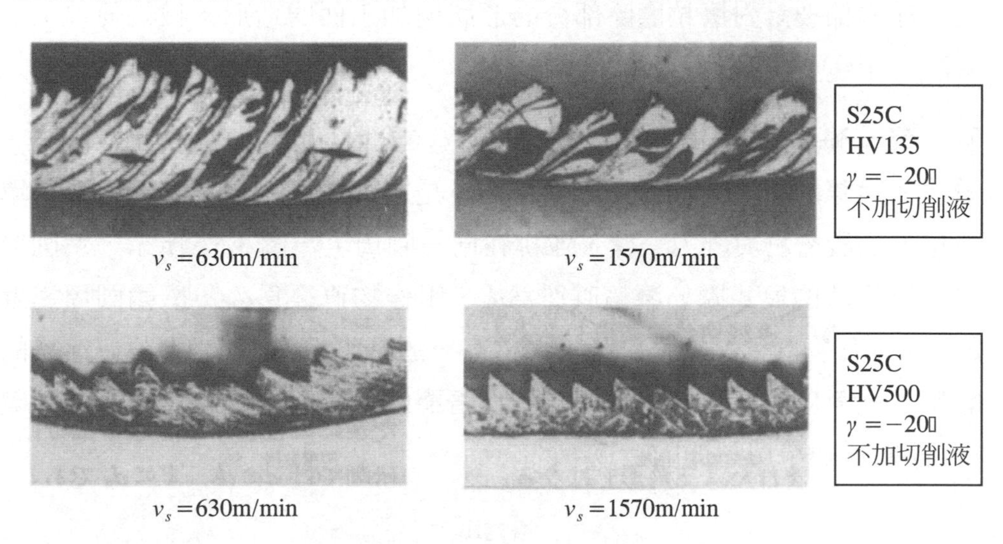

圖3.14 切削速度對切屑變化的影響

如圖3.15般，留於加工面的堆積物，會隨切削速度而變化。並且速度愈快堆積殘留量會減少，而表面粗糙度也會變小。

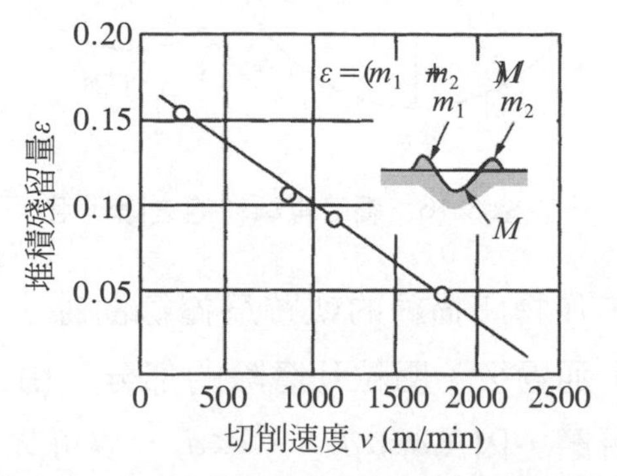

圖3.15 切削速度的變化對切削殘量的影響

3.5.3 研磨幾何學(研磨加工面的造形原理)

在實際的研磨加工中，是以分布於磨輪工作面的多數切刃去除材料，故磨粒與工作物的干涉狀態，是依磨粒的分布狀態或研磨條件而變化。在本節要針對磨粒磨除部分的形狀與加工面的造形，做幾何學上的檢討。

1. 看二維去除機構

在實際的磨輪工作面上，磨粒並不是規則並排，但是，爲了分析單純化，假設磨粒與銼刀一樣，並排在同一圓周上。圖 3.16 所示，爲圓筒柱塞研磨時的模式圖。磨輪直徑爲d_s、工作物直徑爲d_w、磨輪圓周速度爲v_s、工作物圓周速度爲v_w、工作物每一迴轉的進刀量爲a。將研磨過的磨粒 I ，考慮成磨粒 II 在磨削時。沿著磨輪外圓周的磨粒 I 或 II 的間隔λ，稱爲「連續切刃間隔」。

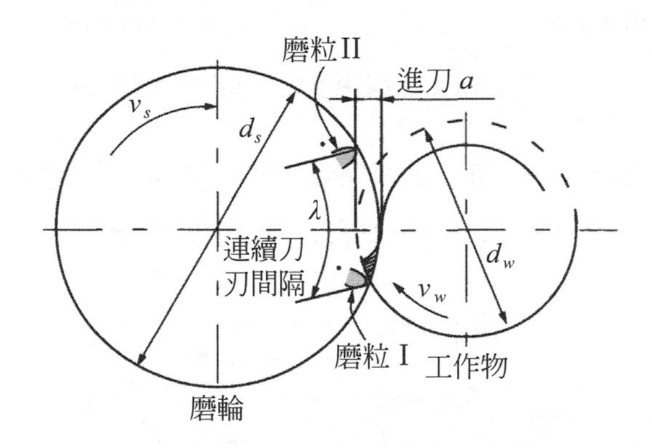

圖 3.16 看二維磨粒的去除作用

磨粒相對於工作物所描繪的軌跡爲擺線曲線，一般，$v_s \gg v_w$且近似於圓弧，故磨粒 I 通過後，磨粒 II 磨除的部分，由三個圓弧圍成「三角形」。在一般的研磨，因爲$a \ll d_s$、$\lambda' \ll d_s$，故可以得到近似圖 3.17 中的(1)～(3)諸量。

其中，式中的d_e稱爲「等值磨輪直徑」，爲了將圓筒研磨及內孔研磨的參數，換爲平面研磨的一般化使用。d_e可由以下公式求得。

$$\frac{1}{d_e}=\left(\frac{1}{d_s}+\frac{1}{d_w}\right) \tag{3.1}$$

圓筒研磨d_w的符號爲＋，平面研磨$d_w=\infty$，內孔研磨d_w的符號爲－。

(1)　磨粒進刀深度h_{max}

$$h_{max} \doteqdot 2\lambda\frac{v_w}{v_s}\sqrt{\frac{a}{d_e}} \tag{3.2}$$

此值爲磨粒磨除部分的最大厚度，作用於磨粒的力量很大。亦即使h_{max}變大的條件，容易使磨粒破碎或脫落，使h_{max}變小的條件，刀刃的表面光滑趨勢變強，不容易造成再生作用。且以產生的切屑體積，變成表示參數值。

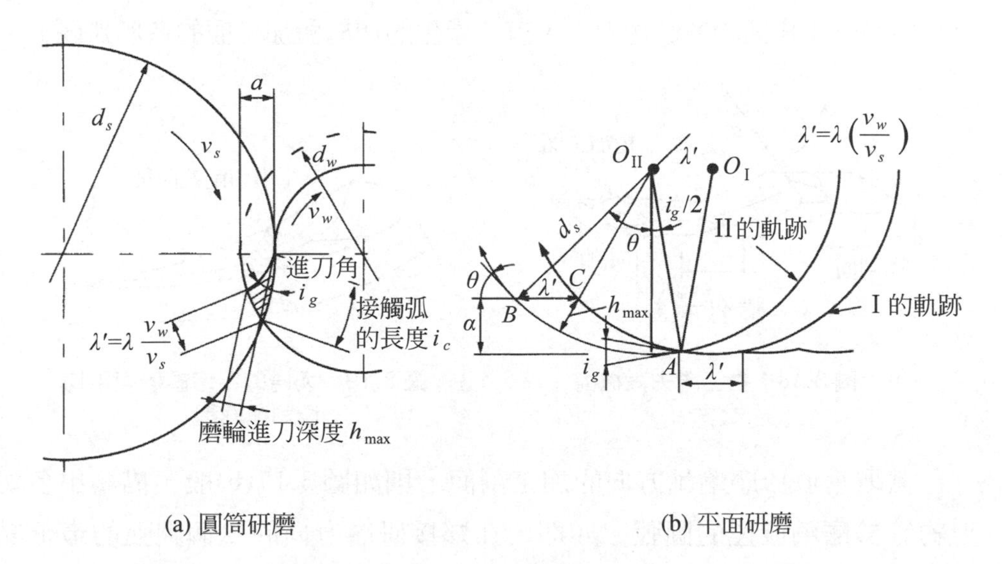

(a) 圓筒研磨　　(b) 平面研磨

圖 3.17　研磨幾何學

(2) 接觸弧的長度l_c

$$l_c \doteqdot \sqrt{a \cdot d_e} \tag{3.3}$$

這是表示磨輪與工作物的接觸狀態，同時，在作用切刃數或研磨點發熱及溫昇，有很深的關係值。

(3) 進刀角i_g

$$i_g \doteqdot \frac{2\lambda}{d_e}\frac{v_w}{v_s} \tag{3.4}$$

此値表示磨粒進入工作物的角度，並且成爲刀刃表面光滑容易度的指標。

2. 看三維去除機構

接下來，思考各磨粒磨削部分看到的三維機構，如圖3.18般，各切刃做成船底形，在精加工面留下細長的研磨溝槽。從這張圖可以了解，存在於磨輪工作面的多數切刃中，有「產生的切屑與加工面的造形無關」。

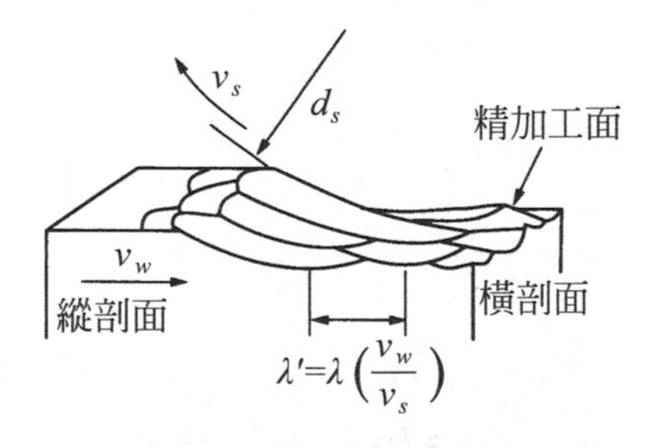

圖3.18 看三維去除機構

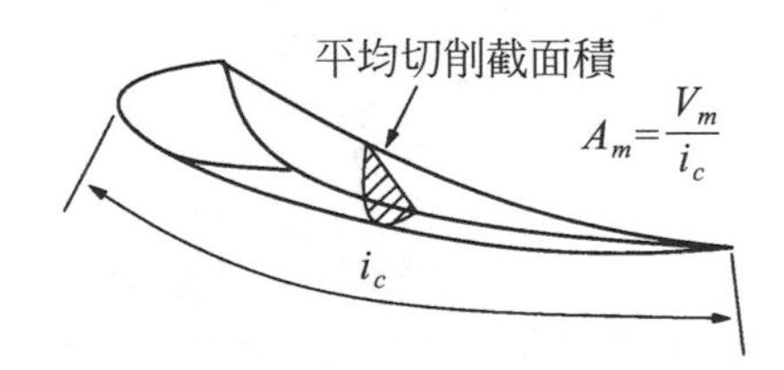

圖3.19 切屑的平均體積與平均切削截面積

截取垂直於磨輪軸方向的加工剖面，則如圖3.17(b)般，描繪出各切刃約等於磨輪直徑的圓弧。亦即，在鄰接研磨方向的二個圓弧的最低點(船底)距離等於$\lambda'(=\lambda v_w/v_s)$。

現在，存在於磨輪工作面上，有關切刃中的加工面造形，每單位面積上的切刃數(稱爲「切刃密度」)爲C，則在研磨加工面上，此數被「濃縮」於v_s/v_w倍而轉寫。這種切刃密度除了切刃的形狀外，對加工面的造形，有很大的關係，是很重要的一項因素。切刃的密度如果很高，則大多數的切刃，只要稍微磨削，則作用於各切刃的力量較小，加工面的粗糙度也變小，收藏切屑的切削室也變小。切刃的密度定量性變明顯時，每個切屑的平均體積V_m及平均切削截面積A_m(圖3.19)，可以由以下公式計算。

$$V_m \doteqdot \frac{1}{C} \cdot \frac{v_w}{v_s} \cdot a \tag{3.5}$$

$$A_m \doteqdot \frac{V_m}{l_c} = \frac{1}{C} \cdot \frac{v_m}{v_s} \sqrt{\frac{a}{d_e}} \tag{3.6}$$

以上諸量可以有效利用於各種研磨條件的磨輪研磨狀態分析上。例如，在檢討「切刃再生作用」時，由磨粒進刀深度及平均切削截面積，可以計算切刃的負荷。且針對工作物的熱損害，可以用接觸弧長度或切屑的平均體積加以檢討。

但是，實際上，因爲並未確立正確量測連續切刃間隔或切刃密度的方法，故必須注意諸量的相對性比較。

3. 影響去除機構的因素

檢討磨粒切刃切削現象的幾何學，如以上所敘述的，在一般的研磨中，磨粒的進刀深度，大多在1微米以下，故不能忽略以下的因素。

(1) 磨輪軸的迴轉精度及磨床的振動：追求幾何學的諸量，始終是站在以磨輪與工作物是做正確圓周運動或直線運動的假設基礎上。而實際上會產生數微米的振動或偏擺。

(2) 磨輪的彈性變形：磨輪的彈性變形爲鋼的數分之一到十分之一左右，故在磨輪與工作物的接觸點，磨輪的彈性變形很大，依不同條件，實際的磨粒進刀深度，也有達到計算值一半以下的情形。

(3) 結合材料的存在：在磨輪的工作面上，除了磨粒外還有結合劑，結合劑接觸到工作物，也有可能會大大妨礙切屑的排出。

3.5.4 研磨阻力與比研磨能量

在研磨加工中，磨輪作用於工作物的力量，稱爲「研磨阻力」。與切削加工一樣，產生切屑時的剪斷應力或斜面的摩擦力，是產生研磨阻力的原因，研磨阻力的特徵如下：

1. 切線研磨阻力與法線研磨阻力

研磨阻力如圖3.20所示，大多由磨輪與工作物的接觸狀態，區分爲切線方向的切線研磨阻力(切線分力)與切線分力垂直的法線研磨阻力(法線分力)。切削加工一般分爲3分力，而在研磨加工中，磨輪軸向幾乎不產生力量，故只採用2分力。

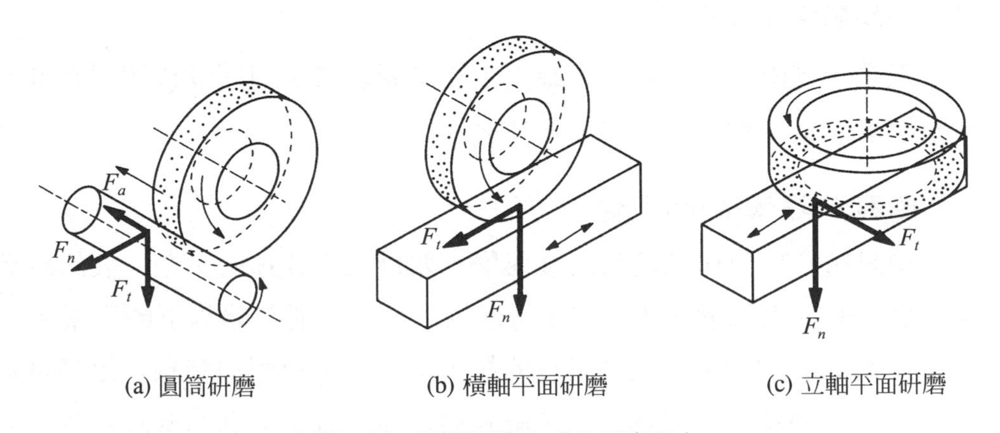

圖 3.20 各種研磨方式的研磨阻力

切削研磨阻力F_t，爲作用於磨輪運動方向的力量，故消耗於研磨加工的每單位時間之能量，以$F_t(v_s+v_w)$表示。而此能量在研磨點幾乎全部變成熱量，這與熱膨脹造成的工作物變形或熱損壞有密切關係。

另一方面，法線研磨阻力，是垂直於磨輪工作面的方向，雖然與研磨能量無關，但是，因爲會使工作物、磨輪、磨輪軸等變形，是造成尺寸精度降低的原因。且法線研磨阻力比切線研磨阻力大，阻力的分力比F_n/F_t值，大多爲 2 以上。特別是研磨加工硬度高的磨削材料更大，精密研磨高密度陶瓷時，更有達到 20 以上，其原因由於切刃斜角小，而造成表面光滑。

與切削加工比較，大的法線研磨阻力，會使彈性係數小的磨輪或工作物變形，與設定的進刀比較，會產生無法去除的「磨削殘留量」。強制性進刀加工雖然不是很好的現象，但是，爲了達到正確的尺寸精度，在不進刀的情況下持續研磨，採取以接近目標尺寸的「無火花」研磨方法。

2. 比研磨能量

以去除工作物的體積除研磨能量所得到的值，稱爲「比研磨能量」，以下式表示。

$$u=\frac{F_t \cdot v_s}{a \cdot b \cdot v_w} \qquad (3.7)$$

其中，v_s爲磨輪的圓周速度、v_w爲工作物速度、a爲磨輪進刀量、b爲研磨寬度。圖 3.21 所示，爲平面研磨的情形。

比研磨能量依研磨的材料、刀具準備、修整、研磨條件不同，而有很大的變化。在研磨加工鋼料時，爲 10～200 J/mm^3，比較表 1.1 所示的切削加工的能量，研磨加工變成 10～100 倍大的值。切削加工與研磨加工，去除被削材料的機構，基本上並沒有改變，基於以下的原因，研磨加工的能量變得較大。

(1) 磨粒做成較鈍的形狀，產生的切屑承受較大的剪斷變形。

(2) 每個切刃所研磨的厚度很薄，故留在工作物產生「塑性變形」，所消耗的能量比例很大。

(3) 這種現象是使「加工單位(切屑的體積)」變小，在追求精密度時，所無法避免的現象。這種現象稱為「加工的尺寸效果」。

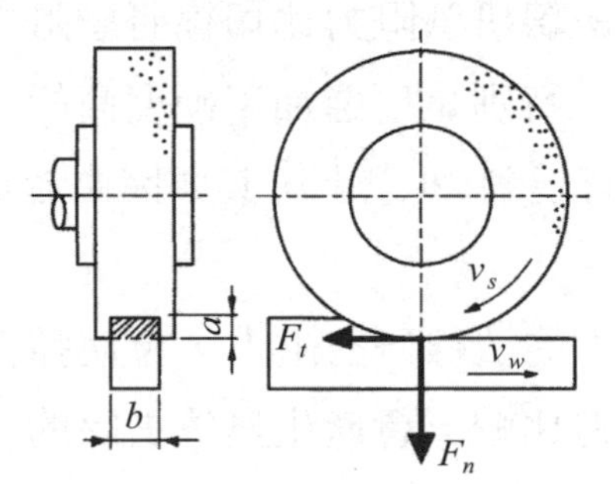

研磨動力 $W \doteqdot F_t v_s$ ($\because v_w \ll v_s$)

去除率 (每單位時間的研磨體積) $Z' = abv_w$

比研磨能量 $u = \dfrac{W}{Z'} = \dfrac{F_t v_s}{abv_w}$

圖 3.21 平面研磨的比研磨能量

如以上所敘述的，只限以比研磨阻力來比較，研磨加工比切削不利，但是，將公式(3.7)改變為公式(3.8)後，可以公式(3.8)來加以說明。

$$F_t = a \cdot b \cdot u \cdot \frac{v_w}{v_s} \tag{3.8}$$

在研磨加工中，工作物速度與磨輪的圓周速度比v_w/v_s很小，故實際的切線研磨阻力，比切削加工的「主分力」小很多。以高速旋轉磨輪，除了產生切屑的「速度效果」外，也有「減少力量」的效果。

3. 影響研磨阻力的各種因素

研磨阻力依粒度或結合度等磨輪規格、刀具準備、修整的磨輪工作面上形態及去除效率等研磨條件，而有很大的變化。圖 3.22 為進行研磨，同時產生研磨阻力的變化例。為了確保精加工面的粗糙度，而進行細心的修整，則研磨阻力會變大。而圖 3.23 為進行研磨，所測量的研磨阻力之例子。可以了解由於切刃的磨耗，會使切削阻力增加。

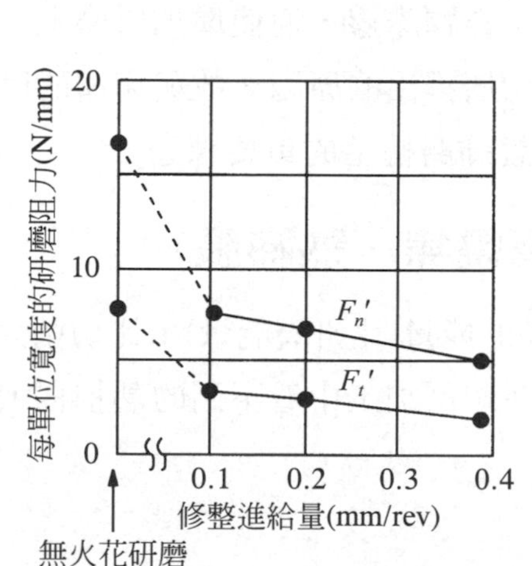

磨輪：WA60JmV
柱塞：單粒鑽石 a_d=10μm×4 次
工作物：S45C 準淬火材料
研磨條件：v_s =20m/s，v_w =0.2m/s
a =5μ /pass，平面柱塞研磨
研磨液：水溶性

圖 3.22　修整條件不同的研磨阻力變化

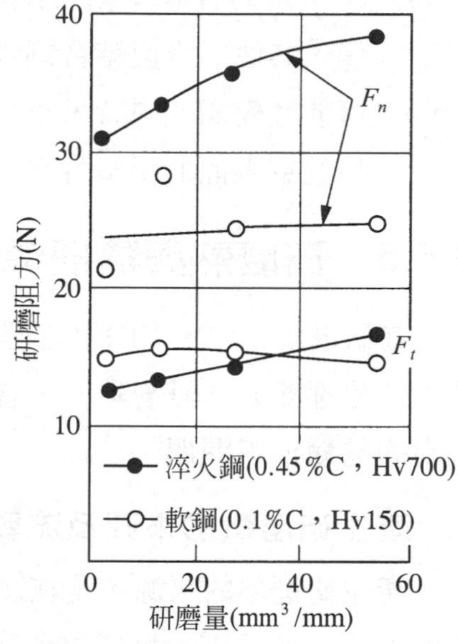

磨輪：WA60JmV
研磨條件：v_s =24m/s，v_w =0.2m/s
a =5μ pass，平面柱塞研磨
研磨液：水溶性

圖 3.23　研磨進行中的研磨阻力變化

影響研磨阻力最大的原因，為磨粒的切刃形狀及研磨條件，其他研磨加工特有的原因如下。

(1) 切刃的干涉：如在研磨加工幾何學一節所敘述的，在磨輪工作面上的多數切刃，為隨機存在，故之前的切刃過度研光磨除的部分，後續的切刃通過的情況也很多，實際上，與加工面造形無關的切刃也很多。亦即研磨加工比切削加工存在的無謂(多餘)切削之切刃，其比研磨能量更大。

⑵ 磨輪的彈性變形：磨輪的彈性係數，爲磨削材料的數分之一左右，由於研磨阻力而產生很大的彈性變形，並且切刃被壓入磨輪內部，且接觸弧的長度l_c變長，故研磨阻力會增加。

⑶ 結合劑的存在：結合劑的特性，與磨輪的彈性變形有很大的關係，其他，也使結合劑本身與工作物摩擦，而使增加研磨阻力的可能性變高。同時，也是妨礙切屑排出的原因，故與切屑的摩擦特性或表面的平滑性等，也是設計磨輪上的重要課題。

3.5.5 研磨熱與熱損傷(研磨燒焦、熱膨脹)

在研磨加工中，去除單位體積所需的能量(比研磨能量)，比切削大，其大部分都變成「研磨熱」，會造成在切削加工中看不到的熱損傷或工作物的熱變形等問題。

1. 產生研磨熱的來源及流動

產生研磨熱的來源，是在產生切屑的研磨點附近，如圖3.24般，由於切刃的斜角很小，故切屑承受的剪斷變形很大，留在加工面的流動層也變大。不只是與切屑有關的能量，結合劑或氣孔內的切屑與工作物的摩擦熱也不能忽視。

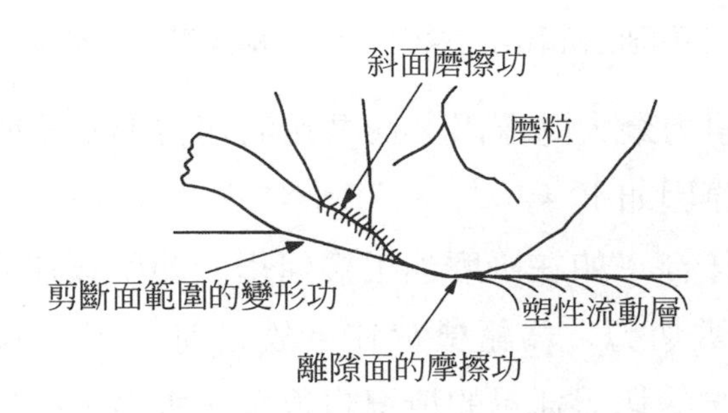

圖 3.24 研磨點產生的熱量

在研磨加工中，磨輪的圓周速度比切削加工大 1 位數，故切刃與切屑的界面，達到融點附近。因為這樣而使斜面的摩擦降低，鈍切刃產生的切屑，是研磨加工的特徵。另一方面，工作物的速度低，切刃返覆通過接觸弧，很容易累積熱量。

產生的研磨熱轉移到切屑、工作物、磨輪、研磨液及空氣中，如圖 3.25 般，大部分的熱量轉移到工作物，並且使工作物產生熱變形而降低精度，因熱損傷而成為品質降低的最大原因。

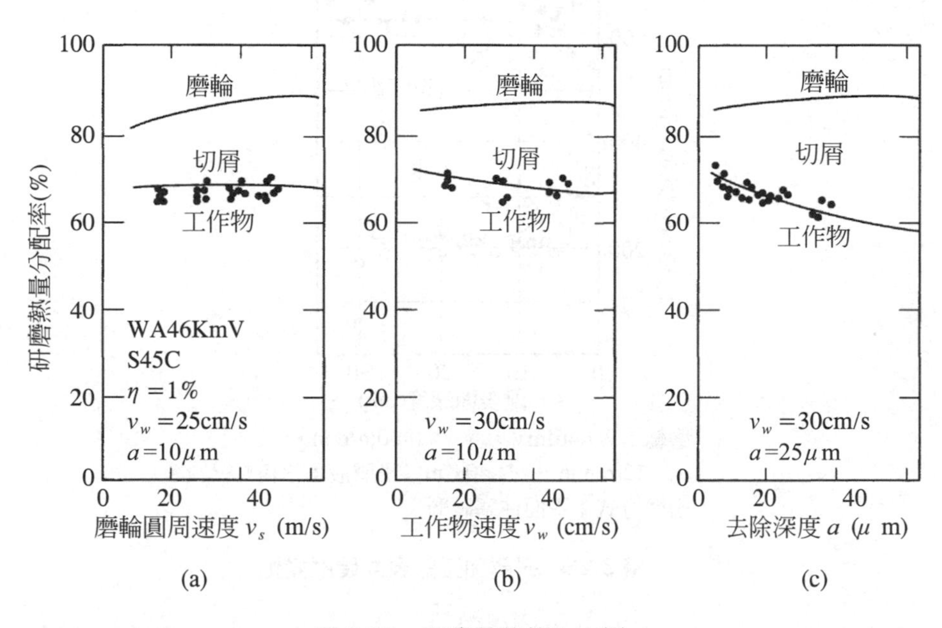

圖 3.25　研磨熱的傳入比例

2. 研磨熱造成的問題

由於研磨熱使工作物的溫度上昇很快，造成工作物表面變色，這種現象稱為「研磨燒焦」。變色是由於在磨削材料表面出現薄且透明的氧化膜，而造成光的干涉，其顏色由膜厚及母材的顏色決定。在鋼的情況，膜厚增加數十奈米時，其表面的顏色由淡黃色變為褐色、紫色。

造成研磨熱的溫度上昇，是使工作物表層的結晶組織產生變化，而降低硬度。另一方面，由於機械式的去除作用，而殘留在工作物表層的塑性流動層，同時，產生加工硬化，故研磨後的「加工變質層」，是因爲這些原因複合而成的。圖 3.26 是以同一條件研磨軟鋼與淬火鋼時，測量加工面下的例子。軟鋼會產生加工硬化，而淬火鋼會在其表面附近燒焦，反而軟化。

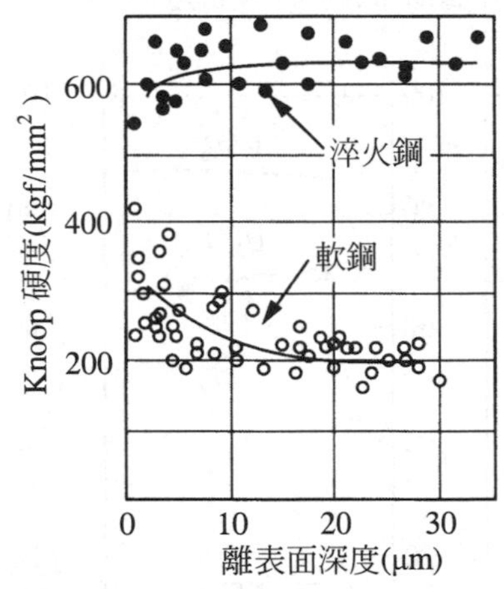

磨輪：WA46JmV， v_s ：1440m/min，
v_w：12m/min， a ：40μ m，研磨液：水溶性，
研磨方式：平面柱塞研磨

圖 3.26　研磨加工的表面硬度變化

這種加工變質層與切削加工一樣，會同時產生殘留應力。但是，在切削加工中，溫度的影響較小，相對的在研磨加工，必須注意由於加熱狀態，而使殘留應力的狀態變得很大。圖 3.27 所示，爲產生研磨燒焦時，表層的殘留應力，由壓縮到拉伸的變化機構模式。研磨燒焦很嚴重，使殘留應力超過工作物的抗拉強度時，會產生「研磨破裂」。

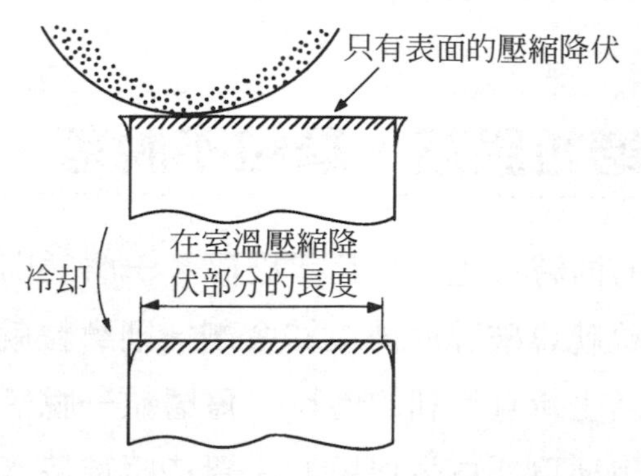

圖 3.27　發生研磨燒焦時的殘留應力機構

3. 去除研磨熱

一般，要去除研磨熱是大量將水溶性研磨液，供給到研磨點及全體工作物。最近，爲了減輕環境負荷的目的，在研磨液周圍，以高速吹入 −30℃左右的冷卻空氣之方法，以別的油劑將冷卻與潤滑，做最小限度的油劑使用量之方法等等，都已分別實用化了。

另一方面，研磨速度達到 200 m/s 般的超高速研磨，研磨點產生的熱量在流入工作物前，就已將切屑去除，故流入工作物的比例很低，所以，可抑制工作物的溫度上昇(圖 3.28)。

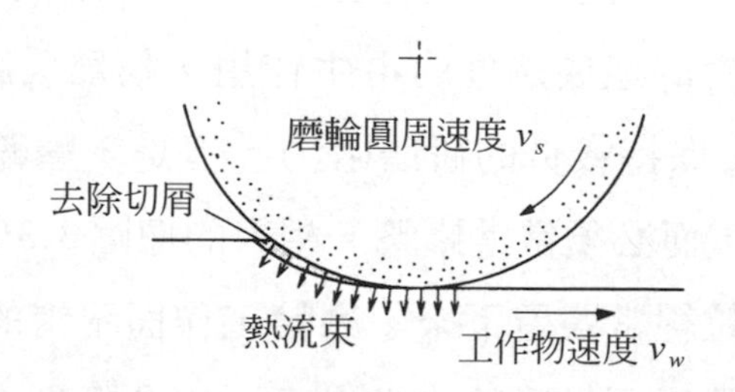

圖 3.28　高速研磨產生的熱量與切屑的去除

3.6
磨輪損耗(磨粒脫落、磨粒不脫落、填塞)與壽命

磨粒在研磨的同時，也會磨耗或破碎。一磨耗則施予磨粒的力量會增加，結果，磨粒就會破碎而破壞結合劑，則磨粒就會脫落(圖 3.29)。磨粒一破碎就會產生新且銳利的磨粒，舊磨粒一脫落則鄰接的磨粒就開始切削。這種作用稱爲「再生作用」。要持續維持適度的再生作用，要依工作物特性、磨輪的規格，選擇最適合的研磨條件。

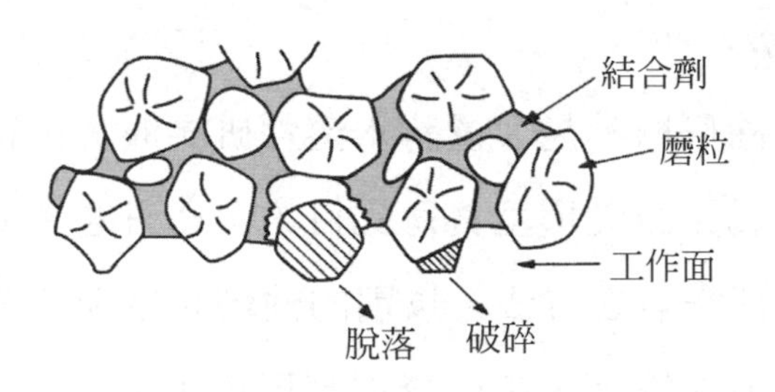

圖 3.29 磨輪的再生作用

3.6.1 研磨進行中，研磨工作面的變化

在研磨工作中，產生適度的再生作用，長期保持較銳利的狀態，稱爲正常研磨。相對的造成過度的再生作用，稱爲「磨粒脫落」(圖 3.30(a))。這種情形會保持較低的研磨阻力，但是，磨輪的損耗較快，故會使尺寸精度惡化，而必須常常修整。相對的像圖 3.30(b)般，再生作用不夠時，磨耗的磨粒經常殘留下來，磨輪工作面平滑的情形，稱爲「粒子脫落」。在這種狀態下，磨粒的光滑表面，會降低去除效率，而增加研磨阻力，造成發熱量過多，而容易產生熱膨脹或研磨燒焦。雖然加工面光澤，但是，加工變質層變厚，而使表面的品質降低。

雖然與單方磨耗不同，但是，一研磨銅或鋁等富延展性的材料，則會如圖 3.30(c)般，氣孔會塞滿切屑，收納切屑的切削室會堵住，而產生類似磨粒不脫落的結果，這種現象稱爲「填塞」。加工面與填塞的切削材料凝結，而變成起伏面，使粗糙度變粗。圖 3.31 所示，爲研磨進行與粗糙度的變化。

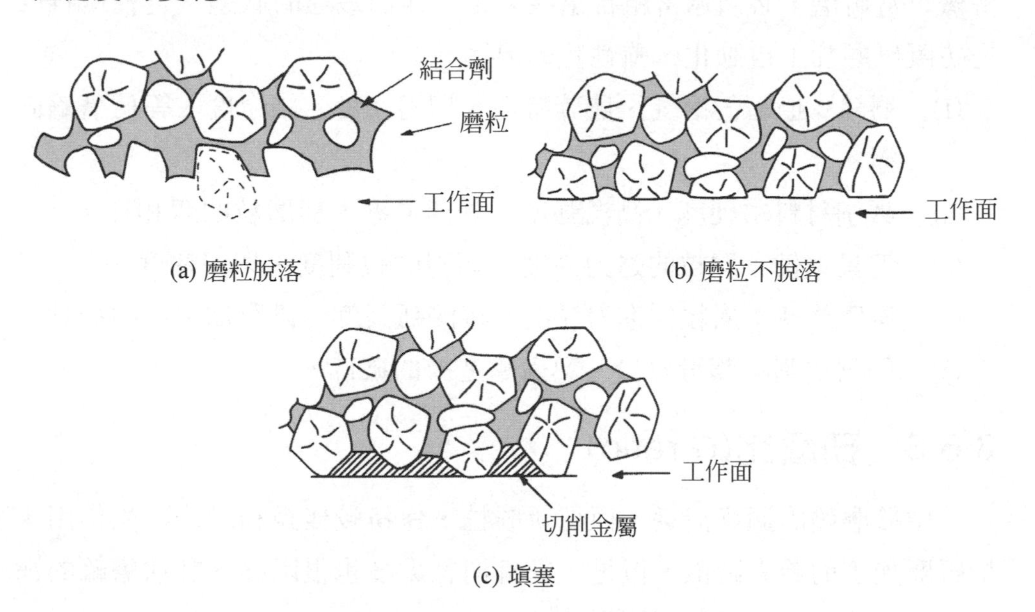

(a) 磨粒脫落　(b) 磨粒不脫落　(c) 填塞

圖 3.30　磨粒脫落、磨粒不脫落、填塞

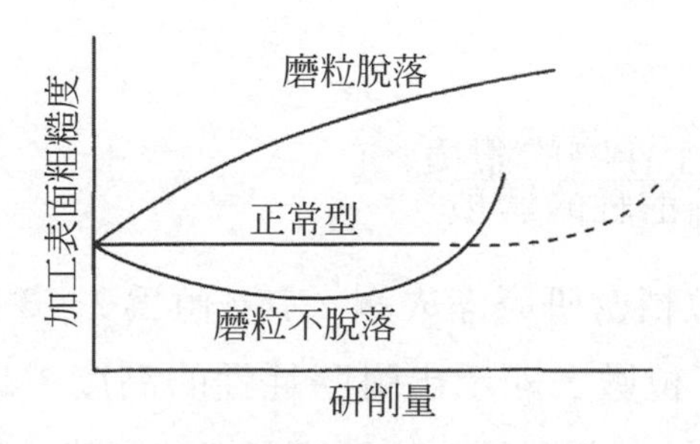

圖 3.31　研磨量增加與加工表面粗糙度的變化

3.6.2 影響刀刃再生作用的因素

產生磨粒破碎或脫落，是作用力比磨粒本體或結合劑黏接強度大。其力量的大小與方向，是由磨削材料的強度或磨粒進刀深度、切刃的磨耗狀態決定。亦即，磨輪的再生作用，受到以下多數因素的影響。爲了持續正常研磨，必須適當組合這些因素，作出最佳的狀態。這種複雜度是妨礙研磨加工自動化、彈性化的原因。

⑴ 磨輪：磨粒的磨耗、破碎特性、切刃密度、結合度、等值磨輪直徑。

⑵ 磨削材料：硬度、高溫強度、熱傳導率、與磨粒的親和性。

⑶ 刀具準備：磨粒的進刀深度、切刃的銳利度、切刃密度。

⑷ 研磨條件：磨粒的進刀深度、接觸弧長度、研磨加工中的振動。

⑸ 研磨油劑：潤滑效果、熱衝擊造成的破碎。

3.6.3 研磨比(G ratio)

由於磨輪的適度消耗，而更新磨粒，保持較佳銳利度的再生作用，是研磨加工的最大特徵，但是，磨輪消耗太多也很困惑。評估磨輪的消耗或壽命的指標，爲「研磨比(G ratio)」。

研磨比G就是研磨去除工作物的體積除以磨輪消耗的體積，所得到的值。

$$G=\frac{\text{去除工作物的體積}}{\text{磨輪消耗的體積}} \tag{3.9}$$

以氧化鋁磨粒精密研磨淬火鋼，其G值爲2～3位數，使用 CBN 磨粒時，可達 4～5 位數，顯示出耐磨耗性的高度。以鑽石磨粒研磨陶瓷時，G爲2～3位數，以鑽石磨粒研磨鑽石燒結體時，G值大多在0.1以下。

研磨比爲評估磨輪與磨削材料或研磨條件的標準，其值愈大評估基準爲磨輪的壽命愈長，但是，有關加工面的形狀精度或品質，則不能單以研磨比來判斷。

3.6.4　磨輪的壽命(修整壽命)

磨輪隨著研磨的進行，工作面會產生變化，到最後變成無法達到目的的狀態。爲了重複使用磨輪，要配合目的重新刀具準備及修整磨輪工作面，這 1 週期稱爲「修整壽命」，評估的數據有研磨體積、加工個數、研磨時間。

判斷壽命的項目，有以下幾項，依研磨加工的目的，有各種判斷的基準。

⑴　研磨阻力增加：由於磨粒不脫落或塡塞，而降低磨輪的銳利度，則因研磨阻力增加，而發生尺寸精度惡化、因研磨燒焦，而使加工表面性質與狀態惡化、產生影響振動等不太好的現象。

⑵　加工面的粗糙度增加：磨輪過度的再生作用，會增加加工面的粗糙度。產生塡塞時，會由於磨擦而增加粗糙度。

⑶　加工面形狀精度惡化(形狀走樣)：與磨輪一樣不消耗，則會降低工作物的形狀精度。特別是直接轉印磨輪形狀的「成形研磨」，會產生一些問題。

3.7　影響研磨加工面精密度的因素

到目前爲止，已經針對在研磨加工中，造形加工面的原理及在研磨加工中發生的各種現象，加以敘述。但是，除了進行以「精密機械加工」爲目的研磨加工外，也來檢討影響「精度」的因素。

機械零件的精密度，在JIS中均有規定。

⑴ 尺寸精度(長度、厚度、直徑等)JIS B0401。

⑵ 形狀精度(眞直度、平面度、眞圓度等)JIS B0021。

⑶ 面精度(粗糙度及波狀起伏等)JIS B0601。

尺寸精度及形狀精度，爲「巨觀」精度，它受支配於磨輪的運動精度或熱變形。面精度爲「微觀」精度，它受支配於磨輪的表面狀態或振動。由於影響雙方的因素頗多，故儘可能結合原因與結果並加以解說。又加工面的巨觀、微觀幾何學精度，另外取材與加工面品質有關的「加工變質層」或「殘留應力」也是面精度的一部分。

3.7.1 磨床的剛性與運動精度

磨床的剛性一般比切削加工用工作母機低，其原因乃研磨加工過去只用於精加工工程，故磨輪軸的馬達輸出功率僅切削用工作母機的數分之一。基於這個原因，故每單位時間可去除的量，比切削少1位數。磨輪的圓周速度，比切削加工多1位數，故由馬達的輸出功率，計算切線研磨阻力，則力量的大小比切削用工作母機少1位數。基於這樣的背景和磨輪的彈性係數爲鋼的數分之1，我們可以解釋，磨床不太需要剛性。以這種剛性低的磨床，進行研磨阻力大的研磨，則彈性變形大而無法獲得正確的尺寸精度。又因爲固有振動數很低，故容易引起振動，如果，研磨的負荷大，則在加工面會留下顫動的痕跡。

但是，在軸承零件或汽車零件的研磨加工，要求的是高效率，也有備有比切削用工作母機更高輸出功率的磨輪軸，以此爲目的時，就必須要有較高的剛性。

另一方面，研磨阻力的法線分力，爲切線分力的數倍大，特別是在陶瓷的研磨加工，法線分力可達切線分力的20倍以上。故磨輪－工作物系必須有較高的剛性，剛性不足的舊式磨床設計，大多不能控制好尺寸。

3.7.2　磨輪及工作物的夾持狀態

1.　磨輪的安裝

磨輪以「凸緣」的安裝夾具，將磨輪裝於磨床的主軸，凸緣當然有很高的精度，但在超過每分鐘 1 萬轉的轉數之高速研磨，離心力造成的變形變得很大。圖 3.32 是以凸緣安裝用於精密切斷電子零件的切斷磨輪之剖面圖狀態。由於凸緣壓版壓力不均勻，而使切斷磨輪產生「翹曲」現象，造成切斷面精度惡化。故必須做好使壓住凸緣的力量平均之設計。

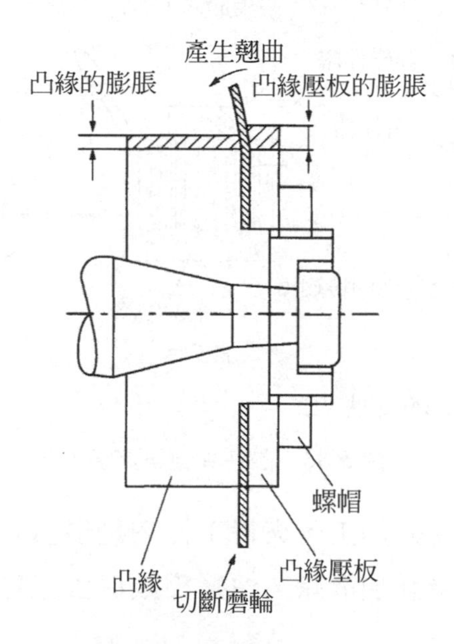

圖 3.32　切斷磨輪高速旋轉時，產生翹曲現象

在高速旋轉時，磨輪本身在徑向也會產生數十微米的膨脹，在磨輪內部的組織或密度內部，有時候徑向的膨脹量會不均勻，故刀具準備、修整時的轉數不同時，在研磨時會產生振動。當然，磨輪的平衡校正不佳時，亦會產生振動。

2. 工作物的夾持

工作物如採用機械式夾持，則在被壓住的部分，會產生局部變形，加工後該部分的變形一解放，工作物就會產生變形，研磨加工所要求的精度大多比切削加工高，故夾持工作物必須使變形做到最小。

在平面磨床夾持工件，如圖 3.33(a)所示般，經常使用「磁性夾頭」。磁鐵無法吸著的材料，則採用「眞空夾頭」才有效(圖 3.33(b))，工作物很小時，可以用黏著劑固定。

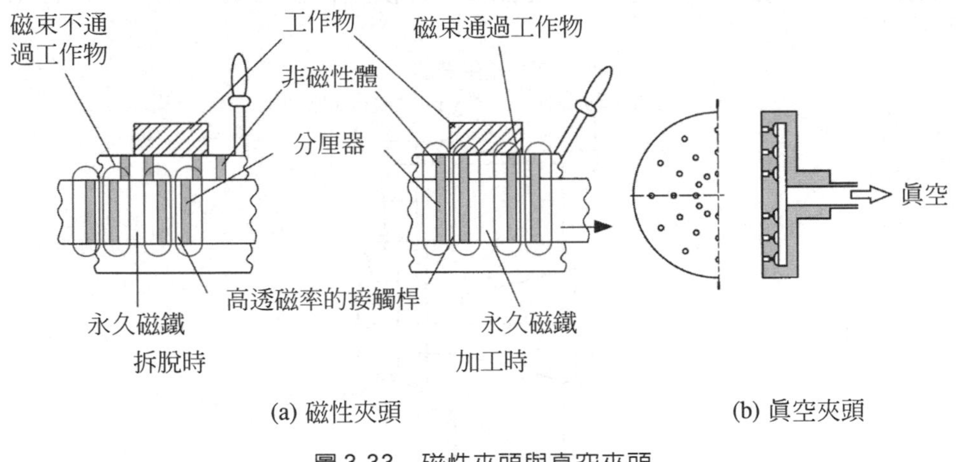

圖 3.33 磁性夾頭與真空夾頭

在要求微米精度的加工，夾持工作物是很重要的工作，夾頭表面的髒東西或毛邊，必須詳加清除，做好夾頭保養工作，以維持夾頭正常的功能。

3.7.3 磨輪工作面的狀態

1. 工作準備、修整磨輪條件

磨輪加工是以磨輪工作面的眾多切刃來切削，以創成加工面。設定磨輪工作面的初期狀態之刀具準備、修整，是大大影響加工面表面精度或研磨阻力的重要因素。刀具準備、修整可百分之百發揮磨輪性能，可說得一點也不爲過。

因爲刀具準備是提高磨輪「形狀精度」的工作，故磨輪形狀轉寫的研磨加工，當然對工作物形狀精度的影響很大。另一方面，刀具準備也會改變磨粒切刃的形狀，當然，也會影響粗糙度等的表面精度及研磨阻力大小。圖 3.34 所示，爲 CBN 磨輪的刀具準備條件，影響研磨加工面的粗糙度及研磨阻力的變化情形。

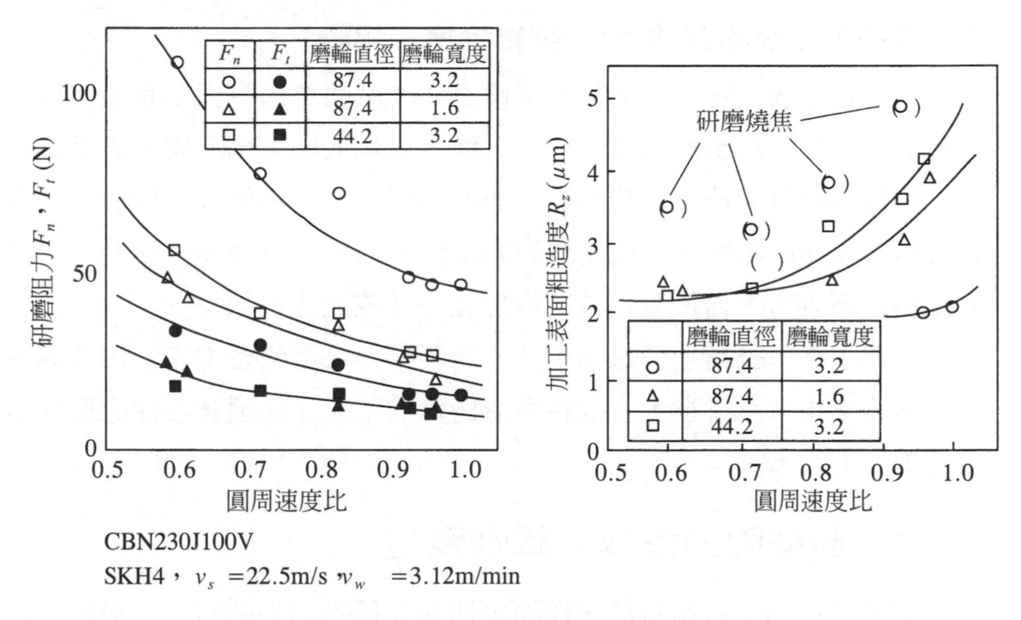

圖 3.34　刀具準備條件影響研磨阻力及粗糙度變化

修整爲確保切削室的工作，不會影響形狀精度，但與產生切屑有很大的關係，故與刀具準備一樣，會影響表面精度。

2. 磨輪的損耗(磨粒脫落、磨粒不脫落、填塞)

磨粒過度脫落，會造成磨輪形狀走樣，而無法確保工作物的形狀精度及尺寸精度。且造成加工面的粗糙度變粗。

磨粒不脫落是磨粒切刃的離隙面過度磨耗，雖然，不會直接影響形狀精度或粗糙度，初期的磨粒不脫落，反而會使粗糙度變小。但是，由於切削阻力的背分力增加而變形，由於摩擦而發熱，造成工作物變形並使尺寸精度或形狀精度惡化。由於研磨阻力或熱的影響，而增加加工變質層，同時產生研磨燒焦現象。

一產生塡塞就會使加工面粗糙度極端惡化，塡塞切屑的磨輪直徑會變大，會對工作物產生過度研磨的情形。

3. 磨輪工作面的深淺不均勻(結合度、組織)

「磨輪平衡校正」是磨輪的準備工作，磨輪會因平衡不良而破裂。這種情形不是因爲全體磨輪不均勻，而是磨粒或結合劑不均，表示結合度及組織不均勻。使用這種磨輪，即使再細心的刀具準備、修整，也會因磨輪工作面的場所，而改變切刃的密度，而在加工面產生振動。且因磨輪損耗不均勻，而使磨輪眞圓度惡化，造成更大的振動。

在要求奈米級精度的電子零件或光學零件之超精密加工，由於磨輪工作面的不均勻影響很大，故在製造磨輪的工程，必須細心注意磨粒與結合劑的混合。

3.7.4 研磨阻力造成的彈性變位

在研磨加工中，相對於工作物，即使正確進刀 10 μm，一般也只能磨掉 5 μm 左右。其原因乃由於法線研磨阻力，而使磨床、磨輪、工作物產生彈性變形，造成磨輪與工作物的間隔更分離開來。切削加工也會產生同樣的情況，但是，並沒有像研磨加工那麼嚴重。其原因乃磨輪的彈性係數較低。

圖 3.35 所示，爲圓筒切入式研磨設定的進刀量與工作物尺寸變化的變遷。如設定的進刀量，尺寸並未變化，在停止進刀後，去除切剩部分

的行程。此稱爲「無火花」研磨，在研磨加工中是控制精加工尺寸的重要工作。

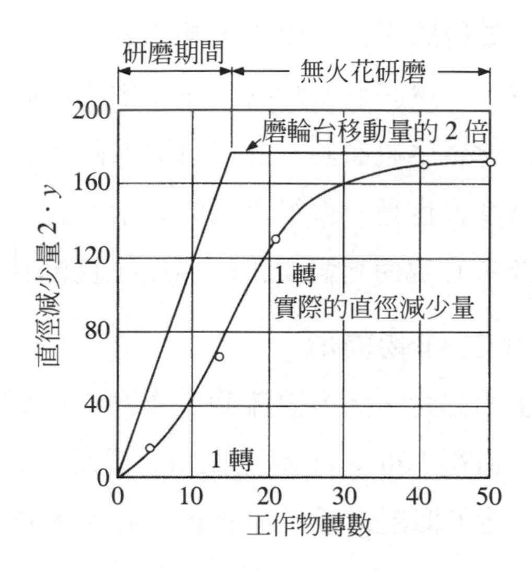

圖 3.35　切入式研磨工作物直徑減少的過程

高硬度、高密度陶瓷的研磨加工，其背分力非常大，即使進行「無火花」研磨，也無法達到所設定的尺寸。在精密研磨加工這類材料時，除了要用彈性係數大的磨輪外，也必須使用剛性高的磨床。

研磨加工中，磨輪－工作物系的剛性較低，共振頻率數亦低，故研磨阻力變得愈大，越容易產生異響振動。

3.7.5　熱造成的變形與變位

1. 磨床的熱變位

磨床構造的高級鑄鐵，其線膨脹係數約爲 1.3×10^{-6}，故溫度上昇 10℃，則 1 m 長的工作台約伸長 13 μm。要求次微尺寸精度的研磨加工，熱的影響會變成很大的問題。

磨床的熱源有主軸馬達、工作台傳動用油壓制動器、油壓動作油等，熱傳到工作母機本體，再散播到研磨液或空氣中。亦即，在工作母機各部分的溫度，於研磨工作中變化，則無法確保次微的精度，一邊循環動作油或研磨液，一邊將磨床暖機，花了數小時時間一點也不稀奇。

一開始加工就會產生研磨熱，並使研磨液的溫度上昇。在精密研磨中，控制研磨液溫度，也是一件很重要的事情。且爲了最好年間的精度管理，設置磨床後，必須使全體工廠的溫度，控制在±1℃左右。

2. 研磨熱造成的工作物變形

在研磨點產生的熱量，大多對流到工作物。與磨床的熱變形一樣，工作物爲鋼料時，直徑 100 mm 的工作物，溫度上昇 10℃，會產生 1.3 μm 的尺寸變化。爲了抑制這種尺寸變化，必須大量供給研磨液到研磨點及工作物。

但是，即使供給研磨液，也不能在瞬間帶走工作物上的熱量，故大多會造成工作物形狀精度的惡化。圖 3.36 爲平面研磨立方體工作物時，加工面形狀的粒子。在工作物中央部分，變成稍微凹陷的形狀。這就是即使供給研磨液，工作物中央部分的溫度也不會降低，中央部分在膨脹狀態下研磨，等研磨後冷卻，就變成凹陷的形狀。這種依工作物形狀，冷卻何處的情形，也成了維持形狀精度的重要課題。

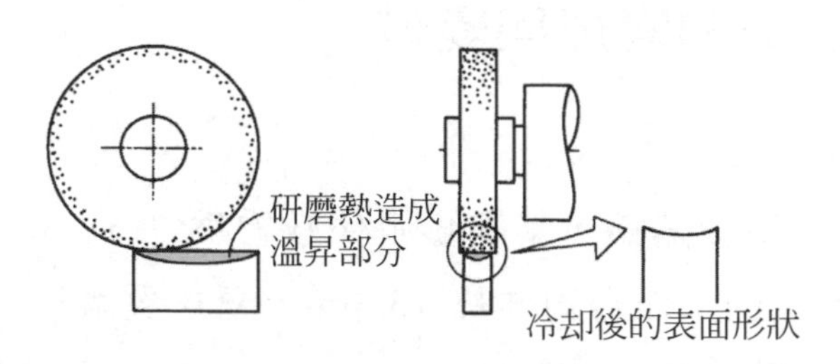

圖 3.36　研磨熱造成工作物的變形與加工後的表面形狀

在要求微精度的領域，在量測時也必須考慮到熱變形，為了抑制體溫對溫度變化的影響，除了要注意拿取工作物的方法外，也必須注意到分厘卡的握法。

3.7.6　殘留應力造成的工作物變形

研磨加工在加工面造成的殘留應力，深受溫度上昇的影響，其分佈比切削加工複雜。圖 3.37 所示，為量測研磨加工所產生的殘留應力實例。使用CBN磨輪時，研磨點的溫度較低，從表層到某深度為壓縮力，但在氧化鋁磨輪時，研磨點的溫度較高，在最外表面附近，產生極大的抗拉殘留應力。這種機構已在 3.5.5 節敘述過了。抗拉殘留應力太大，會產生研磨破裂，而使工作物無法使用。

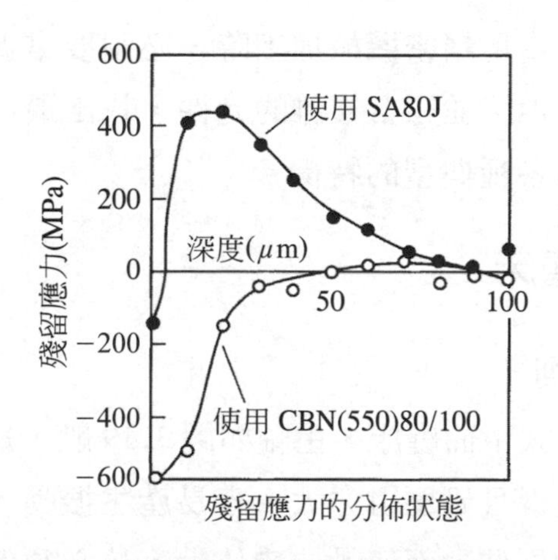

圖 3.37　量測研磨加工面的殘留應力實例

研磨加工所產生的加工變質層深度，雖然沒有像切削那麼大，但是，較薄的工作物其影響較大。平面研磨薄板的工作物時，研磨側會有壓縮殘留應力作用，所以，夾頭一放鬆，則研磨面變成凸起的翹曲(圖 3.38)。

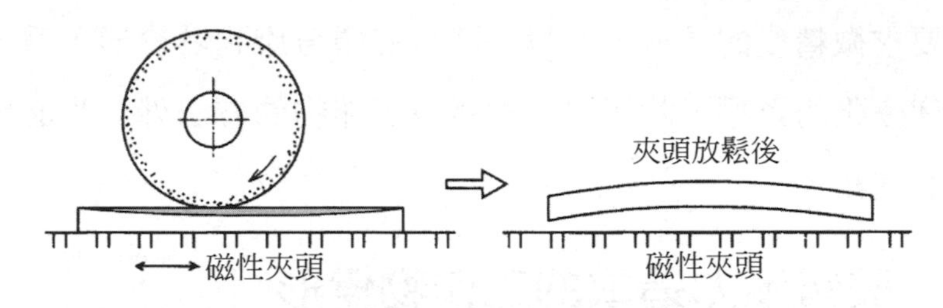

圖 3.38 薄板研磨加工後的變形

爲了抑制這種變形，要進行刀具準備、修整磨輪，以減少研磨阻力，並選擇減少加工變質層的研磨條件。

3.8 各種磨床的精密機械加工原理

再以研磨加工實現精密機械加工時，必須要掌握磨床、磨輪、工作物等有關元件的特性，並組合複雜的元件，找出最佳條件的經驗。而依磨床的規格可舉出各種典型的特徵。

3.8.1 平面磨床

1. 臥式平面磨削

使用最多的臥式平面磨床，主軸如圖 3.39 般，爲一種臂式的型態，其工作母機的剛性低且研磨阻力大，容易產生振動。且因溫度變化而造成主軸傾斜或主軸外伸，而使軸向變位大，故必須考慮其特性，決定使用方法。

如圖 3.39 所示般，在往復工作台式的磨床，支持工作台的基座，有滑動行程短的磨床，有時工作台完全靠左或靠右移動，則工作台會因本身自重，而使工作台傾斜。

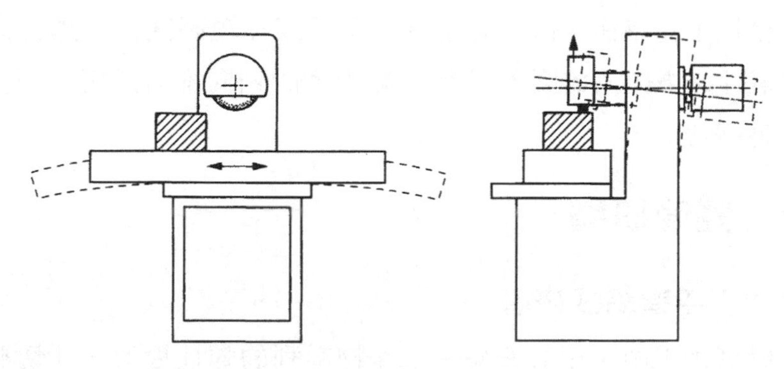

圖 3.39　臥式平面磨床的變形

2. 立式平面磨削

立式平面研磨是以磨輪的端面，做為工作面來使用，它具有以下特徵。

⑴　磨輪與工作物的接觸面積大，同時，作用的切刃也多。

⑵　法線研磨阻力亦即施於磨輪軸的軸向推力很大。

⑶　可以得到較佳的平面度。

⑷　由於磨輪與工作物的相對運動，無法加工有段差的工作物。

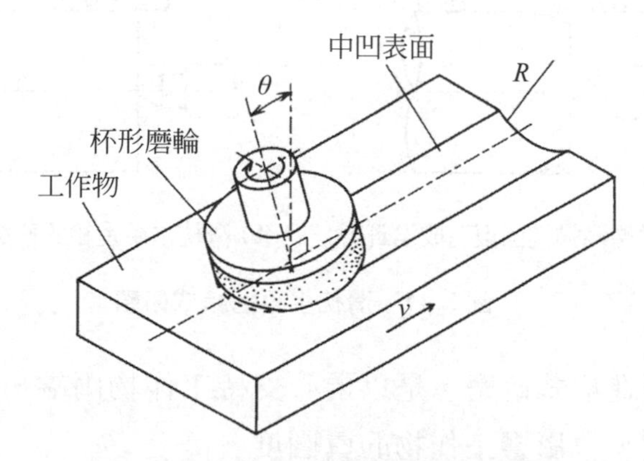

圖 3.40　立式平面磨床的傾斜研磨法

基於以上的特徵，故它是適合大平面或在短時間內，加工高平面度的多數零件之磨床。如圖3.40般，減少大的軸向推力是使用傾斜主軸的「傾斜研磨法」。

3.8.2 圓筒研磨

1. 滑枕水平進給式研磨

在研磨加工中，由於磨輪－工作物系列的彈性變形，「切剩量」是相對於設定進刀量，而顯得相當大，故在滑枕水平進給式研磨的工作中，磨輪如離開工作物的端部，則如圖3.41(a)般，產生「過研磨」。在磨輪離開工作物時，由於與工作物接觸面積慢慢減少，研磨阻力減少後，使得磨剩量減少。不只是切削加工的邊際問題，工作物端部會留下較大的「過研磨」。爲了不留下「過研磨」，如圖3.41(b)所示般，磨輪不離開工作物的端部，且在反向時稍作停頓，採用切剩量一致的方法。

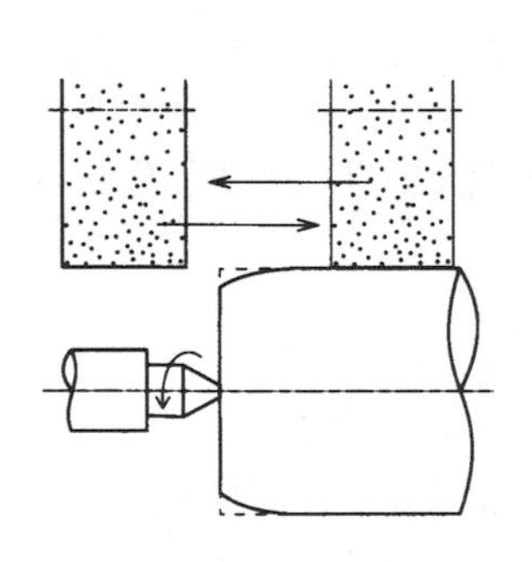

(a) 由於磨輪彈性回復造成過研磨

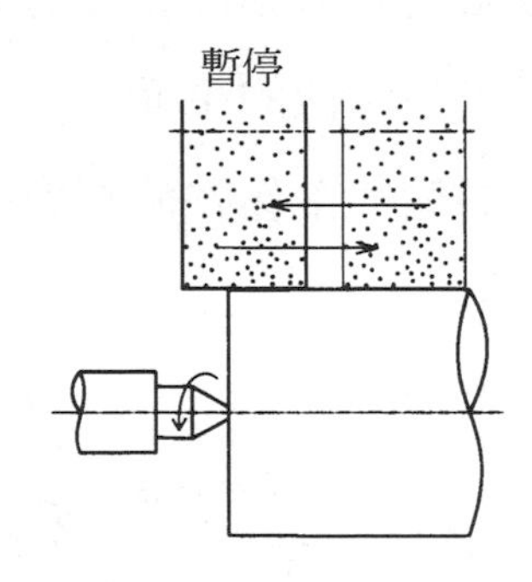

(b) 滑枕水平進給式研磨中的暫停

圖3.41 滑枕水平進給式研磨

滑枕水平進給式研磨，是以頂心支持工作物兩端，但必須注意中心孔的形狀精度，會影響工作物的眞圓度。

2. 直進研磨

直進研磨是將磨輪以徑向進刀方式的圓筒研磨，如圖 3.4 般，用於將磨輪的形狀轉印到工作物的「成形研磨」。爲了精修所定的尺寸，磨輪的進刀速度如圖 3.42 般變化，以最後的「無火花」，設定得到的尺寸精度與加工表面粗糙度。

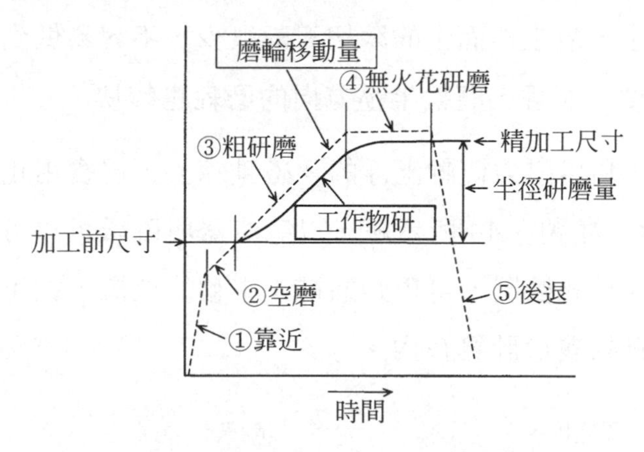

圖 3.42　在切入研磨中的磨輪進刀與加工尺寸

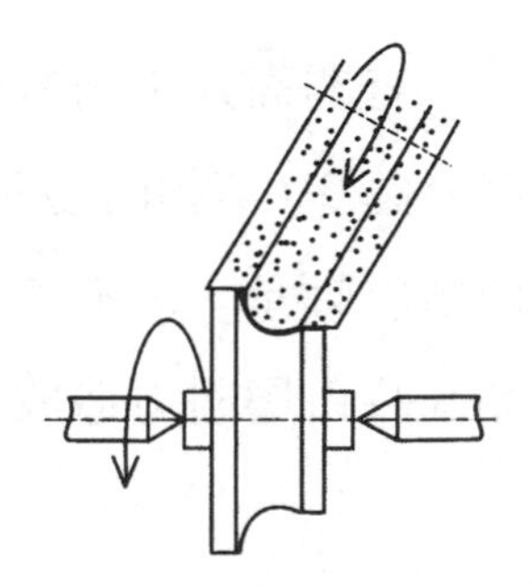

圖 3.43　成形斜角研磨

圖 3.43 的「成形斜角研磨」，爲切入研磨的一種，磨輪軸與工作物的軸成傾斜，爲同時加工「階級軸」軸部與端部多數面的加工方法。通常的切入磨床做這種加工，則在磨輪的左右端，圓周速度有很大的不同，磨粒切刃的負擔或磨耗，會產生偏移。故磨輪的半徑要均等，而做成傾斜。又工作物端面的研磨，是使用磨輪的端面，故較難供給研磨液，而容易產生研磨燒焦，故使用斜角研磨的話，就可以解決這種問題。

3.8.3 內孔研磨

因爲內孔研磨是使用小直徑磨輪，故會產生以下問題。

(1) 因爲主軸(磨輪軸)的直徑與長度受到限制，故剛性相當低，故由於研磨阻力產生的變形或振動，而容易使尺寸精度及表面精度惡化。

(2) 爲了保持磨輪較佳銳利度，圓周速度必須保持30 m/s左右，在直徑10 mm以下的孔加工，期望有每分鐘10萬轉左右的高速主軸。

(3) 由於磨輪直徑很小，故工作面上的總切刃數很少，不容易做到較小的加工面粗糙度。而且，磨輪半徑方向的磨耗也較快。

有關高速主軸方面，利用磁力使軸上浮的「磁軸承」，已實用化到每分鐘30萬轉的磁軸承。如圖3.44所示般，以感測器與磁鐵可以有效控制磁軸承，故不使用機械式裝置，可巧妙的補正主軸的位置，故可以控制將研磨阻力造成主軸的變形計算在內。

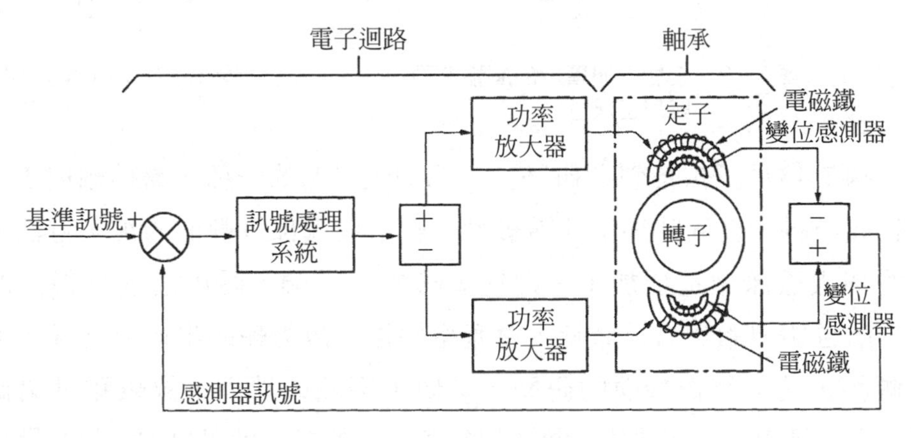

圖3.44　可動型磁軸承

我們經常使用磨輪軸在軸向作往復運動的「擺動」，以做爲減小加工面粗糙度的方法。但是，在有段差的孔，這種方法就不能使用。

3.8.4　無心研磨

無心研磨必須以研磨與調整輪及承板 3 點支撐來研磨，爲無心研磨的基本原理。由於未使用頂心，故爲量產零件加工不可或缺的研磨方式，但是，有其特殊的問題。

調整輪對工作物的軸向施予進給，而成形爲鼓形，由於使軸成傾斜狀態，故工作物由於運動狀態，而容易成形爲鼓形。且工作物是夾於磨輪與調整輪之間來加工，故眞圓度也容易變成圖 3.45 般，具有奇數頂點的「等直徑變形圓」。等直徑變形圓無法以游標卡尺或分厘卡量測直徑，故在形狀管理上很麻煩。

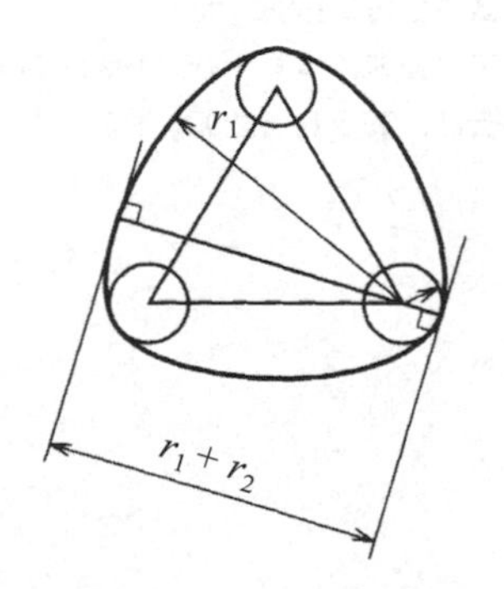

圖 3.45　等直徑變形圓

等直徑變形圓可以使用 V 形枕來量測高度。避免產生等直徑變形圓，最好是調整承板高度，以做到穩定 3 點支撐的條件，由於經常會發生振動，故必須做試行錯誤。

參考文獻

1) E. P. DeGarmo : Materials and Processes in Manufacturing, John Wiley and Sons (1999) 786
2) 精密工学会編：新版精密工作便覧, コロナ社 (1992) 302
3) 精密工学会編：新版精密工作便覧, コロナ社 (1992) 259-260
4) 精密工学会編：新版精密工作便覧, コロナ社 (1992) 261-262
5) 中山一雄他：精密機械 48, 11 (1982) 1502
6) 中山一雄他：精密機械 41, 8 (1975) 838
7) 長谷川素由他：精密機械 47, 7 (1981) 867
8) 砥粒加工学会編：切削・研削・研磨用語辞典, 工業調査会 (1995) 90
9) 砥粒加工学会編：切削・研削・研磨用語辞典, 工業調査会 (1995) 106
10) 高木純一郎他：精密工学会秋季講演論文集 (1989) 311
11) P. H. Brammertz et. al. : Industrie Anzeiger 10, 2 (1960) 143
12) 横川宗彦他：精密工学会誌 54, 5 (1988) 909
13) 精密工学会編：新版精密工作便覧, コロナ社 (1992) 364
14) 大田眞土：日本設計工学会誌, 25, 11 (1990) 447

Chapter 4

研光原理

4.1 切削、研磨加工與研光、拋光加工的不同

如第 1 章所述，相對於切削加工(第 2 章)與研磨加工(第 3 章)，爲刀具進刀後加工運動控制(運動轉印)方式的加工方法，本章所要敘述的研光加工或下一章的拋光加工，基本上是將刀具以所定壓力，壓在工作物上(研光、拋光)加工，爲壓力控制(壓力轉印)方式的加工方法。

切削、研磨加工與研光、拋光，任何一種都是以固體的硬質刀具，壓著削除的機械式加工方法，故以一定進刀來加工，以一定壓力來加工，並沒有什麼很大的不同。但是運動控制與壓力控制，在原理上是完全不同的加工方式，裝置構成或操作方法、加工特性，也有很大的不同。圖 4.1 爲兩者特徵的比較。

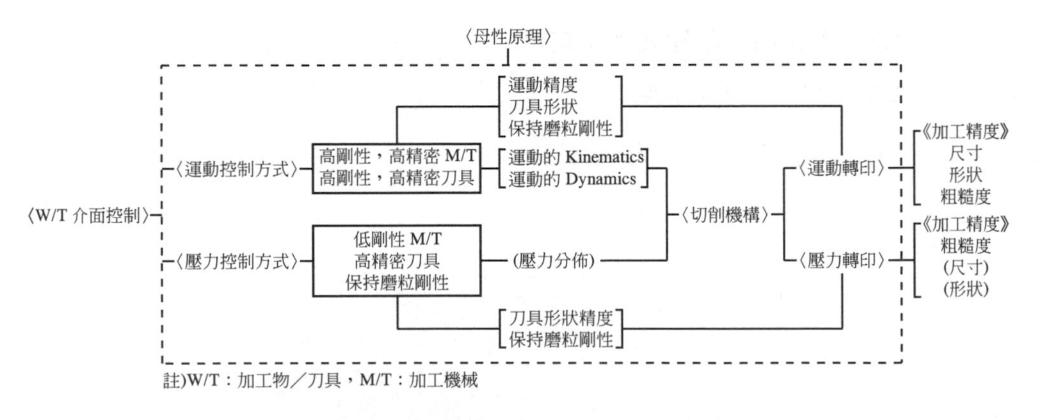

圖 4.1　運動控制方式與壓力控制方式的特徵比較

亦即，相對於在運動控制方式的加工方法中，除了刀具的進刀精度外，刀具的進給精度、工件迴轉精度、工件工作台的移動精度、加工反

作用力，造成刀具的變形或發熱產生的熱變形等，裝置的機械、熱的剛性或運動精度，會直接影響加工精度。在壓力控制方式時，以一定壓力壓住刀具，將刀具的形狀直接轉印在加工物的方式，故加工精度主要是靠刀具的形狀精度，基本上，裝置本身的剛性或運動精度，不會影響加工精度。

亦即，在運動控制方式的加工方法中，爲了進行高精度的加工，要求可微細進刀的刀具進給機構、在主軸迴轉的眞圓性或工件工作台移動的眞直性，要求有較高的精度。構成裝置部的材料或刀具，必須要有較高的剛性或低的熱變形性、低磨耗性等。不只設備成本高，要維持加工精度所需的環境管理也不容易。

另一方面，在壓力控制方式時，由於刀具板的偏磨耗或熱變形，如果，能夠抑制刀具形狀的變化、劣化，應該就能確保轉印精度，不必靠裝置本身的運動精度，就可達到高精度的加工。

亦即，壓力控制方式的裝置，比運動控制方式，一般，製作的成本較低，但是，必須選擇不容易產生偏磨耗或熱變形的刀具材質，刀具、工件間不產生形狀變化的相對運動軌跡及選擇加工的條件。

具體來說，我們都很清楚使用一般的游離磨粒，做研光、拋光外，使用磨輪的搪光、超精加工等，爲壓力轉印方式的加工方法。近年來，半導體元件、光學零件、磁記錄零件等，相對於機電整合相關的高機能材料，超精密加工的需求，正飛躍式的在增加中。這些零件基本上大多使用研光、拋光。

4.2 研光加工原理與加工方式

4.2.1 研光加工原理

以游離磨粒研磨工作物的研光或拋光，像月牙形玉、管形玉等例子，是大家知道的。是人類技術史上，很早就有的加工技術，持續到現在的機電整合、電子學、光電學領域之最尖端技術，是必要的加工技術，其種要性愈來愈重要。

研光及拋光都是經由磨粒，在一定的壓力下，利用刀具與加工物的相對運動，以轉印刀具形狀的加工方法。雖然，也可涵蓋於「研磨加工」中，但是，基本上如表 4.1 所示般的意義與區分，是很容易了解的。

表 4.1 研光與拋光的基本特徵

加工法	使用磨粒	使用刀具	加工目的
研光	粗磨粒 (數μm 以上)	硬質刀具 (＝研光機)	高效率加工 確保尺寸精度、形狀精度
拋光	微細磨粒 (數μm 以下)	軟質刀具 (＝拋光機)	減少表面粗糙度、鏡面化 減少、去除加工變質層

亦即，研光爲使用數微米以上的粗磨粒、金屬或陶瓷等硬質刀具(一般，稱爲研光機)，迅速接近所定的形狀、尺寸的工程。拋光的定位是在降低研光或研磨加工後的表面粗糙度或平滑化的同時，致力於減少加工變質層，或進一步完全去除的工程。

表 4.2 所示，爲經過整理後的研光與拋光要因。兩者均使用同樣的裝置，一般是進行平面、球面、非球面形狀的單面加工，或兩面同時加工。

表 4.2　研光、拋光的要因

		研光	拋光
磨粒	種類	金屬氧化物、碳化物、氟化物、鑽石	
	粒徑	1～30 μm	＜1 μm(3 μm)
刀具	材質	硬質材料	軟質材料
	形狀	平面、球面、非球面、小片、大口徑 有無溝槽(棋盤目狀、螺旋狀、龜甲狀等)	
研磨液		水性／不水溶性 添加劑(酸、鹼、界面活性劑)	
研磨裝置運動規格		單面研磨／兩面研磨，修正輪形／非修正輪形 迴轉／往復，強制傳動／從動	
研磨速度		5～50 m/min	
研磨壓力		5～100 kPa	
研磨時間		(依要求的加工精度、加工品質而定)	

4.2.2　研光用磨粒、工具、加工設備

表 4.3 所示，爲用於研光、拋光的磨粒。氧化鋁($\alpha-Al_2O_3$、碳化矽(SiC)、碳化硼(B_4C)等，常做爲研光用磨粒。根據加工對象其使用的磨粒當然不同，使用太硬的磨粒，會使裂痕或擦痕變深。相反的，硬度的差如果太小，則磨粒較容易崩裂，加工狀態會變得較不穩定。一般，我們使用的磨粒硬度，爲工件材質的 2 倍左右。在特殊用途方面，混有 2 種以上磨粒，可以獲得最加的加工性能(參考表 4.8)。

表 4.4 所示範例，爲研光及拋光使用的材質及其使用對象。研光所要求的條件有①磨粒保持能力高②磨耗少，可長期維持形狀精度③由於負荷或自重造成的變形小④材質均勻，沒有硬度不均的情形⑤沒有因擦

痕等產生傷痕原因之缺陷或不純物。具體來說，它大多用在硬質金屬(鑄鐵或鋼)或無機材料(陶瓷或玻璃)。

其中，鑄鐵並不容易磨耗(主要爲球狀石墨鑄鐵)，而且磨粒保持的能力高，故有持續穩定的加工性能，故一開始是做爲矽晶片的研光，是使用在最一般的情況。在期待接近拋光的研光時，使用銅或黃銅也是有效的，但是，在軟質金屬時，由於磨耗或變形較大，故並不適合於一般的研光。

表 4.3 研光、拋光使用的磨粒

名稱	化學式	結晶系	顏色	硬度	比重	融點	適用*
氧化鋁(α晶)	$\alpha-Al_2O_3$	六方	白～褐	9.2～9.6	3.94	2040℃	研、拋
氧化鋁(γ晶)	$\gamma-Al_2O_3$	等軸	白	8	3.4	2040	拋
碳化矽	SiC	六方	綠、黑	9.5～9.75	2.7	(2000)	研
碳化硼	B_4C	六方	黑	9 以上	2.5～2.7	2350	研
鑽石	C	等軸	白	10	3.4～3.5	(3600)	研、拋
紅丹	Fe_2O_3	六方 等軸	赤褐	6	5.2	1550	拋
氧化鉻	Cr_2O_3	六方	綠	6～7	5.2	1990	拋
氧化鈰	CeO_2	等軸	淡黃	6	7.3	1950	拋
氧化鋯	ZrO_2	單斜	白	6～6.5	5.7	2700	拋
二氧化鈦	TiO_2	正方	白	5.5～6	3.8	1855	拋
氧化矽	SiO_2	六方	白	7	2.64	1610	拋
氧化鎂	MgO	等軸	白	6.5	3.2～3.7	2800	拋

*研……研光，拋……拋光

表 4.4　研光材料及拋光材料

分類		對象材料	使用例
硬質材料	金屬	鑄鐵、碳鋼、工具鋼	一般材料研光 鑽石拋光
	非金屬	玻璃、陶瓷	化合物半導體材料研光
軟質材料	軟質金屬	Sn、Pb、In、Cu 銲料	肥粉鐵拋光 陶瓷拋光
	天然樹脂	松脂、焦油、蜜蠟、樹脂，	光學玻璃拋光 光學結晶拋光
	合成樹脂	硬質發泡聚氨脂 PMMA、鐵弗龍 聚碳酸脂，聚氨脂橡膠	光學玻璃拋光 一般材料拋光
	天然皮革	鹿皮	金屬拋光
	人工皮革	軟質發泡聚氨脂 氟碳樹脂發泡體	矽晶片拋光 化合物半導體材料拋光
	纖維	非織布(毛氈) 織布(尼龍、棉)紙	金屬材料拋光 一般材料拋光
	木材	桐、榎、柳	金屬模拋光

然而爲了均勻供給研磨液或排屑效率，在研光表面，一般是使用設計有棋盤網目狀或同心圓狀的溝槽。研光以游離磨粒方式實施的情形很多，但是，最近也有使用磨輪狀研光機，進行固定磨粒研光。這種情形也有特別稱爲平面研光。以磨輪狀研光機製作平板，及將小直徑片狀磨輪，分散配置在研光機平板上的情形。研光用磨輪與研磨用磨輪一樣，大多使用樹脂結合劑、黏土燒結結合劑、金屬結合劑(黃銅結合劑及鑄鐵纖維結合劑)的鑽石磨輪。

表 4.5 所示，爲研光裝置的各種方式。而最基本且最廣泛使用的，爲圖 4.2 般的修正輪式單面研光裝置。將工作物的一面，以一定的負荷

施壓於旋轉的圓盤狀研光機上。工作物本身也跟著旋轉，全體運動軌跡爲隨機式，以使加工表面的去除量均勻。此時，工作物返覆通過其間，慢慢的也使研光表面磨耗。因此，研光機形狀會產生變化，而使加工精度劣化，故多在工作物外側配置修正環，使不致於產生偏磨耗。

表 4.5 研光機的種類與用途

單面、兩面	運動方式		馬達數	驅動軸數	特徵	主要用途
單面加工機	環狀固定型		1	1	停留在夾持工作物的環狀平板上某一點，旋轉平板後拋光單一平面。	水晶、金屬、陶瓷
	行星運動型		1	2	一般將工作物放入太陽齒輪與內齒輪傳動的環狀載體上，其上並置配重以研光單一平面。	同上
			2	2		
兩面加工機	2 向方式		1	2	工作物置於非傳動的上、下平板間，並夾住載體，利用太陽、內齒輪自公轉。	同上
			2	2		
	3 向方式	固定型	2	3	將內齒輪固定，而傳動上下平板與太陽齒輪，以研磨載體上工作物的方法，自公轉比例只由太陽齒輪決定。	水晶、金屬、陶瓷、Al、玻璃、矽、化合物
			3			
		上平板固定型	2	3	固定上平板，並做好密合性、傳動下平板、太陽內齒輪，由太陽內齒輪決定自公轉。	同上
			3	3		
	4 向方式		2	4	傳動上、下平板、太陽、內輪等 4 個軸，4 個馬達獨立傳動，工作物上下面的研光長度，可以完全一致。	同上
			3	4		
			4	4		
	擺搖動型		3	3，4，5	上、下平板任一爲擺動型，則載體就有擺動型，就可以做出與行星運動不同的軌跡。	同上
			4	4，5		
球面加工機	自在型		1～4	1～4	多用於球面，非球面鏡片研磨、玻璃研磨。	鏡片、玻璃

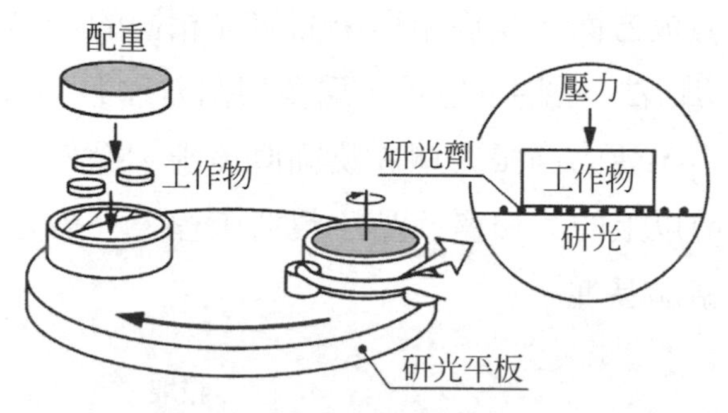

圖 4.2　修正輪式單面研光方式

在研光平行平面的薄板，像矽晶片或玻璃基板等，如圖 4.3 所示般，是使用兩面研光機。這是將工作物置於稱爲載體的夾具上，其厚度比工作物稍薄，再使上下研光機做相對運動，而研光平行面的方式。因兩面可均勻加工，故對上下研光機的相對速度、工作物旋轉軌跡、供給研磨液的方法，必須選擇最適當的條件。

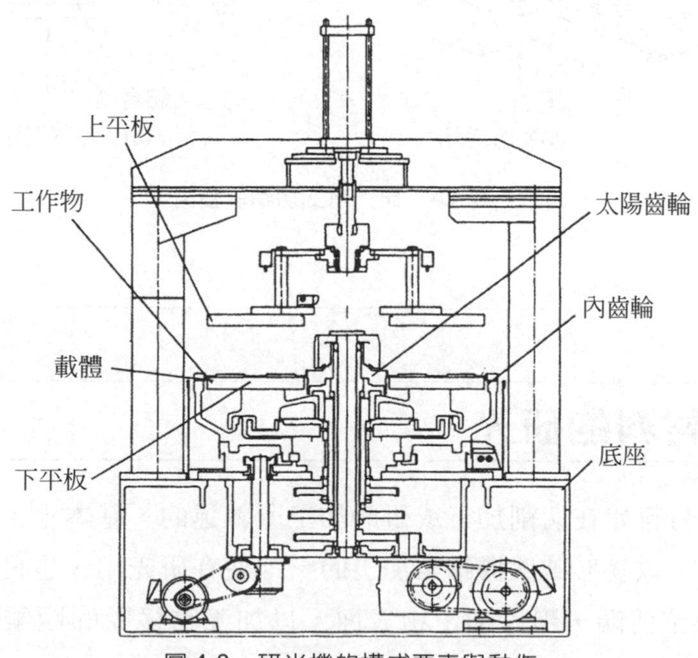

圖 4.3　研光機的構成要素與動作

而在切斷薄板方面，是使用與平面研光相同的機構，供給游離磨粒來加工的研光切斷法。圖 4.4 所示，爲多切割刀片與多線割刀具概略圖。在這些方式當中，薄的高張力鋼片及細直徑線，擔任了研光的角色。在 8 英吋(200 mm)以上的大口徑矽晶片製造工程，一般是使用多線切割刀具，來加工單結晶晶塊。

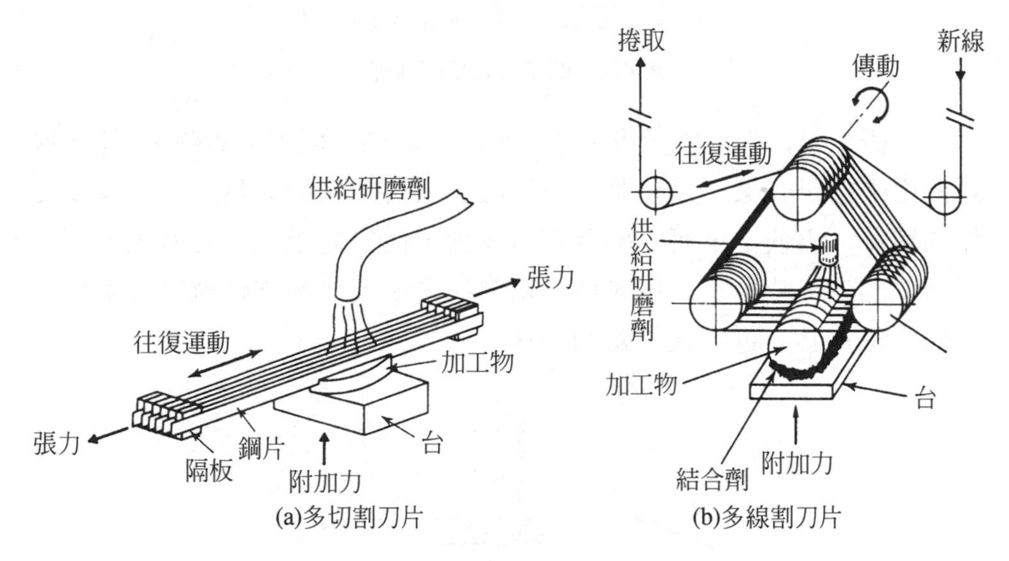

圖 4.4　研光方式切斷裝置例

4.3
金屬材料的研光

金屬材料如在切削加工或研磨加工所敘述的，基本上，是以塑性變形爲基礎，以變形破壞機構來加工的。即使在研光中，也是以保持在研光機的磨粒前端，壓入加工物表面，以加工物移動的距離，切出溝槽來。如圖 4.5 所示的單純加工模組，前端頂角2θ的磨粒 1 個，以負荷W壓入金屬表面，只移動距離L的表面，其去除的體積V爲

$$V = 2WL\cot\theta/\pi P_f$$

其中P_f爲加工物的塑性流動壓力(相當於硬度)。

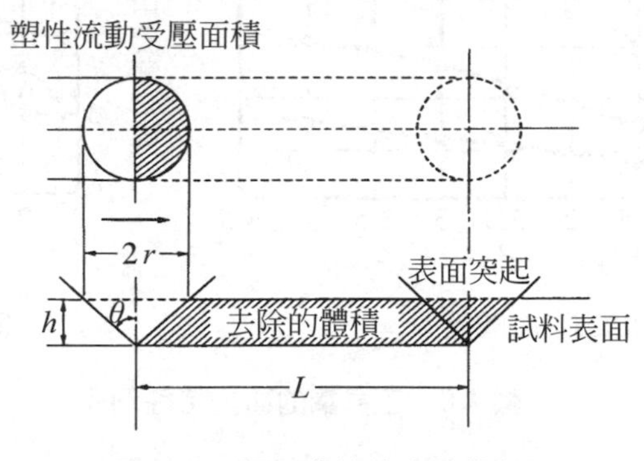

圖 4.5　壓入磨粒的去除模組

其中的磨粒形狀完全相同，其拉動的軌跡完全不會重疊，如果作用相同的話，全部去除的體積(加工量)是以上式的W，代替施於加工物的全部負荷來求得。加工量是負荷與加工距離成比例，但是，θ如果愈小則磨粒前端角愈尖銳，P_f愈小即加工物的硬度愈小，則加工量會變大。實際上①如圖 4.5 般，即使磨出溝槽來，但是，在金屬材料的情況，絕對不是就這樣去除，而大多情形只是在兩邊有隆起的材料移動。②磨出的溝槽會相互重疊並干涉。③游離磨粒的情況，特別是對於軟金屬，容易產生磨粒埋入的情形，P_f值通常相對於表面也不限於能使用的情形。基於以上情形，以上公式並沒有成立的狀況。

圖 4.6 爲加工壓力與加工時間，對於工具鋼研光效率的影響。圖 4.7 爲研磨粒度對研光碳鋼的影響。以上的例子是代表性的加工特性，任何一種情形都表示其複雜的趨勢，與上述公式有相當大的差異。

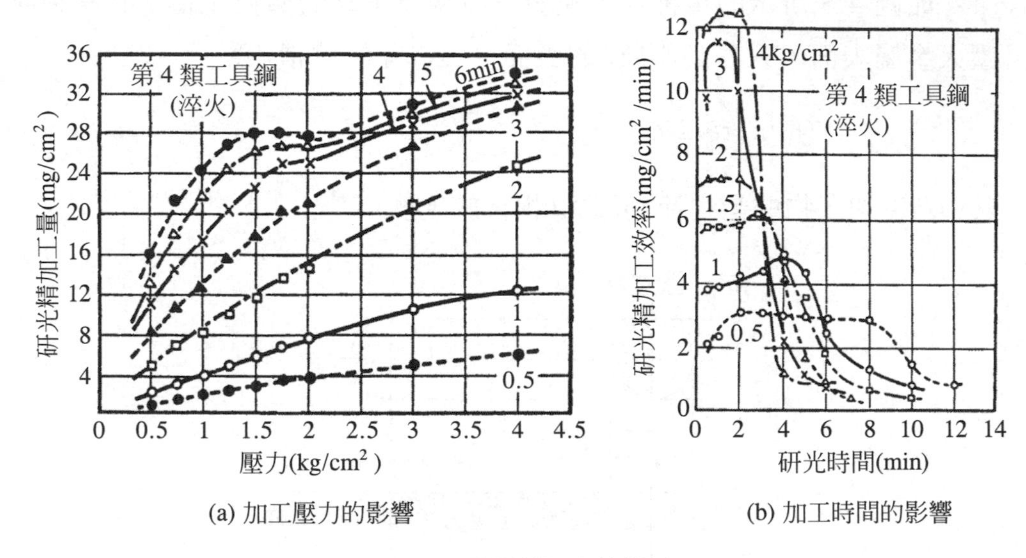

(a) 加工壓力的影響

(b) 加工時間的影響

圖 4.6 工具鋼的研光特性例子

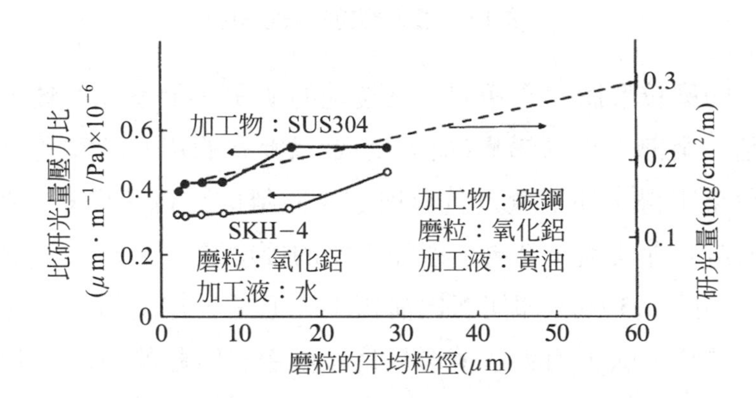

圖 4.7 磨粒大小與金屬材料的研光量關係

表 4.6 所示，是一個研光工程的工作規格例子。我們以研光塊規做爲高精度研光的具體例子。廣泛做爲工業用長度標準器使用的塊規，是使用高碳鉻鋼等淬火鋼(H_v 800 以上)，例如，公稱尺寸 100～150 mm的高精度品(00 級)時，其嚴格要求的精度管理爲尺寸允許差 0.2 μm、平行

度允許差 0.08 μm、平面度允許差 0.5 μm、表面粗糙度 R_{max} 0.06 μm 以下。切斷、粗削、熱處理後，再精研磨及倒角，最後爲達到精度，則進行研光。

表 4.6　塊規研光的精加工尺寸與表面粗糙度　　單位：μm

工程	塊規的研光	表面粗糙度 (μm R_{max})	使用粒徑	(參考)
精加工研磨	＋15～＋18(註)	0.7～1.0	－	＋20
粗加工研光	＋2～＋4	0.5～0.6	6.7	＋5
中加工研光	＋0.4～＋0.6	0.06～0.08	4～8	＋3
精加工研光	公稱尺寸	0.05～0.06	2～4	公稱尺寸

註：精研磨時的精加工尺寸，依公稱尺寸而異。
表面粗糙度，是以塊規長方向的值爲準。

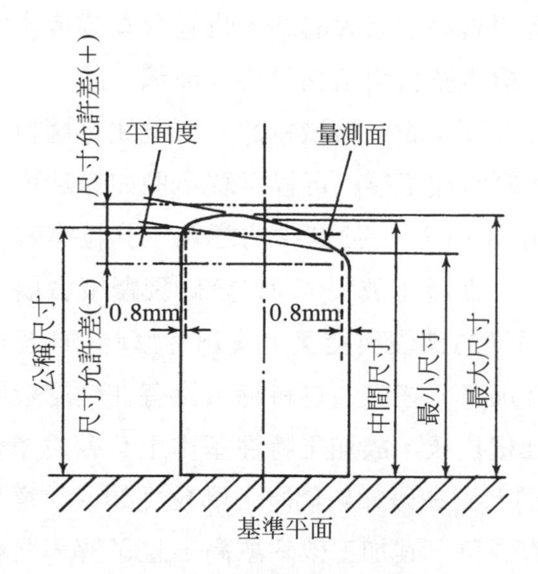

圖 4.8　塊規的精度定義

但在這種情況下，粗研光是採加研磨液，精研光則不加研磨液。加研磨液的研光，磨粒在研光機與工作物間，一邊轉動一邊磨粒前端的切刃，分別做微小量的研削，會產生無光澤的梨皮面。但是，未加研磨液的研光，磨粒是埋入研光機，與研磨加工一樣，是以突出的磨粒前端之拉擦作用爲主。故細的拉擦傷痕集中成爲光澤面。在實際工作現場，塊規的配置或疊法，旋轉方法、條件等，大部分要靠熟練者的技能。

4.4 非金屬材料(硬脆材料)的研光

4.4.1 加工機構

單就「非金屬材料」來說的話，也包含塑膠或木材等。使用高精度的研光材料，有機電整合用結晶材料、玻璃、陶瓷等無機材料爲主。這些材料幾乎都具有硬又脆的機械特性，可說比金屬更適合研光的材料。

就像圖 4.9 般的加工模組可以了解，例如像玻璃般的脆性加工物，在游離磨粒作用時，(I)介於其中的磨粒，其粒徑較大的磨粒前端，會最先壓入加工物，而產生破裂，(II)該破裂繼續發展下去，而脫離表面或在附近產生同樣的破裂與交叉，成爲片狀物(加工屑)而脫落(III)，在此過程中，進行加工。在脆性材料時，沒有在金屬般的埋入磨粒或被削部分的流動、堆積現象，故加工特性基本上有較爲單純的趨勢。

圖 4.10 我們看到在研光玻璃時，磨粒種類或粒徑是如何影響加工量的。硬度愈高的磨粒，其加工效率愈高，且了解大概與粒徑成正比，加工量也會增加。圖 4.11 爲磨粒粒徑與表面粗糙度的關係，我們理論與實驗兩者，可很清楚知道粒徑愈大表面粗糙度也愈大。研光過的加工物表

面粗糙度，會因其材質不同而異。表 4.7 所示，為一個例子。這是使用相同粒徑的磨粒，研光各種材料時，整理出表面粗糙度與材料特性的關係。抗拉強度愈小的材料，裂痕侵入的深度愈深，故形成粗糙度也愈大，這種傾向是被認同的。

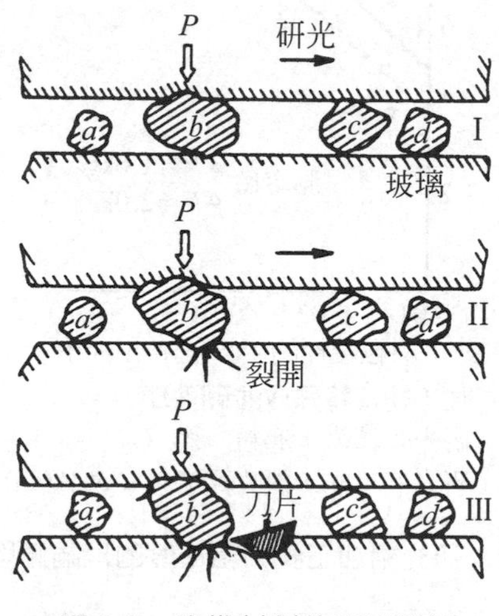

圖 4.9　脆性材料的研光模組

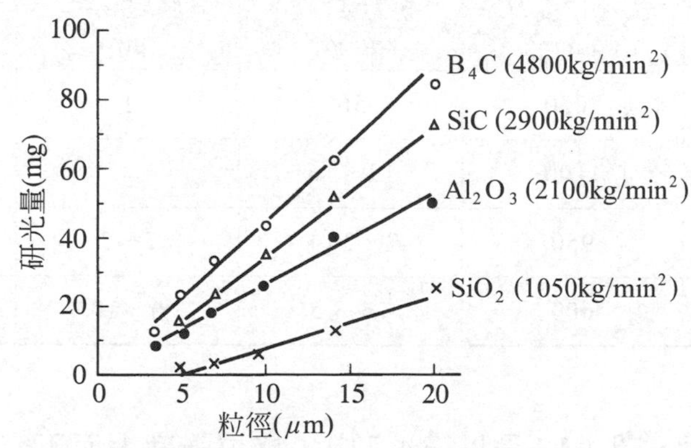

研光：鋼鐵，研光壓力：0.1kg/cm²

研光迴轉速度：100rpm，研光時間：5min

圖 4.10　研光玻璃時，磨粒種類及粒徑的影響

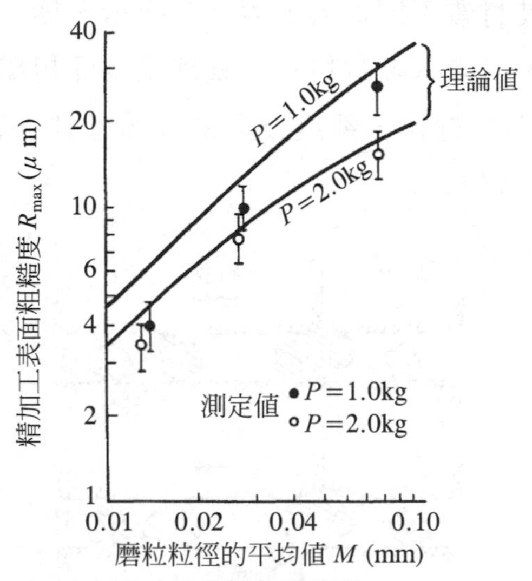

加工物：特殊矽酸硼玻璃
研光：鑄鐵，磨粒：Al_2O_3
研光液：水，研光劑濃度：50%(wt)

圖 4.11　研光精加工表面粗糙度的理論值與量測值

表 4.7　平均粒徑 M = 20 μm 的磨粒之研光加工表面粗糙度

加工材料	微小硬度 H_v (kg/mm²)	抗力強度 σ_t (kg/mm²)	表面粗度 R_{max} (μm)	R_{max}/M
藍寶石	2050	56	1	1/20
水晶	1100	13～16	3	1/7
矽	950	7～35＊	2～3	1/10～1/7
玻璃	600	4～8.5	6～10	1/3～1/2

＊彎曲強度

另一方面，圖 4.12 是以表 4.7 中，抗拉強度大而不容易破裂的材料(藍寶石)之研光特性，可了解這種情況，磨粒粒徑大概也與表面粗糙度，有成正比的關係。圖 4.13 爲整理出由研光劑分離回收的藍寶石片狀物

(切屑)之大小與表面粗糙度的關係。切屑的大小所形成的表面粗糙度值幾乎相等。其研光接近於圖 4.9 的加工模組形式。

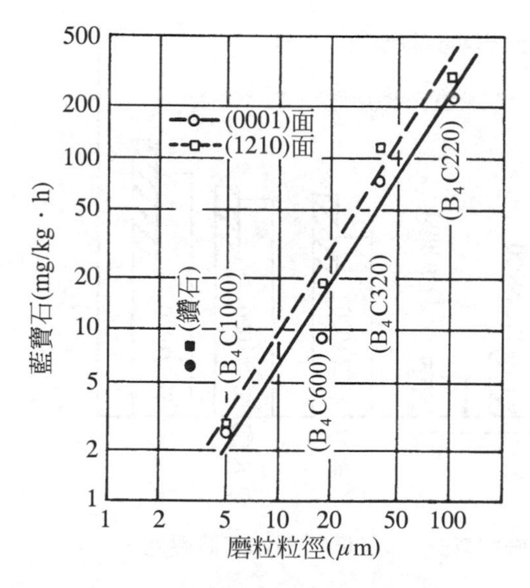

圖 4.12　研光藍寶石的加工量與磨粒粒徑關係

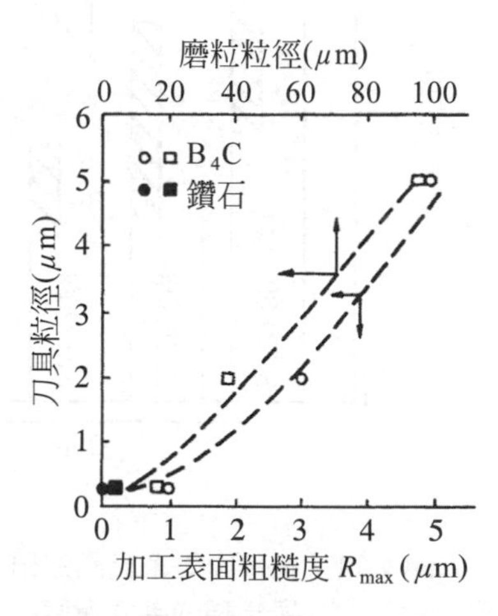

圖 4.13　研光藍寶石的磨粒粒徑與脫落切屑、表面粗糙度的關係

從以上的例子可以了解，研光脆性材料，由於裂痕的傳播及其交叉的發展，在研光加工後的表面(研光面)，留下裂痕是無法避免的。

圖 4.14 是調查殘留在 $LiTaO_3$ 單結晶的研光機表面下，潛在裂痕深度的結果。在這種材料時，比研光痕深度(相當於最大粗糙度)的值還深處，會殘留裂痕。像這種潛在裂痕，殘留在表面，很意外的，知道起因於加工變形(彈塑性變形)，達到很深的地方。單結晶矽時，這種深度可確定不是因未磨粒直徑造成，而達 400 μm 左右。但是，由圖 4.15 可以明白，將殘留裂痕的表層，只去除 1.5 μm 左右而予以腐蝕，起因於裂痕的變形，就可以完全消滅。這意味著相反的，在研光後進行腐蝕，在品質管理上必須去除裂痕。

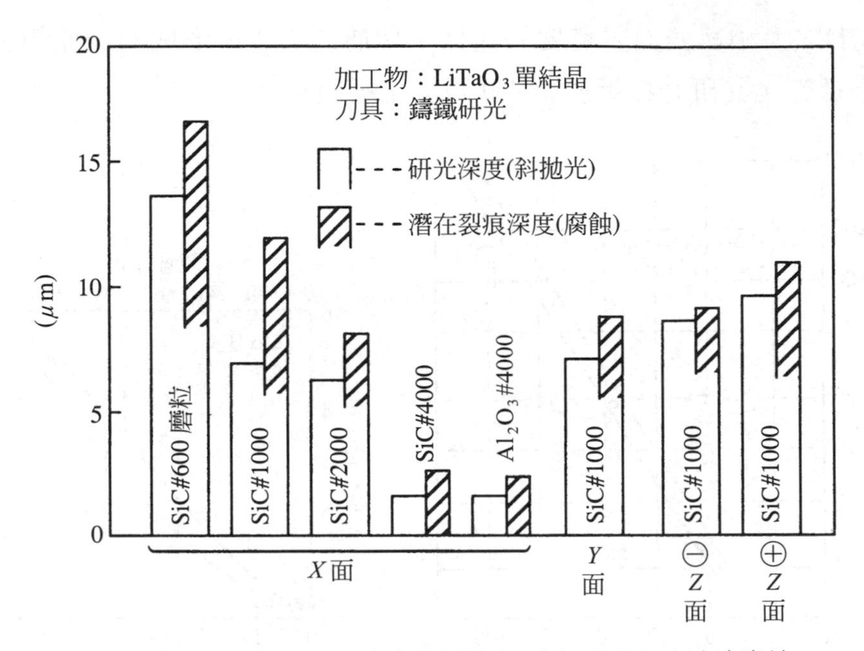

圖 4.14　在$LiTaO_3$單結晶的研光面斜拋光，以 HF46 %水溶液腐蝕，所出現的裂痕深度

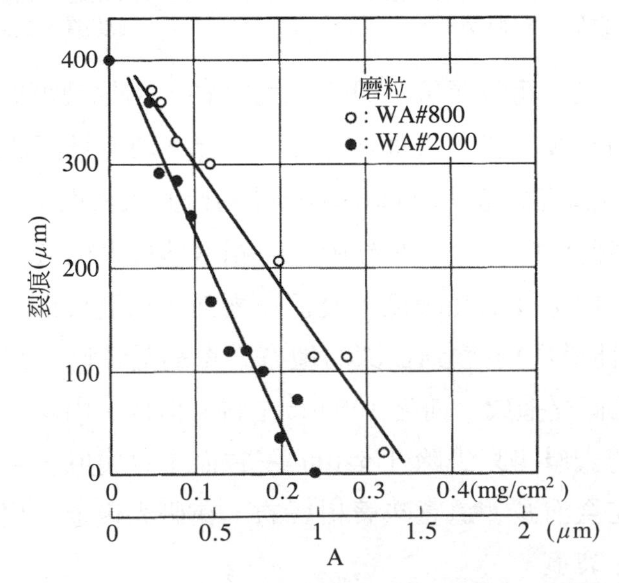

圖 4.15　利用在矽研光面的腐蝕，減少彈塑性變形區域

圖4.16所示的例子，是以SEM觀察圖4.12所示的，研光藍寶石的加工面照片。以38 μm或18 μm大的磨粒，很清楚的會變成脆性破壞主體的研光面，但以5 μm 磨粒研光，則脆性破壞很少，伴隨刮痕的塑性變形情況變大。在進一步以1 μm 左右的磨粒，則拉刮痕變成主體，而看不到脆性破壞痕跡。

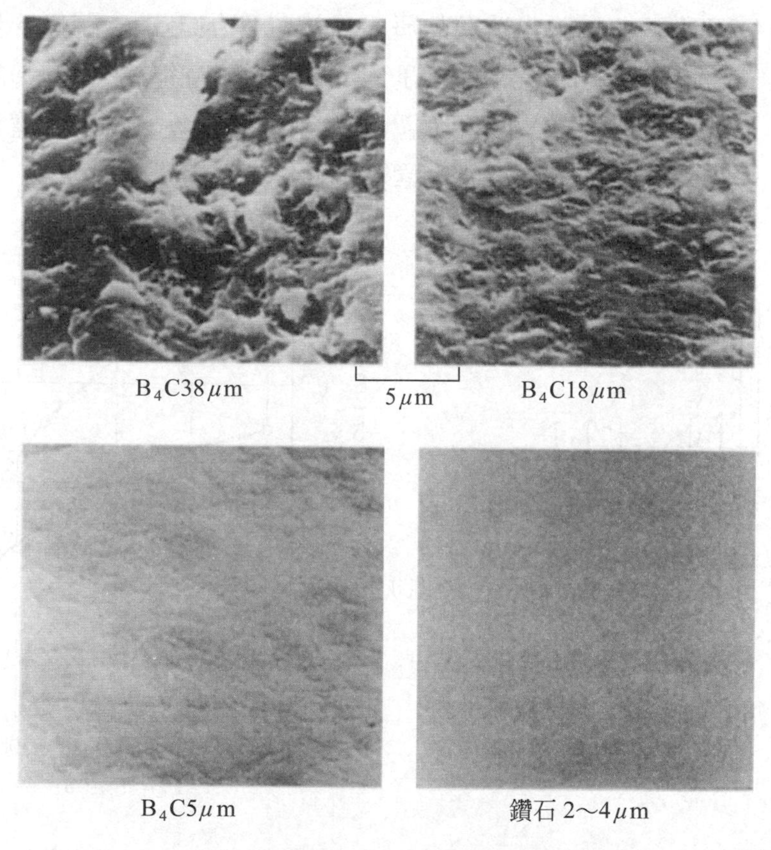

圖4.16　藍寶石(0001)研光面的SEM照片

像這樣磨粒直徑愈小，每個磨粒分擔的負荷變小，不但不會產生脆性破壞的塑性變形，同時，也可以加工。這是要在下一章敘述的脆性材料抛光機構的基本現象，詳細請參考圖5.1的說明。

4.4.2 加工特性

實際的研光工作，選擇加工條件當然很重要。也可以以水作爲加工液(研光液)，但爲了提高液體黏性，同時使磨粒的分散性變佳，一邊加上CMC(碳甲醇)，特別是在需要長時間運轉的生產現場，爲了防止乾燥或防鏽的目的，也有使用輕油或酒精的。

圖 4.17 所示，爲研光玻璃的研光劑濃度與加工量的關係。使用研光劑組成，會產生若干的差異，但是，使用#400(粒徑約 40 μm)的氧化鋁磨粒時，不靠加工壓力，而以磨粒濃度 40～50 %，就可以達到最大加工效率。且供給研光劑的方法，當然也會影響加工特性。

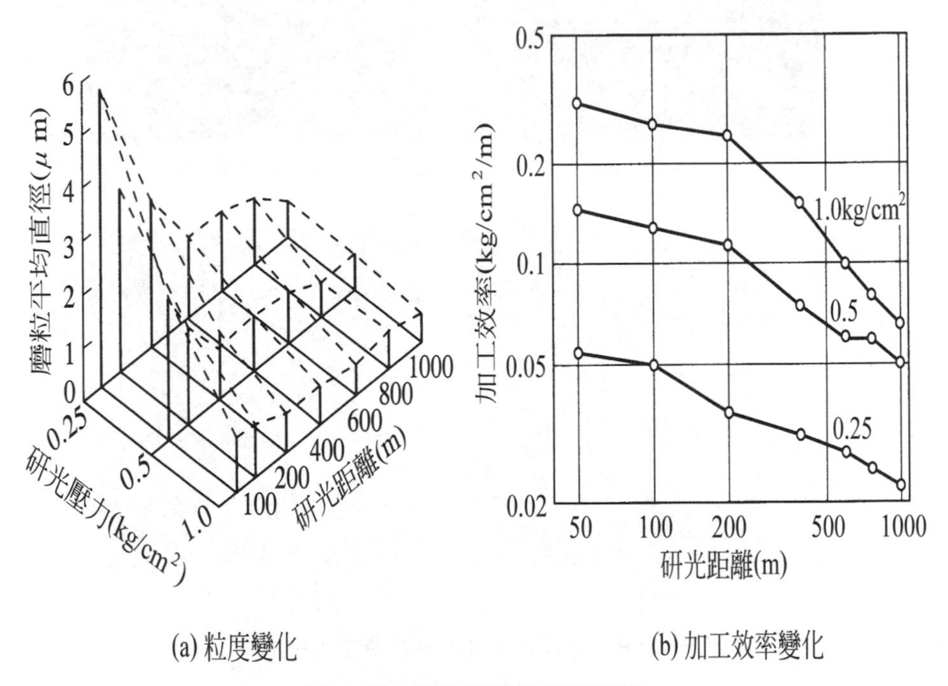

圖 4.17 研光劑濃度與研光量

圖 4.18 爲利用矽晶片的*WA*磨粒來研光，在開始加工時，供給研光劑後，不再補充而繼續加工時，磨粒直徑的變化(a)與加工效率變化(b)

的例子。可知很快的磨粒會因破碎而使粒徑變小，隨著加工效率也會降低。

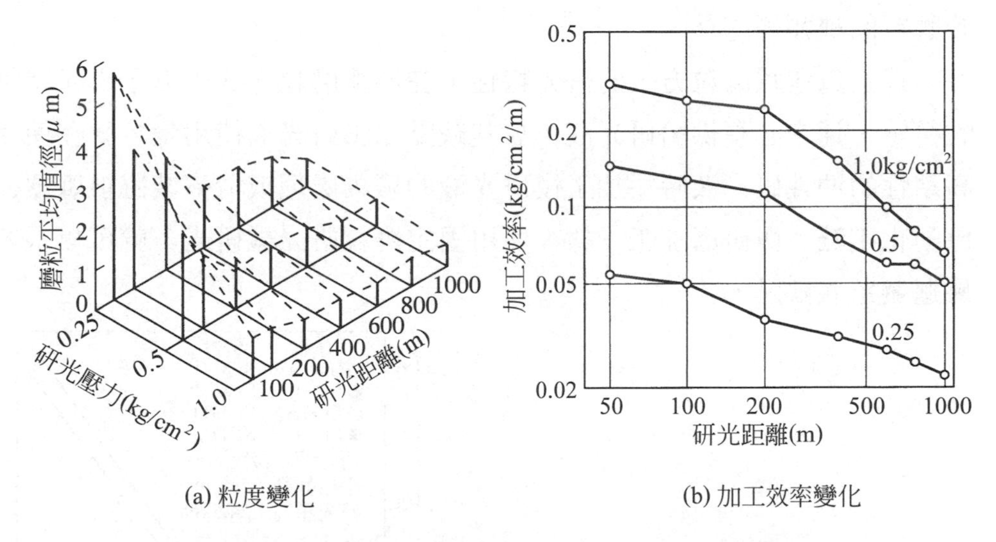

(a) 粒度變化　　(b) 加工效率變化

圖 4.18　以 WA#1200 磨粒研光矽時，加工特性的變化

表 4.8　研光矽晶片的特性

磨粒	粒度	表面粗糙度 R_a (μm)	加工效率(μm/min)	加工變質層(μm)
GC	#2500	0.131	5.8	5.5
	#4000	0.086	2.6	30
FO	#1200	0.131	3.1	6.0
	#2000	0.094 0.089	2.6 1.4	3.4 4.9
	#4000	0.062	1.0	1.6(有擦除)

註：(1) GC ＝ SiC、FO ＝$Al_2O_3$50 ％＋ $ZrO_2$50 ％
(2)加工壓力：125 gf/cm²、磨粒濃度：約 20 ％、研光轉數：120 rpm、加工變質層：以 X 光檢查

表 4.8 爲整理以直徑 30 mm的矽晶片，研光鑄鐵平板，使用GC(SiC)與 FO (Al_2O_3磨粒與ZrO_2磨粒的混合磨粒)，研光時的加工特性例子。我

們確定①同程度的粒徑，硬磨粒的加工效率、表面粗糙度都大(GC#2500與 FO#1200大約有相同的性能)②加工變質層的表面粗糙度，不是決定於磨粒的種類等趨勢。

以上爲游離磨粒方式的研光特性，在游離磨粒方式中爲了研光特性的穩定，通常必須供給研光液，故其缺點爲①研光液使用量多②在使用高黏性的油性研光液時，加工後研光液的廢棄處理或清掃裝置很麻煩③自動化困難。與研磨加工一樣，使用固定磨粒研光機研光，就可以很容易迴避這些缺點。

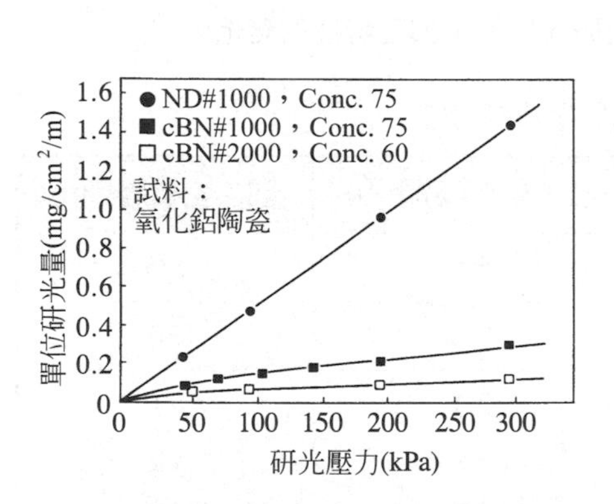

圖 4.19　依鑄鐵結合劑研光面平板的種類，比較其加工效率

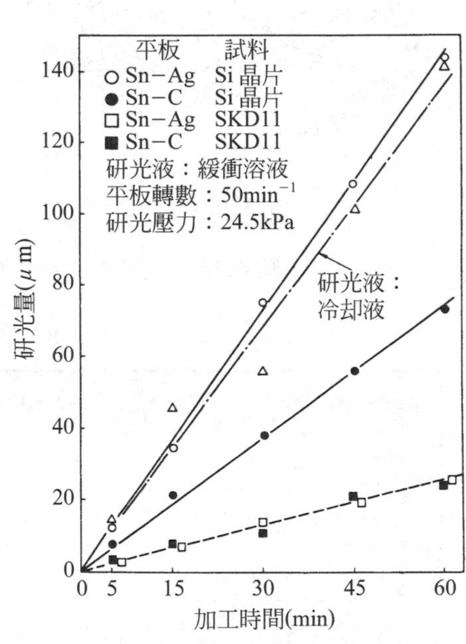

圖 4.20　以各種錫結合劑鑽石磨粒平板，比較不同材料的研光量

圖 4.19 是使用鑽石(ND)磨粒及 CBN 磨粒的鑄鐵結合劑研光面，研光氧化鋁陶瓷的結果。任何一種研光，都與加工壓力成正比，而增加加工效率。又圖 4.20 是使用以軟質錫爲結合劑的#300 鑽石研光面，研光矽晶片及SKD材料的結果。以固定磨粒研光時，所擔心的塡塞造成加工

效率降低情形並未見到。如圖 4.21 所示般，表面粗糙度也很小，可得到接近鏡面的平滑加工。

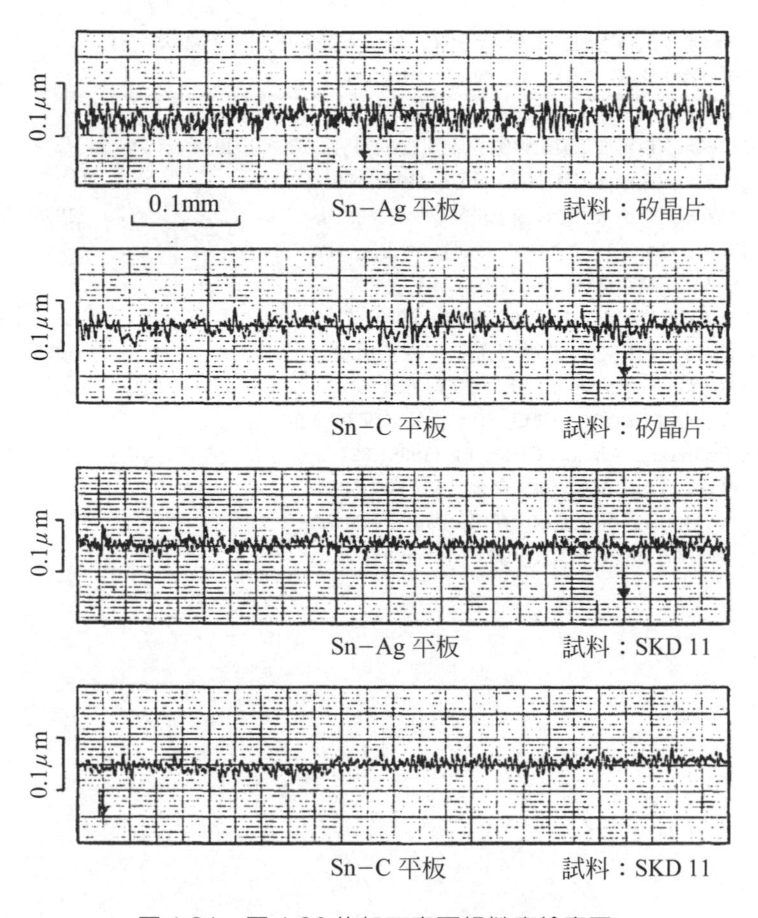

圖 4.21　圖 4.20 的加工表面粗糙度輪廓圖

今後，像加速這種以固定磨粒研光的開發、實用化情況，是可以預期到的。

參考文獻

1) 宮下政和：超精密加工技術マニアル，新技術開発センター（1985）41
2) 河西敏雄：機械と工具，36，No. 4（1992）133
3) 杉下　寛：精密加工実用便覧，日刊工業新聞社（2000）482
4) 安井平司：精密加工実用便覧，日刊工業新聞社（2000）464
5) 石川憲一：機械と工具，36，No. 5（1992）85
6) 河西敏雄：超精密生産技術大系第 1 巻基本技術，フジテクノシステム，（1995）309
7) 岡本純三ほか:トライボロジー入門，幸書房（1993）46
8) 津和秀夫：精密機械，18，（1952）21
9) 河西敏雄：機械と工具，36，No. 8（1992）73
10) 風間正也：超精密生産技術大系第 2 巻実用技術，フジテクノシステム，（1995）1107
11) 今中　治：機械の研究，19，（1967）605
12) 精機学会編：精密工作便覧，コロナ社（1970）1706
13) O. Imanaka : Annals, CIRP, 13, (1966) 227
14) 池田正幸ほか：電総研研究報告，No. 709（1970）
15) 今中　治ほか：電気試験所彙報，25，（1961）618
16) 萩生田善明：機械と工具，36，[6]（1992）81

Chapter 5

抛光原理

5.1 抛光加工原理

相對於研光使用粗磨粒與硬質平板，以高效率得到所定形狀、尺寸的工程，抛光是在較軟質或有彈性變形特性之研磨布上，使微細磨粒作用在加工材料表面上，不會造成脆性破壞，而只以塑性變形去除極微小量的材料表面，以達到鏡面與加工變形少的工程。一面維持研光或研磨加工工程所得到的形狀精度，一面提高表面品質，可說是抛光的主要目的。

一般，抛光的去除單位很小，故加工效率低，且因爲使用容易變形的抛光機，故爲容易產生形狀崩潰的工程。所以，在施工上儘可能以較少的去除量，來達到鏡面化。亦即抛光能夠抛得愈少，則可以抛得愈好。

抛光技術是發展歷史最久的技術之一，但在現在所謂最尖端技術的半導體製造技術中，卻佔有很重要的地位。亦即，過去的金屬鏡像或光學材料的抛光技術，是以提高光澤、反射率或透光率的鏡面化爲主要目的。但是，最近以半導體爲首的高機能材料表面，基本上要求奈米級的高形狀精度，同時，在原子不殘留加工變質層，可說已達到了必須具備高度抛光技術的時候了。

5.1.1 抛光機構概要

從過去一直在提倡以①微小切削說②表面流動說③化學作用說，做爲抛光加工機構論述。基本上，①解釋爲機械作用或效果，②爲熱作用或效果，③爲化學作用或效果。但在實際的加工現象中，與其說這些當中的任何一種爲單獨的作用，還不如說它是一種複合的作用。依加工條件或狀況，其中一種的作用較強烈。

1. 微小切削說

以矽爲首、玻璃、陶瓷等硬脆材料，在較大的領域中，有機械式應力作用時，會產生稱爲 Hertz 裂痕的脆性變形破壞，是一大特徵。由圖5.1的模組可以明白，以前端半徑r的大壓子，壓入玻璃表面時，所看到的破壞形態。使用粒徑數μm以上的粗磨粒與較硬的研光機之研光加工，基本上，我們認爲造成這種脆性破壞，是依產生裂痕、傳播、交叉、去除破碎片的程序在進行。但是，壓子半徑一變小與附加壓力P變小時，即使是脆性材料，也會優先產生塑性變形，並產生脆性破壞，這是因爲附加壓力變成相當程度的大小。這種情形在利用粒徑 1 μm 以下的微細磨粒與軟質拋光機的拋光加工，可以在不產生脆性破壞的延展性模式中加工，這意味著與金屬材料的微小切削機構一樣的加工。

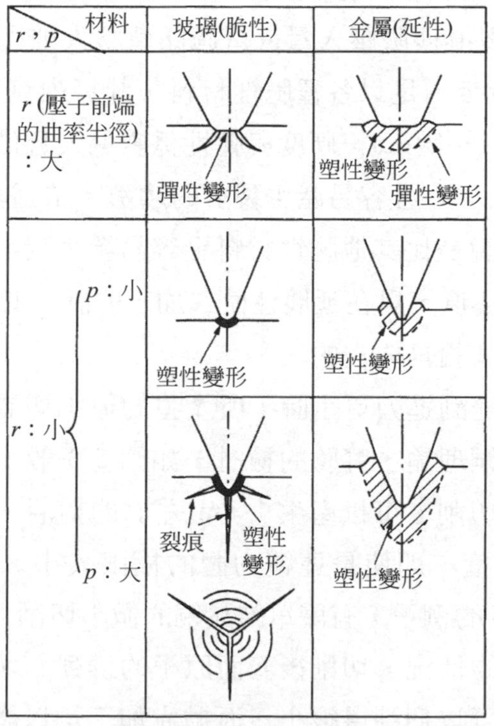

圖 5.1　以球面壓子壓入的變形、破壞規格

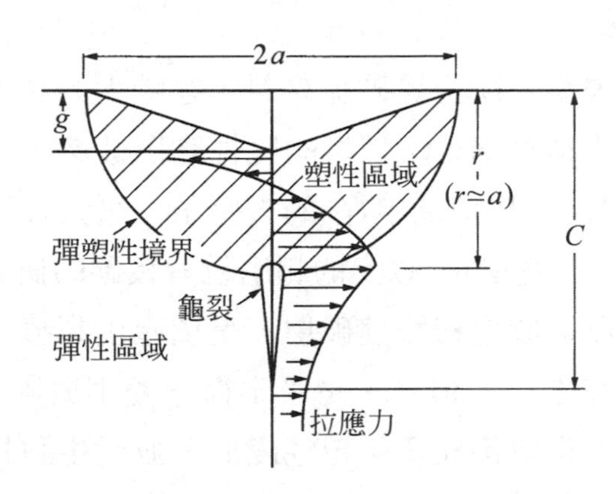

圖 5.2 維克氏壓子壓入時的變形模式

那麼，何種程度的壓入量會產生裂痕，何種程度以下不會產生裂痕呢？當然，我們可以用模型來計算，但是，以維克氏壓子壓入模型(圖 5.2)，所產生的裂痕極限壓入量g(超過此值壓入則產生裂痕的極限壓入深度)。表 5.1 所示，是以各種脆性材料，計算維克氏壓子壓入模型(圖 5.2)。g的值爲 0.1～數μm，硬度與彈性係數愈大且破壞韌性值愈小的材料，其較小的g值，有愈容易產生裂痕的趨勢。依這表矽的極限壓入量g約爲 0.1 μm，可說是比其他脆性材料更容易發生裂痕的材料。亦即，如果矽表面不產生裂痕，只在延展性模式加工的話，必須保證 0.1 μm以下的微小進刀量的推論是成立的。

那麼，我們提到進刀更小時，所產生的最小切屑，到底有多大呢？如果根據單結晶銅理論、實驗的檢討，如圖 5.3 般，使用前端半徑很小的刀具之超精密切削，可以產生 1 nm 左右的切屑。這頂多是只有數個原子層部分的厚度，即使是連續物體的極限大小，也可以解釋爲可切削。從圖 5.4 所示的例子，有關單結晶銅的微小切削之分子動力學分析，在這種微小切削的情況，切削後表面原子的排列，並不會很亂。亦即，殘留加工變形也可以抑制得很小。而拋光加工是以微細磨粒的機械式微小切削作用爲主體，但是，要將所有磨粒前端的進刀量，都變成這種極微小量，是很困難的。要使造成塑性變形的殘留加工變質層全部變爲零，是很困難的。

表 5.1　以維克氏壓子壓入，產生龜裂(Median/Radial)的臨界條件

材料	楊氏率 E (GPa)	蒲松氏比 v	硬度 H_v	韌性 K_{IC} (MPam$^{1/2}$)	臨界條件式	
					g (μm)	P (N)
SiC	400	0.16	2500	2.5	0.15	0.015
Si_3N_4(1)	300	0.27	1700	4.8	1.08	0.53
Si_3N_4(2)	300	0.27	1700	10.0	4.7	9.93
Al_2O_3	370	0.22	1700	3.5	0.47	0.098
ZrO_2	200	0.27	1400	7.0	4.2	6.52
Si(100)	170	0.2	1000	0.8	0.09	0.002

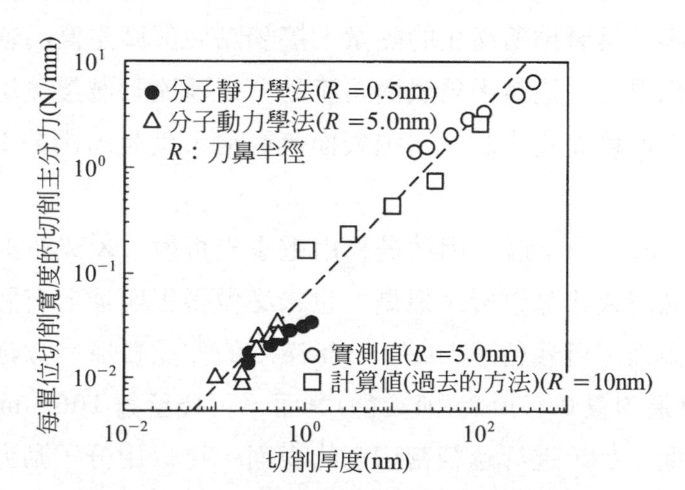

圖 5.3　由鋼的微小切削實驗及模擬，求得切取厚度與每單位切屑寬度的切削力關係

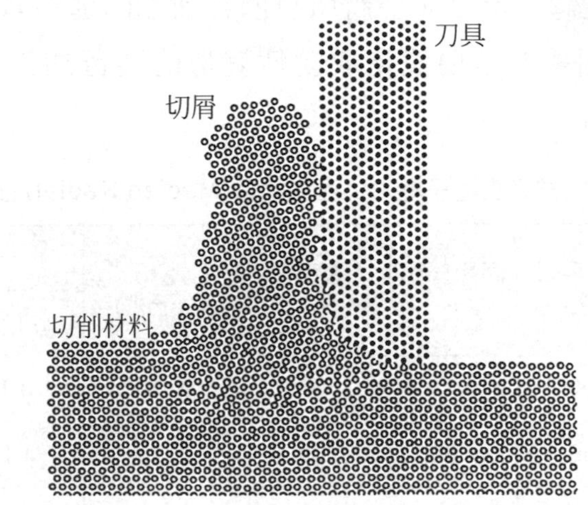

圖 5.4　銅的微小切削模擬例子

2. 表面流動說

即使在前述機械式切削作用的情況，實際的加工點，由於材料的塑性變形或與刀具磨擦所產生的熱量，接觸點局部產生高溫軟化熔融狀態的可能性也很高。這是因爲表面爲流動，這種流動層覆蓋切削痕跡或裂痕，而使表面鏡面化之說。這種表面流動層，就是所謂的 Beil － by 加工變質層。

這種 Beil － by 層，因爲是利用電子光折射、X 光折射的分析，故也稱爲微晶層或非晶質層，但是，也未必做得很明顯。有關矽進行機械式拋光的表面，可殘留達 10～50 nm深度的非晶質層。以延性模式進行微細切削(進刀量 0.5 μm，無冷卻)表面，可殘留達 100 nm 深度的非晶質層。更進一步，進行超精密切削的表面，可以用分子動力學模擬，預測出形成的非晶質層。在實驗方面，也可利用 TEM 觀察，以證明殘留非晶質層。這表示代表性脆性材料矽，在延性模組加工領域，也很容易造成表面流動。

流動層被覆蓋時，表面變成鏡面狀態，未觀察到切削痕跡。但是，經過腐蝕後，流動層被去除，表面下的擦痕就露出來了。不管如何，白色表面構造與巴克不同的點，與前一節的微小切削說是一樣的。

3. 化學作用說

化學作用說是在60多年前，由Grebenshchikov最先提倡的玻璃研磨機構。亦即以水的作用作為拋光液，在玻璃表面產生軟質矽酸膠化層，這是以磨粒較容易去除，而進行研磨的說法。這種說法是Kaller觀察了玻璃、拋光液、拋光機、磨粒間，複雜化學反應的可能性。後來，由泉谷等人的研究，由於拋光液的化學性侵蝕，使磨粒去除了玻璃面的摻水層。且拋光速度是決定於產生摻水層的速度及其硬度，這種機構是非常清楚的，這是屬於後面還要說明的去除表面反應生成物拋光的範圍。此時，去除磨粒為摻水層，如果摻水層為軟質的話，則所用的磨粒，不必比體密玻璃硬。

這種化學作用說，是 5.5 節要說明的今日超精密拋光，它成為援用一般化學效果的拋光技術源流。

5.1.2 決定拋光加工效率的因素

拋光加工量R一般是以 Preston 公式表示。

$$R = \kappa \cdot P \cdot V \cdot t$$

其中，P為拋光壓力、V為拋光速度、t為加工時間、κ為比例常數。基本上，拋光效率與附加壓力(P)及拋光距離($V \cdot t$)成正比。因為，附加壓力與磨粒及加工表面的真實接觸面積及壓入截面積成正比，故在這個截面積上，只有拋光距離的表面，考慮到拋光加工量的結果，較容易了解。

在前面敘述過的拋光機構中，*1.* 的機械式微小作用，成爲主流時，大概上列公式是可以成立的。但是，*2.* 的熱表面流動爲主體時，加工材料及磨粒的高溫物理性質變化，又起因於 *3.* 的化學反應時，隨著研磨劑的溫度變化，所產生的化學反應速度變化，直接影響加工效率的可能性很高，事實上，也不一定透過Preston公式，就可以預測到加工量的變化。

進一步，隨著磨粒或研磨液的經時變化，拋光機的堵塞或劣化，也是造成拋光狀態慢慢變化的不穩定因素。另一方面，加工物表面也隨著拋光的進行，表面狀態時時刻刻都在變化，故研磨液的作用狀態，並不是經常都相同。

亦即，爲了保持一定的加工效率，除了拋光壓力、速度等加工條件外，嚴加管理研磨液濃度、溫度、拋光機的狀態等，是使拋光穩定的重要因素。

5.2 拋光加工方式概要

定位爲最後精加工工程的拋光加工法，自古以來使用的方法很多，即使在現代也逐次開發出許多新的方法，並已分別實用化了。亦即，要有系統將所有的拋光方法分類，是很困難的一件事情，而且，也依研究人員的整理方法而有很大的差異。表 5.2 爲筆者嘗試分類的方法，本節將依此表的拋光加工方法，來敘述其概要。

表 5.2 依抛光加工方式分類的例子

加工方式	加工原理、方法		加工法名稱	加工對象	備註
游離磨粒	機械式研磨	接觸式	液中研磨、Bowl－Feed－Polish-	金屬、陶瓷、硬質單結晶	硬質微細磨粒
		非接觸式	EEM	矽、單結晶、金屬	球狀刀具高速迴轉、衝撞超微粒
			浮動抛光	藍寶石、玻璃、光學結晶	平板低速迴轉、動壓上浮
			非接觸抛光	矽晶片	平板低速迴轉、動壓上浮
	援用化學機械式研磨		化學、機械式抛光	矽、半導體化合物、晶片裝置	含 CMP，複合粒子研磨
			機械式抛光	矽、玻璃、晶片裝置	含 CMP
			機械式抛光	矽晶片、陶瓷、硬質單結晶	軟質磨粒
	援用場研磨		援用磁氣研磨	金屬、陶瓷	磁性磨粒(磁性流體＋磨粒)
			援用電場研磨	金屬、玻璃、肥粒鐵	電氣游動
固定磨粒	微粒磨輪研磨		搪光、超精加工	金屬	圓筒內外面、平面
			超音波振動研削	金屬、陶瓷	複合振動
			電解、磨粒複合研磨	金屬	電解液＋含浸磨粒抛光機
			ELID 研磨	金屬、陶瓷、矽	電解性結合劑
	軟質結合劑磨輪研磨		MAGIC 加工	金屬	磁氣配向性磨輪
			EPD 研磨	金屬、矽晶片、玻璃	含低結合度磨輪、黏彈性結合劑
			研光薄膜研磨	金屬、陶瓷	高分子薄膜
			薄板研磨	矽、玻璃	布紙填料、陽極氧化薄板
	軟質磨粒磨輪研磨		MCP 磨輪抛光	矽、陶瓷、硬質單結晶、玻璃	易脫落結合劑
無磨粒	化學式(腐蝕)研磨		化學研磨、電解研磨	金屬	浸漬化學液、電解液
			水上飛機抛光	金屬、化合物半導體	高速行走、非接觸化
			p－MAC 抛光	化合物半導體	接觸→非接觸移動
	磨擦反應研磨		熱化學研磨	鑽石	可擴散碳金屬、高溫加熱
			高速滑動研磨	鑽石	沃斯田鐵系鋼、高周速、高壓力
	乾式抛光	電漿	PACE	矽晶片	電漿腐蝕
			乾式平坦化	矽晶片	數值控制乾式腐蝕
			電漿 CVM	矽晶片	高壓電漿腐蝕
		離子	離子束腐蝕	矽晶片、鑽石	非活性噴濺
			反應性離子腐蝕	矽晶片、玻璃、鋁、半導體化合物	活性離子＋活性基

5.2.1 游離磨粒方式

在稱為拋光機的板狀刀具上，壓住工件做相對運動時，磨粒在散開的狀況下，一面供給磨粒一面研磨，是最普遍的拋光方式。如果，單說拋光的話，大多指的是游離磨粒方式。表 5.3 為經常使用的磨粒與拋光機。

表 5.3　在拋光中一般用到的磨粒及拋光器粒子

使用材料	磨粒	拋光機
金屬、一般材料	氧化鋁 氧化鉻 紅丹	合成樹脂(聚氨酯、PMMA 等) 纖維(織布：尼龍、綿，非織布：毛氈等) 天然皮革(鹿皮)
光學玻璃、光學結晶	氧化鈽 氧化矽 紅丹	天然樹脂(瀝青、焦油等) 合成樹脂(硬質發泡聚氨酯等)
半導體材料	氧化矽 氧化鋯	合成樹脂(發泡聚氨酯、鐵弗龍等)，非織布纖維(聚氨酯樹脂含聚酯纖維等)
精密陶瓷	鑽石	軟質金屬(銅、錫、鉛等)
鑽石	鑽石	金屬(鑄鐵、碳鋼等)

1. 機械式研磨法

在游離磨粒方式中，為最普遍且基本的研磨方法，在力學上是以硬質微細磨粒的抽拉、切削作用為基礎，進行鏡面化加工。自古以來，月牙形玉或金屬鏡面的研磨，即使到現在，大多做為金屬、陶瓷、玻璃等的精密加工零件的最後研磨。雖然，它不是高精度的研磨方法，但是，自古以來做為附予金屬表面光澤的「擦光研磨」，或大多用在小零件去除毛邊或拋光的「滾筒研磨」，機構上都是屬於這一範疇的研磨方法。

通常將 1 μm 以下的硬質微細磨粒，與加工液混合的研磨液，一面供給到旋轉的碟狀平板，一面以一定壓力壓在加工物上研磨的「接觸式拋光」，是光學玻璃(鏡片、窗戶等)、硬質金屬(精密模具或磁碟基板等)、陶瓷(構造用機構零件、電子用基板等)的高精度研磨，不可或缺的技術。

大家都知道「液中拋光」與「Bowl－feed拋光」，是屬於這種方法的超精密研磨。前者是將加工物浸漬在0.1 μm以下超微細ZrO_2磨粒漿體上，以合成樹脂拋光機的研磨方法，幾乎不產生加工損傷，可以研磨矽晶片。後者是使用節距研磨器($\alpha-Fe_2O_3$磨粒)的浸漬研磨法，可以A級超平滑拋光光學玻璃。

近年來，高速旋轉球形刀具，產生不直接觸加工物的動壓效果，建議以非接觸狀態超微細磨粒，彈性衝撞加工物表面方式的「EEM(Elastic Emission Machining)」法，做為無干擾拋光法，使用在高機能材料上(在5.5節說明)。更進一步，也已在開發一般碟狀研磨方式，展開EEM微粒子彈性衝撞原理的「浮動拋光」或「非接觸拋光」。兩者都是利用隨著平板旋轉的動壓效果，在很容易使得加工物上浮的平板表面形狀下功夫，以非接觸狀態，可以在無干擾的情況下，拋光光學元件或矽晶片。

2. 援用化學機械式研磨法

上敘機械式研磨法，是援用化學效果或重疊研磨法。是不產生加工變質層的高精度研磨方法。特別是定位做爲半導體晶片等最尖端加工技術之一，不可或缺的研磨方法。

「化學、機械式拋光」爲研磨液的化學腐蝕作用與磨粒的機械式切削作用之複合方法。現在幾乎所有生產矽晶片的工程，均採用這種方法。最近，做爲裝置晶片平面加工(平坦化)不可或缺的技術，而開始快速普及的「化學、機械式拋光(CMP：(Chemical and Mechanical Polishing)」，基本上是以矽晶片化學、機械式拋光技術爲基礎，而衍生的技術。以樹脂粒子做為保持磨粒的媒體之「複合粒子研磨」，代替過去的板狀拋光機，也鎖定了高精度的化學、機械式拋光，做為新的嚐試。

「去除表面生成物拋光」是因研磨液的作用，而以磨粒的切削作用，去除在加工物表面產生摻水膜或氧化膜等之拋光方法。在生成物下側的容積表面，未有磨粒的擦過作用，故未殘留加工變質層。它成為研磨玻璃的化學作用說之根據方法，裝置晶片的平面拋光也積極的應用在金屬配線的CMP上。

另一方面「機械的化學拋光」是使用與加工物產生化學反應的軟質磨粒之拋光法。由於磨粒質軟，故磨粒沒有力學式的壓入作用或切削作用。具有容易得到沒有加工變形的超平滑表面特徵。以矽為首，特別是以過去的方法很難研磨的碳化鎢材料(藍寶石、碳化矽、氮化矽等)，都可以有效來使用。而所謂「機械的化學效果」，是在力學的應力作用下，促進化學反應或相變化效果的意思，而且是在粉體工程的領域中，自古以來使用的用語。前面敘述的將「化學、機械拋光」，稱為「機械的化學拋光」的例子，從以前就有見過，但是，為了避免混亂，應該要依照原來的意思，而加以區別。

3. 援用磁場、電場研磨法

利用在稱為FFF(Field assisted Fine Finishing)、磁場或電場的場(field)之吸引力或反作用力，直接或間接將磨粒壓在加工物上，或是重疊磨粒的切削作用與加工液的電解、溶去作用，以提高拋光效果的方式。「援用磁研磨」就是使產生磁場後，將磁性磨粒壓在加工物表面後研磨的方法，與在磁性流體使產生加壓力，而將非磁性研磨磨粒，壓在加工物的形式。不只是平面，就連圓筒的內外面或異形部分，也有以均勻壓力而可以做到鏡面化的特徵。在「援用電場研磨」，想出電器游動現象，將帶電磨粒吸到加工物表面的方式，與相反的將磨粒吸到研磨平板面的半固定狀態，並將工作物壓在平板面的方式。

5.2.2　固定磨粒方式

固定磨粒方式就是使用以適當的結合劑固定磨粒的「磨輪」，進行拋光的方式。一般所謂磨輪指的多是安裝在磨床上的圓盤狀研磨砂輪。由於是創成形狀的緣故，故為高效率的粗加工工程，但是，將代替游離磨粒的固定磨粒之拋光方法實用化，其機運是最近才盛行起來的。

可拋光的磨輪其應具備的條件，在使用硬質磨輪時，基本要求為⑴作用磨粒的刀刃高度要一致⑵不會造成堵屑。要實現⑴必須①使用微細磨粒的磨輪②如為粗磨粒時，必須充分修整，以使磨粒前端的高度一致，使磨粒分布、排列均勻③使用軟性結合劑，以均勻各個磨粒的作用壓力。而為了滿足⑵，必須④充分修整磨輪，使磨粒露出的高度變大。④要適度使結合劑表面摩擦、脫落，以防止切屑附著、滯留，這是很重要的。另一方面，採用有研磨作用的軟質粒子作為磨粒的方向，也是有效果的。

1.　微粒磨輪研磨法

使用結合劑較差的微細磨粒磨輪的「搪光」或「超精加工」，主要是作為圓筒狀機械零件的內外圓周面之精加工方法，自古以來就已實用化了。在一般的金屬場合，以游離磨粒方式研磨，則磨粒插入工件表面的可能性很大，但是，如果為固定磨粒的話，以磨粒微小的切削作用，會比游離磨粒方式成殘留磨粒少的平滑加工表面，這是可以期待的。前者的磨輪為比較長行程的低等速運動，後者通常為30 Hz左右的頻率，使磨輪做微小振動的方法，一般，它都使用角狀的小形磨輪。

而使磨輪產生超高波振動的研磨，就是「超高波振動研磨」。只給予磨輪縱向(垂直於加工面的方向)的振動，會造成脆性破壞主體，但是，複合水平方向的振動，則可發揮研磨的效果。

「電場研磨(ELID：(Electrolitic In－process Dressing)」是在以金屬結合的微粒鑽石磨輪研磨中，以研磨液的電解作用，使結合表層非導體化，促使磨輪表層的微小脫落，不會產生堵屑的現象，而持續穩定進行鏡面研磨的加工方法。

2. 軟質結合磨輪研磨法

在此範疇中，包含①使用容易彈性變形的軟質結合劑，使磨粒前端的接觸壓力均勻的方法②使用低結合度容易脫落的結合劑，防止堵屑的方法③將微細磨粒黏到柔軟性高的膠帶狀或薄板狀的基材上，目標鎖定作用壓力均勻化的方法等。

「MAGIC加工」爲①的例子，可以軟質的樹脂結合劑結合磨粒時，混合磁性流體並使磁場作用，則磨粒可均勻排列，進行磁配向性複合體磨輪研磨(Magnetic Intelligent Compound＝MAGIC磨輪)的新方法。

「EPD 晶片研磨法(Electrophoretic Deposition)」爲②的代表例子。以乾式使用由電氣游動現象，製作成的軟質結合晶片之方法。當然，磨輪很容易磨耗，雖然是固定磨粒於磨輪，但實際上在加工界面，我們認爲脫落磨粒是以游離磨粒來作用的。

③以各種高分子膠片爲基材的「研光膠片研磨」，則將磨粒分散固定在薄布板或薄紙板上的砂紙或研磨布紙，是屬於「薄板研磨」。後者包含在薄鋁板上，固定以陽極氧化反應的磨粒之新研磨薄板。

3. 軟質磨粒磨輪研磨法

使用以低結合度結合劑，固定將具有機械化學效果的軟質磨粒之MCP磨輪，進行研磨的「MCP磨輪拋光」，與EPD晶片時一樣，脫落的磨粒是以游離磨粒來作用，而提高研磨效率。具有固定磨粒方式，且又容易得到無變形、超平滑表面的特徵。

5.2.3 無磨粒方式

中間沒有擔任切削作用的磨粒，而能實現鏡面研磨的方法，在此，稱爲無磨粒方式的研磨法。

1. 化學式研磨法

是利用化學液的腐蝕作用，以獲得沒有變形鏡面的方式。「化學式研磨」是將加工對象的金屬片，浸漬在化學液中，單純腐蝕的方法。又「電解研磨」是以加工對象金屬做爲陽極，在浸漬液中使其產生電氣分解，而熔去金屬表面的方法。兩者都是自古以來，就在使用的方法。選擇最佳腐蝕條件，雖然，可以達到鏡面化，但是，腐蝕的速度會受到表面組織或缺陷分佈的影響，故要確保加工表面的平滑或平坦，的確不太容易。

「動壓上浮研磨」是使研磨平板旋轉，一般的碟狀研磨方式。但是，只供給化學液做爲研磨液，並且提高拋光器的旋轉速度，以動壓效果使加工表面上浮(所謂的水上飛機)，保持非接觸狀態，以獲得平滑或平坦平面的方法。使用於化合物半導體的報告時有所見。

2. 摩擦反應研磨法

目前，只有鑽石高效率研磨法的報告出現，在高溫中特別是對於鐵系材料，容易產生碳擴散，故還是積極利用在高溫容易造成氧化損耗的鑽石之化學不穩定性研磨現象的方法。

「熱化學研磨」是以容易產生擴散的鑽石拋光器，在高溫環境中滑動摩擦，促進碳的擴散，而拋光鑽石的方法。

「高速滑動研磨」是在大氣中，以高壓力、高速條件，將鑽石壓在不銹鋼碟片上，併用氧化反應及碳擴散兩種效果，是一種效率相當高的研磨方法。

3. 乾拋光法

將比過去的固體工具磨粒小很多的粒子離子或電漿，照射到工作物表面形態的拋光，分類到乾拋光方式。相對於使用化學液進行的濕式腐蝕法，衝撞電漿或離子的原子狀粒子的腐蝕法，稱爲乾式腐蝕。以此乾腐蝕作爲拋光工具，而加以利用的就是乾式拋光法。

「PACE(Plasma Asisted Chemical Etching)」就是將杯形容器內產生的電漿，以被覆在工作物表面的形式作用的乾式腐蝕法，目前，正檢討使用在矽晶片修正平坦度研磨方面的可行性。

「乾式平坦法」是將中性電漿由噴嘴射出，利用*NC*控制腐蝕全部或部分矽晶片表面，來提高平坦度的方法。

「電漿化學汽化加工(Plasma Chemical Vaporization Machining)」是在1大氣壓以上的高壓力環境中產生電漿，利用激起中性根，使與工件表面產生反應，以獲得高效率且高品質研磨效果的方法。

「離子拋光」是利用離子濺射的去除加工，達到鏡面化的拋光法。而大致上區分爲利用像離子根的氣體離子力學式濺射式效果之「反射性離子腐蝕(Ion Beam Etching)」，與複合利用活性離子的物理性濺射及利用活性化學濺射的「反應性離子腐蝕(Reactive Ion Etching)」。

5.3 金屬材料的拋光

過去，研磨金屬材料很多是爲了提高裝置的光澤度，同時，爲了做好滑動性，必須做到鏡面化的情況。但是，近年來精密機器部材的高度化運動精度、模具或鐳射光用反射鏡的高精度化、半導體設備的高清潔化等，金屬材料鏡面化的需求，正愈來愈廣泛。

5.3.1 利用固定磨粒方式的拋光

一般，加工軟質金屬時，由於刀具作用的金屬變形量很大，故使用游離磨粒，則容易造成磨粒的插入，很多使鏡面化變得很困難。因此，超精密加工或搪光加工等，大多是利用固定磨粒刀具的精加工。將結合度較低的磨輪，以一定壓力壓在加工物表面，一面使磨輪做短周期(10～50 Hz 左右)的微小振動(1～4 mm 左右)，一面移動磨輪方式的精加工法，爲超精加工。如圖 5.5 般，使用於圓筒周面的情形很多。但是，圓筒裏面、平面、球面、圓錐面等觸，也有使用。除了金屬以外，陶瓷等硬質無機材料也可使用。搪光加工是將數個棒狀磨輪安裝在搪光具上，並將搪光具壓在圓筒內面。一面使喇叭狀機構旋轉，一面做軸向往復運動方式的研磨法(圖 5.6)。除了裏面外，也利用在外周面或平面的研磨。在提高眞圓度、眞直度、精加工表面粗糙度、減少加工變質層則很有效果。

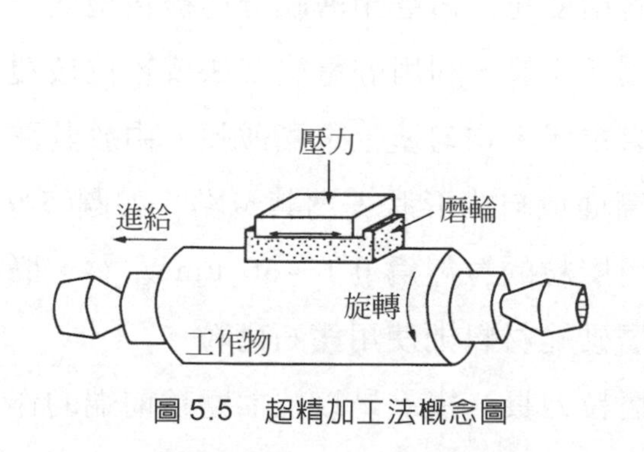

圖 5.5 超精加工法概念圖

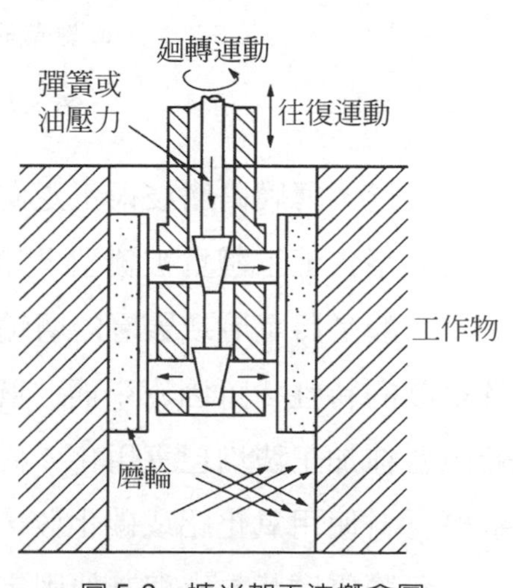

圖 5.6 搪光加工法概念圖

「以一定壓力將結合度較低的磨輪，壓在加工物表面」這一點，超精加工與搪光都是一樣的。但是，搪光是將磨輪封閉在數 10～數 100

mm 長行程內的二個方向，一面做等速運動的地方，基本上，與超精加工不同(圖 5.7)。磨粒為 WA 或 GC，粒度在超精加工時，粗加工用#300～500，精加工用#400 以上。又在搪光時，粗加工用#300 以上，精加工用#400 以上。而結合劑大多使用黏土或樹脂黏結劑。一般搪光的表面粗糙度為R_y 1～2 μm 左右，超精加工為 0.2～0.8 μm。

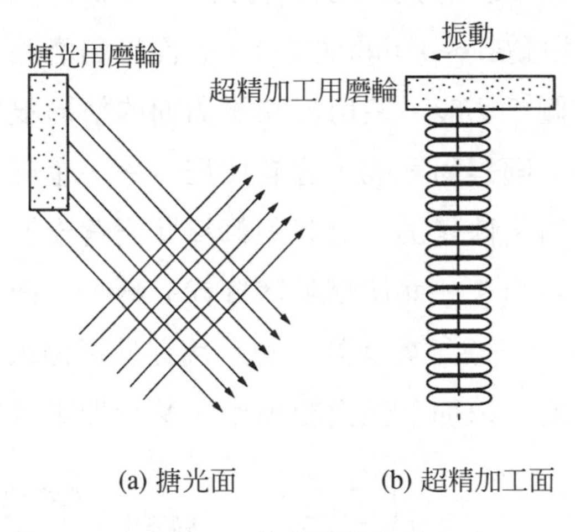

(a) 搪光面　　(b) 超精加工面

圖 5.7　比較磨輪軌跡

最近，薄膜研磨技術正走向高精度化。研磨用薄膜分為被覆型與一體成形型。但主體為被覆型，如圖 5.8 般，利用靜電塗裝法或羅拉被覆法，一般是將單層或數層的磨輪磨粒層，均勻塗上聚酯薄膜。由於其薄且柔軟的特性，可因應平面、圓筒面或自由形狀，為其優點。如圖 5.9 般，各種加工法均已實用化。使用磨粒的粒徑為 0.1～60 μm 左右，磨金屬材料使用氧化鋁或碳化矽，磨硬脆材料則使用鑽石磨粒。

薄膜研磨基本上與其他固定磨粒刀具一樣，是以拉擦磨粒前端的作用來進行加工。特別是粒度愈細愈容易堵屑。這也是造成刮削的主因，故在產生堵屑前，必須稍微將薄膜移動，以保持經常在穩定的研磨狀態。

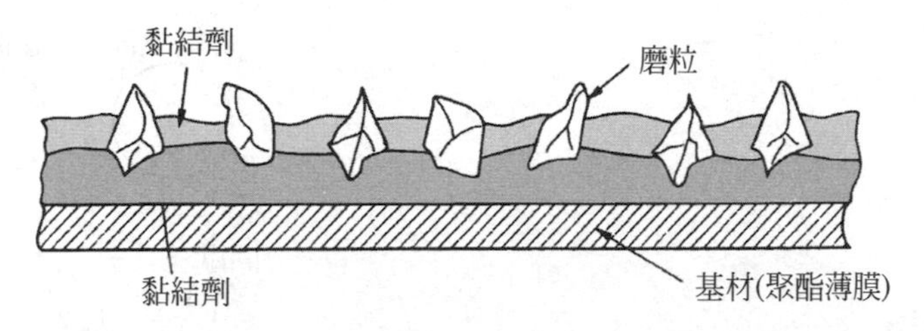

(a) 靜電塗裝法

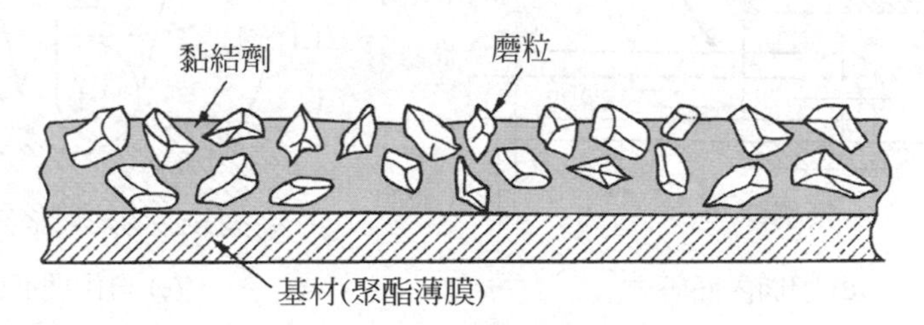

(b) 羅拉被覆法

圖 5.8　薄膜研磨塗裝法

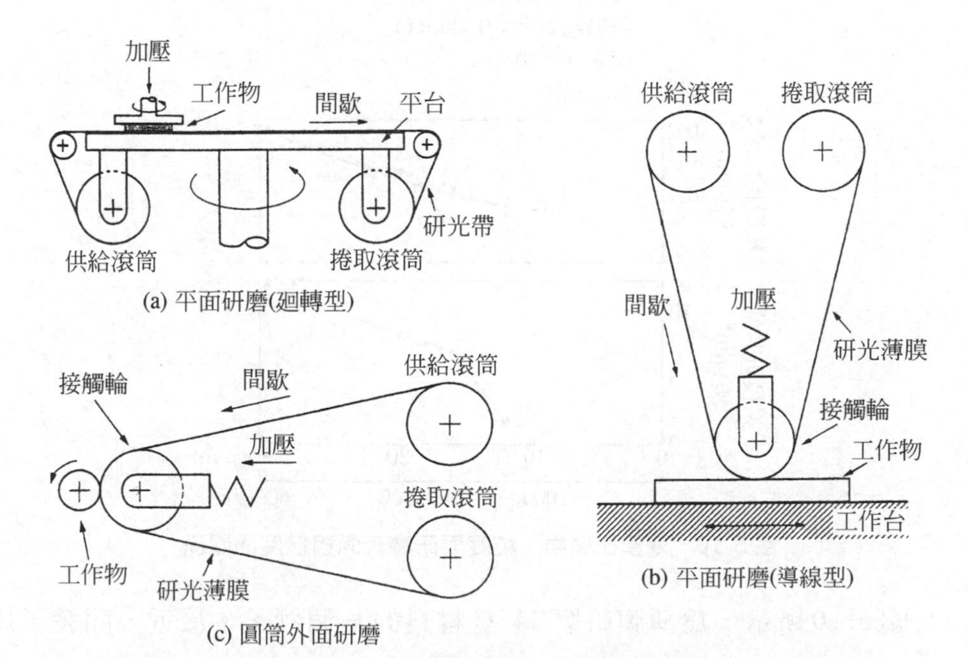

(a) 平面研磨(迴轉型)

(b) 平面研磨(導線型)

(c) 圓筒外面研磨

圖 5.9　利用研磨薄膜的研磨系統例

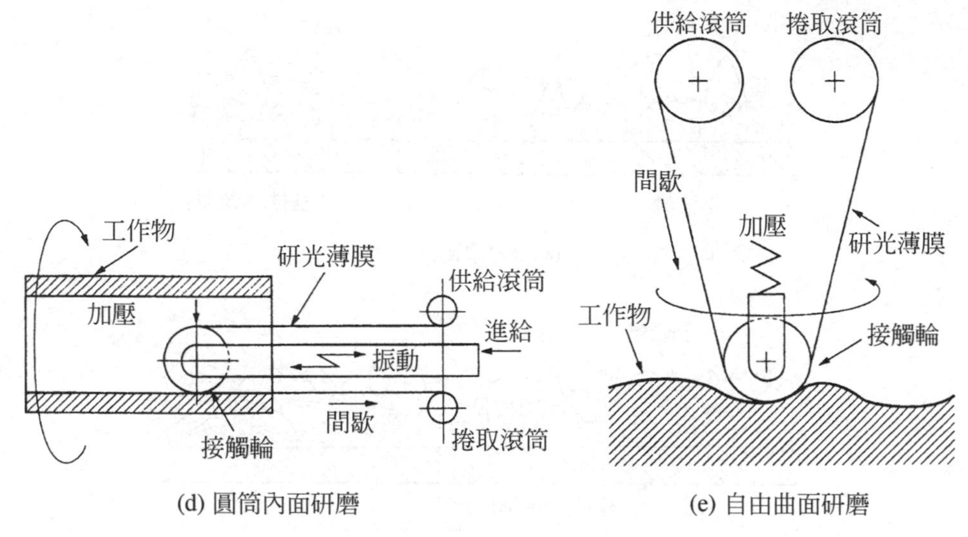

圖 5.9　利用薄膜研磨的研磨系統例(續)

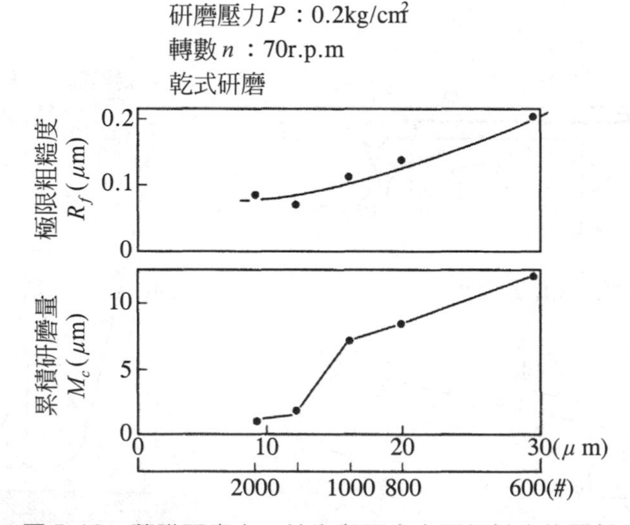

圖 5.10　薄膜研磨中，粒度與研磨表面粗糙度的關係

圖 5.10 所示，為薄膜研磨 S45C 材料的一個例子。最近，開發了比聚酯彈性更強的聚酯塔複塔薄膜裏面，塗佈強磁性粉的研磨用薄膜，與

後面要敘述的游離磨粒磁性研磨一樣的援用磁性研磨薄膜。可以使不銹鋼管(SUS304)的裏面鏡面化。圖 5.11 爲其加工實例，可以得到 0.01 μm 的鏡面。

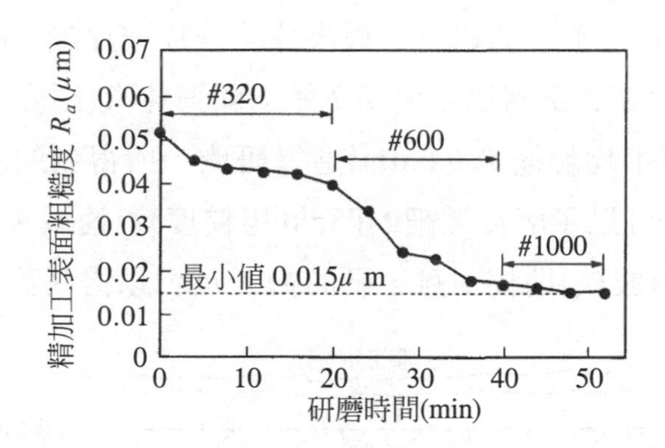

圖 5.11　援用磁性薄膜研磨的一個例子

5.3.2　利用游離磨粒方式的拋光

上述的固定磨粒研磨法，基本上，是以磨粒前端的微小切削作用，來進行研磨的加工方法。在原理上很難達到沒有切削痕跡的鏡面。要實現沒有切削痕跡的鏡面精加工，目前，必須採用游離磨粒研磨法。軟質金屬時，可以使用布或毛毯般的軟質拋光具，以較小壓力作用於微細磨粒，以避免磨粒插入，而達到鏡面化程度。但是，這些都要累積現場工作人員，對於拋光具、磨粒種類、加工條件等技能、專業知識的了解程度，實際上，要達到普遍化比較困難。

磁碟用鋁／Ni－P基板或精密模具等硬度較高的金屬，過去，一直是使用游離磨粒研磨法。而磁碟用基板(厚度 100 μm)，大多使用鋁合金，但是，爲了強度補強，一般是鍍上 10～20 μm 的 Ni－P 層(H_v 550 左右)。圖 5.12 所示，爲其示範的例子。在這個磁碟上面，有記錄媒體的磁性層，更有形成保護層或潤滑層的產品。爲了提高磁碟記錄密度，必須要求有較高的表面平滑度($R_a < 5$ nm)。一般，是在其兩個面研光、拋光，以做成劑面。兩面同時加工的方法，是以加工矽晶片的方法中，在大直徑平板上，將一般多數片的碟片，由上下夾住工作物來加工的成批處理法。與用小直徑的研磨平板夾住，一片一片加工的片葉處理法(參考圖 5.13)。片葉式研磨法是使用 2 種不同彈性率(硬度)拋光具，以氧化矽(SiO_2)磨粒(平均粒徑 0.04 μm)進行研磨，所得到的結果，如圖 5.14 所示。從圖中可以了解，微細的凹凸(粗糙度)迅速減少，但是，要去除長周期的凹凸(波紋)則較困難，硬的拋光具可以提高表面粗糙度。

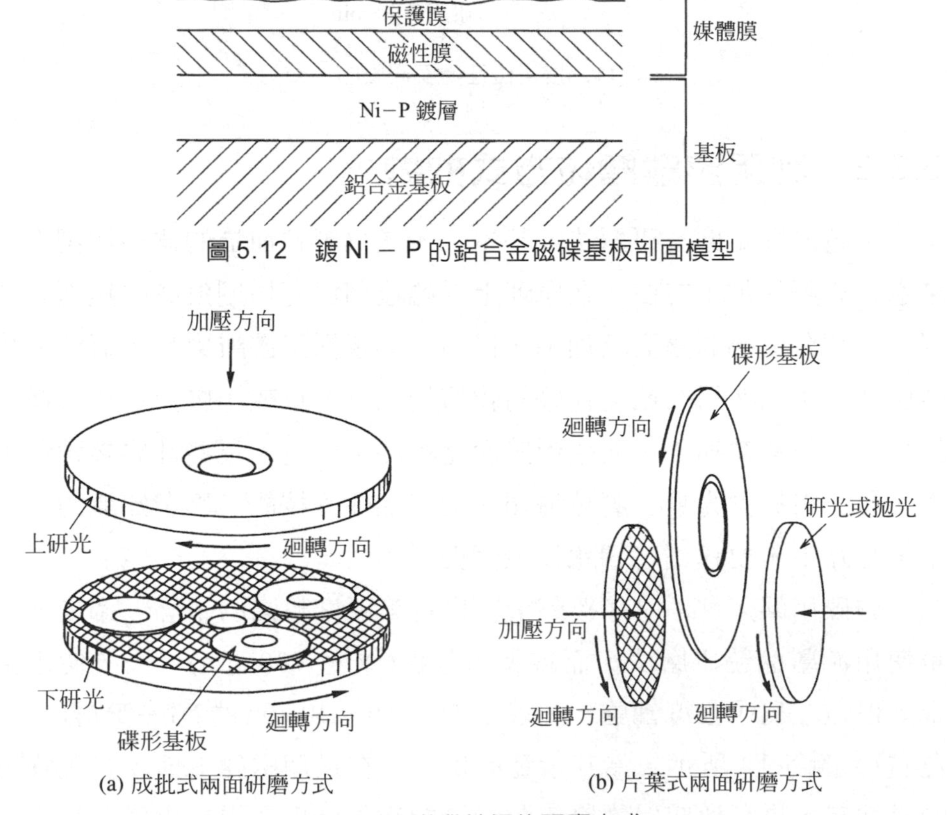

圖 5.12　鍍 Ni － P 的鋁合金磁碟基板剖面模型

圖 5.13　磁碟基板的研磨方式

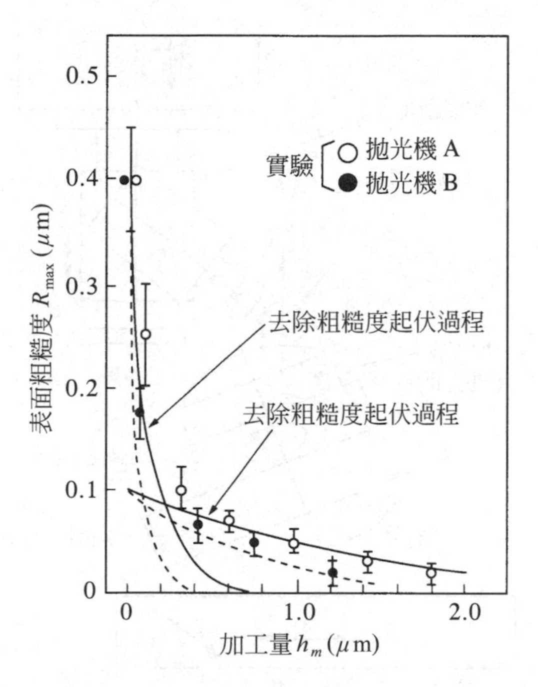

圖 5.14　鍍 Ni － P 的鋁合金基板研磨加工量和表面粗糙度

模具材料有金屬或陶瓷等各種材質，而塑膠模用材料大多使用鋼系列硬質材料(淬火鋼或預硬鋼)。在研磨非球面或蛋形等特殊形狀的磨具時，安裝如圖 5.15 般的小直徑球形拋光具在NC設備上，是可以有效控制3維的方法。除了氧化鋁(Al_2O_3)或碳化矽(SiC)磨粒外，氧化鉻(Cr_2O_3)磨粒也適合研磨鋼系列材料。拋光具則使用了棉、羊毛、絹等天然纖維、耐隆、人造絲、發泡、聚氨酯等化學纖維、皮革等。表面粗糙度可以達到R_a 0.003～0.08 μm，並獲得沒有裂痕的鏡面。

最近，已開始合併使用可產生均勻作用壓力的磁研磨法或電氣化學溶去作用的電解、磨粒複合研磨法等，即使使用游離磨粒，也不會使磨粒插入工作物表面，令人可以期待的清淨鏡面新方法，已經開始實用化，半導體設備用管或容器內面，也開始使用這種研磨。

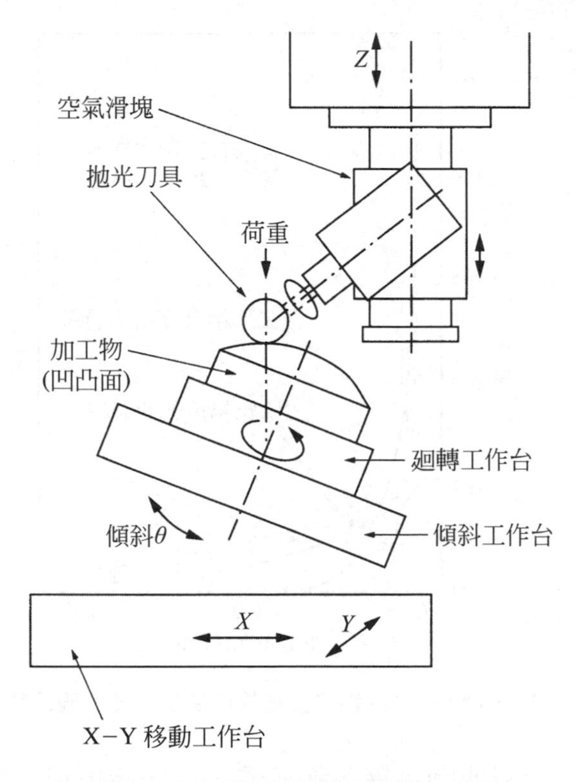

圖 5.15 非球面研磨裝置的基本構造

如圖5.16所示般，在$N-S$磁極間充塡磁性磨粒，並在此磁場中插入工作物，則磁性磨粒連成牙刷狀，以磁力P_x的壓力壓住工作物。如果，使工作物旋轉或軸向振動，則以磁性磨粒的切削作用進行研磨，這就是磁研磨法的原理。磁性磨粒就是一面混合、燒結、粉碎、整粒氧化鋁磨粒與鐵粉，利用化學反應、電漿熔解法做成的。圖 5.17 所示，維對於SK4淬火鋼圓筒外周面的研磨實例。以平板爲S磁極，如果使N磁極旋轉的話，則可以做平面磁研磨。更進一步，如圖5.18般，採用旋轉磁極的方式，則很容易可以研磨圓筒內面或彎管接頭內面，聽說，可以將不銹鋼管內面，研磨到R_a 0.2 μm。

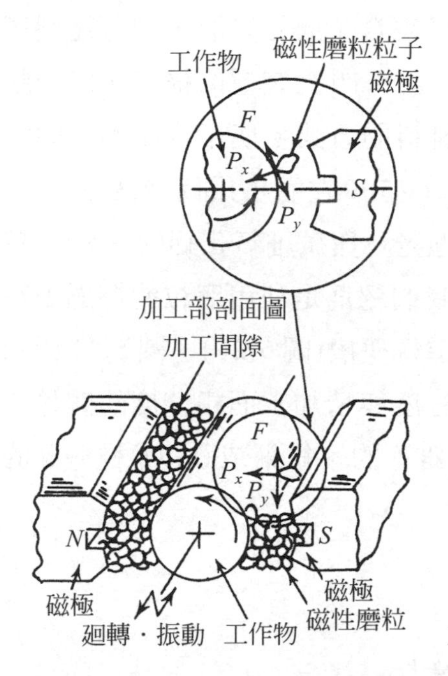

圖 5.16　圓筒外面的磁研磨法

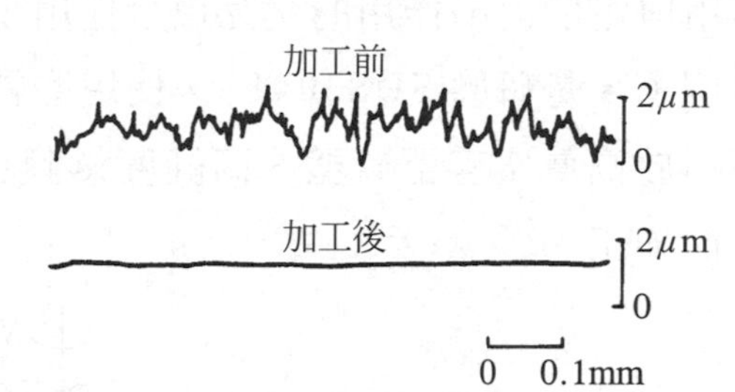

圖 5.17　磁研磨表面的粗糙度截面形狀

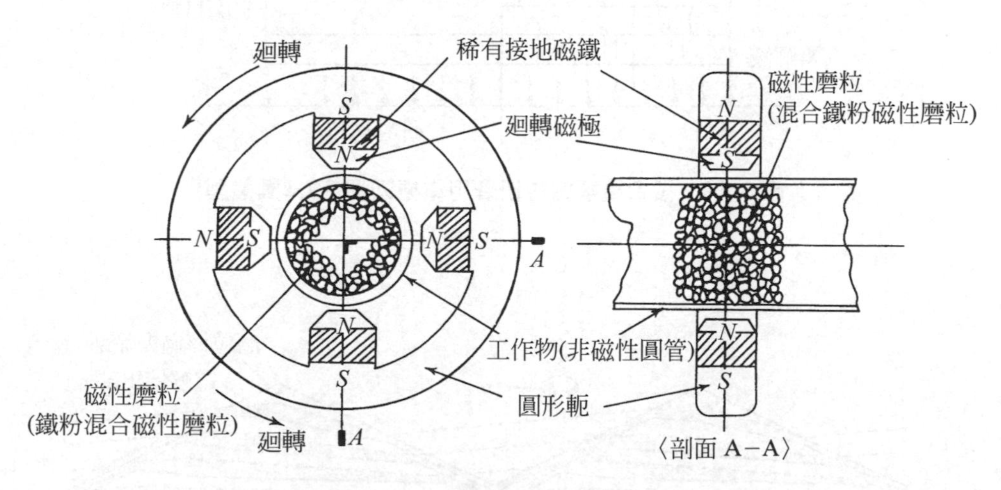

圖 5.18　迴轉磁極方式研磨法

單獨電解研磨的形狀控制很差，如果複合了磨粒研磨，則可達到高精度的鏡面研磨(電解、磨粒複合研磨)。圖 5.19 爲裝置的構造，爲一起供給電解液(例如$NaNO_3$水溶液)與研磨材料的方式。使用含浸磨粒的耐隆非織布(粗工程#240～1500、中工程爲#2500 左右)的固定磨粒方式作爲研磨材料，與進一步利用發泡聚氨酯拋光具與微細氧化鋁(Al_2O_3)磨粒漿體，游離磨粒方式作爲精加工工程。我們認爲是利用磨粒的擦過去除作用與電解溶出作用的交互複合作用來進行研磨(圖 5.20)。圖 5.21 所示的例子，是研磨 SUS304 時，使用磨粒粒度與精加工面粗糙度的關係。使用於高眞空容器管壁、高純度氣體容器等的不銹鋼或鈦(Ti)材料等的鏡面加工。

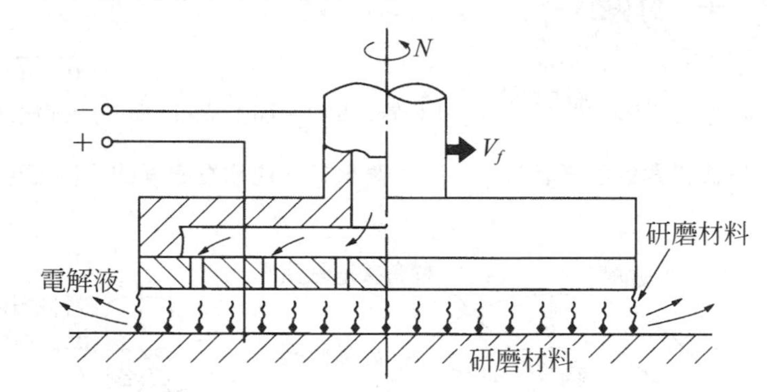

圖 5.19　複合電解磨粒研磨用電極刀具(迴轉圓盤型)

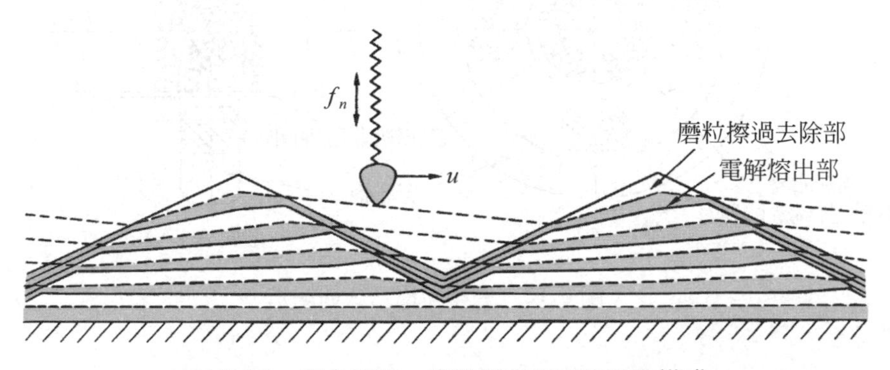

圖 5.20　複合電解－磨粒創成鏡面的原理模式

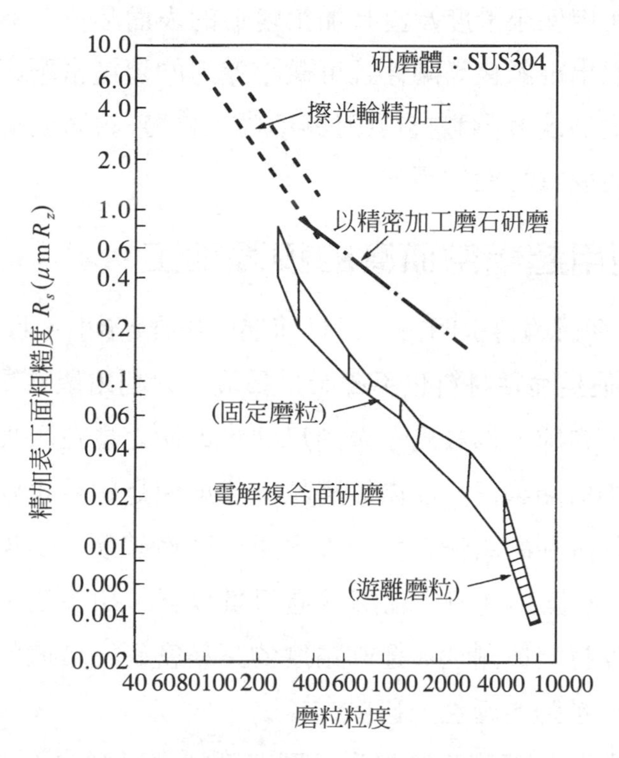

圖 5.21　使用磨粒與精加工表面粗糙度的關係

5.4 非金屬材料的拋光

玻璃、光學結晶、陶瓷等鏡片或窗材、高強度構造材料等，所使用到的材料爲非金屬材料。這些材料一般稱爲硬脆材料，特別是在嚴格要求平坦度、眞直度、眞圓度、平滑度時用得最多。利用這些材料的加工工程，如研磨(運動轉寫方式、使用固定磨粒磨輪)或研光(壓力轉寫方式、使用游離磨粒)，可高效率接近所要的形狀或尺寸。以游離磨粒拋光，一般，可確保平滑度及沒有加工變形的表面品質。另一方面，近年來，市面上已出現銷售高剛性且可微小進刀的超精密磨床。更由於微細磨粒的磨輪發展或其調整技術(刀具準備、修整)的高度化，不必拋光的鏡面研磨，也成爲可能的事實。

5.4.1 利用超精密研磨的鏡面加工

在5.1.1節討論得很明白，刀具前端的半徑r預小，且負荷愈小時(進刀量小)，即使是脆性材料也不會產生裂痕，只利用塑性變形，就可以去除材料變形。亦即，過去爲了做到尺寸，即使定位在粗加工工程的「研磨加工」。①前端半徑小的微細磨粒，或即使是粗粒也好，突出的高度一致，切邊很銳利的磨輪。與②不會產生脆性破壞，出現「臨界進刀量(D_c值)」以下的微小進刀，在臨界進刀量以下，如果使用可以抑制磨輪回轉偏擺，保持裝置剛性與運動精度的超精密研磨裝置的話，則可進行利用塑性變形舉動的延性型研磨。

圖5.22是以模組表示脆性型研磨與延性型研磨的不同。這種可做延性型研磨的研磨裝置規格，爲磨輪作用面的刀刃高度誤差在0.1 μm以下，磨輪迴轉偏擺在0.1 μm以下，最小進刀精度在0.1 μm以下。

實際上，可否做延性型研磨，當然，是決定於加工材料的破壞容易度。由表5.1可以很清楚的看出，在脆性材料中，像矽(Si)或碳化矽(SiC)般，容易產生裂痕的材料，與像ZrO_2或Si_3N_4般，韌性高的材料。前者很難做到無裂痕研磨，後者則較容易進行鏡面研磨。例如，以平面磨床要維持±0.1 μm的進刀精度，使用高精度平衡的樹脂結合#3000鑽石磨輪，研磨Si_3N_4燒結體，則可以做到R_{max} 0.015 μm、R_a 2.0 nm左右的鏡面研磨値低的矽晶片。但如以最小進刀量0.01 μm，杯型磨輪／迴轉工作台間的迴圈剛性150 N/μm之高剛性，加上可超微細進刀的超精密磨床，則一開始使用樹脂結合#2000 鑽石，則對矽晶片實現了殘留轉位層厚度小的延性型鏡面研磨。亦即，在圖 5.23 的剖面 TEM 觀察，可以了解沒有發生裂痕，殘留的轉位缺陷，也集中在表面 0.5 μm 以內，比傳統型超精密磨床的最小進刀 0.1 μm 水準，還要高品質的精加工面。

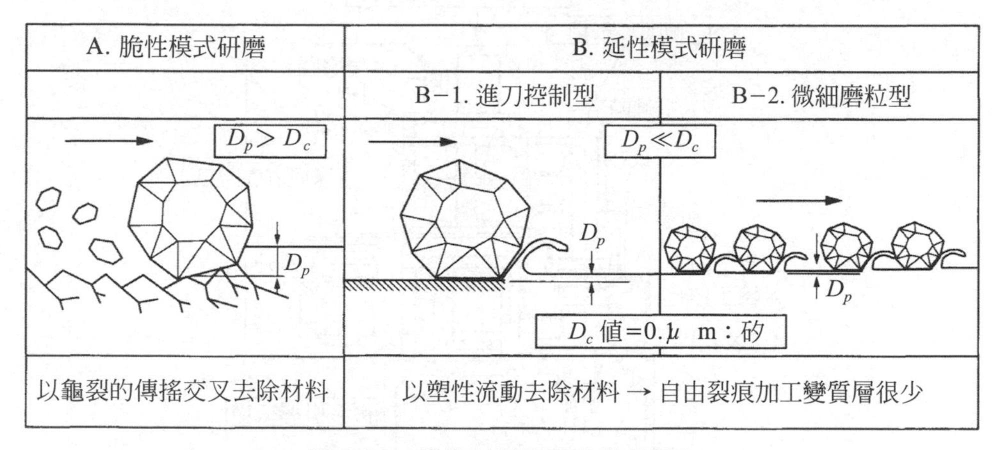

圖 5.22　脆性材料的研磨模式概念

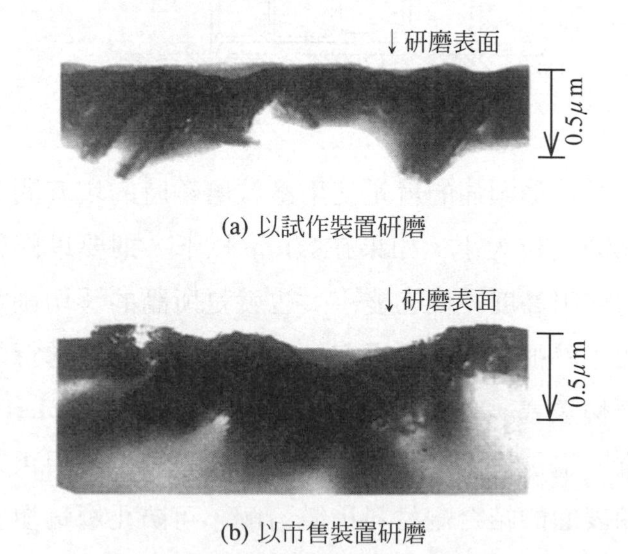

圖 5.23　以超精密磨床研磨矽晶片表面的剖面 TEM 影像

圖 5.24 爲新超精密磨床的概略圖，力操作型制動器、複合導軌機構、軸固定型主軸構造等，爲了超微小進給、主軸頭高剛性化、防止磨輪回轉震動，而採用新機構的裝置。

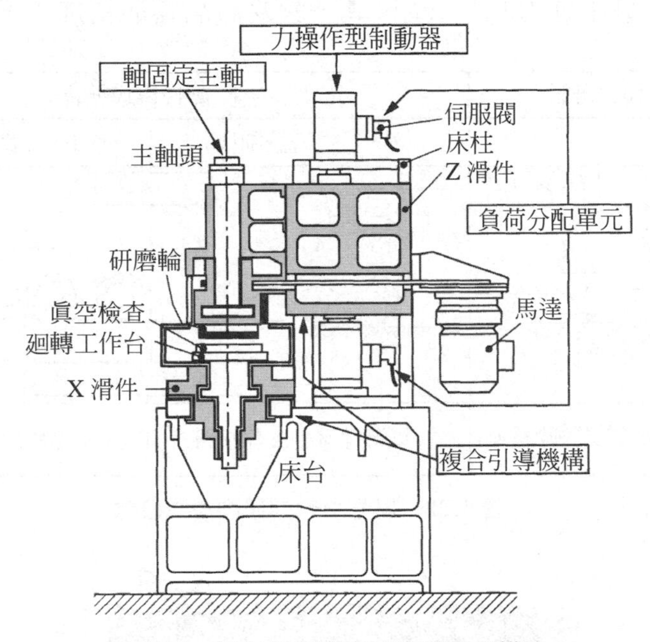

圖 5.24　試作的超精密磨床概略機構圖

超精密研磨時最頭痛的就是使用微粒磨輪時的塡塞問題。亦即，分散於磨輪表面的磨粒大小，如果在數μm 以下，則要以修整磨輪，來確保磨輪前端的突出高度，使它變小，也就是所謂的「切削室」，如果沒有充分的空間，就很容易造成塡塞。爲了長時間穩定進行超精密研磨，而且不造成磨輪塡塞，是很重要的一件事情。因此，ELID 研磨法就受到大家的注意。這是使用金屬結合劑磨輪的研磨，利用供給弱導電性研磨液，使磨輪表面的結合劑材料稍微溶解，可防止磨輪塡塞，以持續穩定的研磨。圖 5.25 所示，爲其基本原理。圖 5.26 所示，爲其機構示意圖。

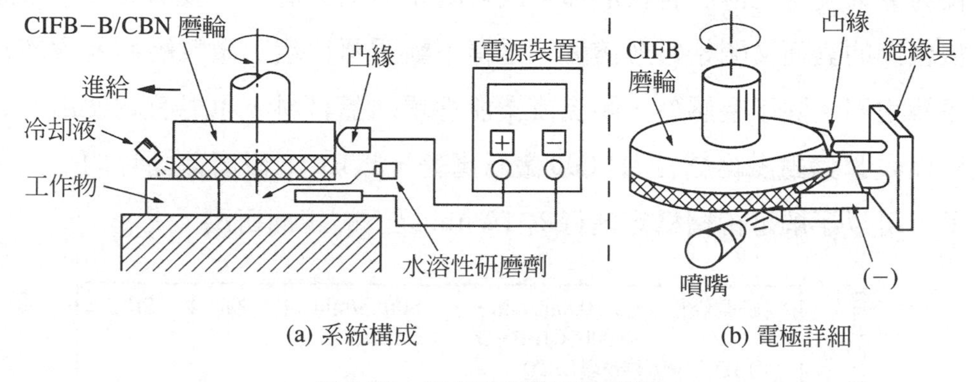

(a) 系統構成　　(b) 電極詳細

圖 5.25　ELID 研磨法基本原理

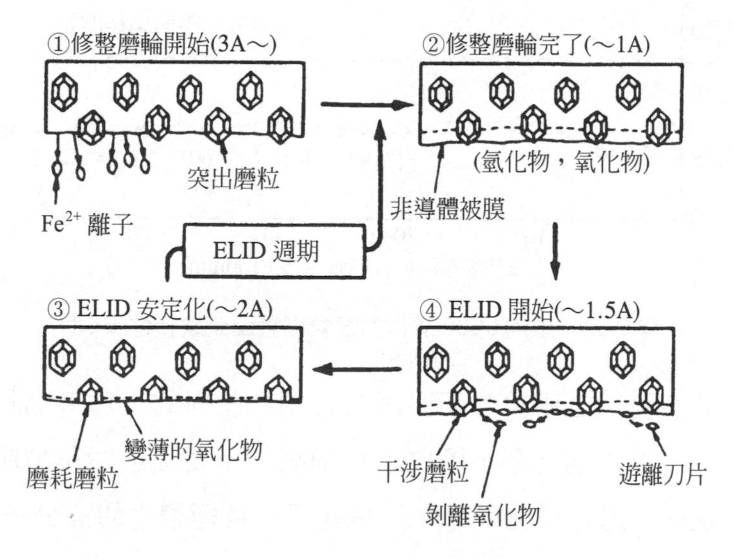

圖 5.26　ELID 研磨機構

亦即，利用修整磨輪，使磨粒前端與結合表面平坦後，以磨輪爲正極，研磨液爲負極後通電，則結合劑表面會溶解，而達到修整的目的，以確保切削「銳利度」。此時，結合表面會同時形成非導體薄膜(氧化膜或水氧化膜)，以防止過度的溶解。這種薄膜很脆弱，一開始研磨則與磨粒的磨耗同時，薄膜也被磨掉，故可防止塡塞磨屑。薄膜消失後，金屬結合劑的表面又開始電解溶解，這樣不斷重覆循環，微粒磨輪就會經常保持銳利。除了金屬外，陶瓷或機能性單結晶材料，也能有效使用。圖5.27是以鑄鐵纖維結合#10000鑽石磨輪，以ELID研磨矽晶片的一個例子，可以了解可持續穩定進行R_a 10 nm以下的鏡面研磨。

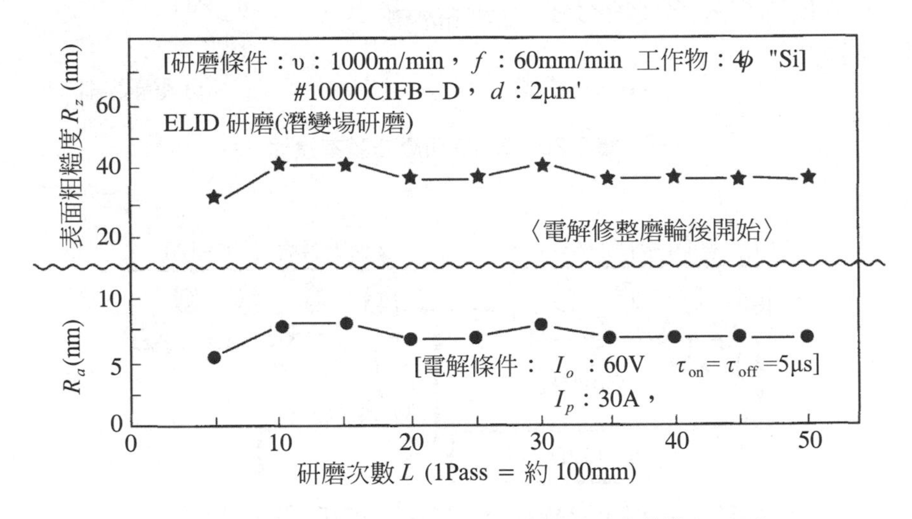

圖 5.27　以#10000 磨輪的潛變場鏡面研磨特性(ELID)

相對於金屬結合磨輪般的堅固結合劑，相對的，EPD晶片磨削、研磨，是以強度低的結合劑，固定超微細磨粒，要促進磨粒的脫落，以防止磨粒不脫落，進行鏡面研磨。這是利用與負極帶電的高分子電解質(藻朊酸鈉等)混合的超微粒(10～20 nm的二氧化矽粉等)，如圖5.28所示般的電氣游動現象，使用凝聚於電極的直徑 10 mm 左右晶片狀磨輪(圖5.29)，進行研磨。這種磨輪的結合度很差，故很容易就磨耗了。不加研磨液，利用脫落磨粒的游離磨粒拋光法，實施起來很適當。使用在矽晶片的實驗，可以得到$P-V$值10 nm的鏡面。

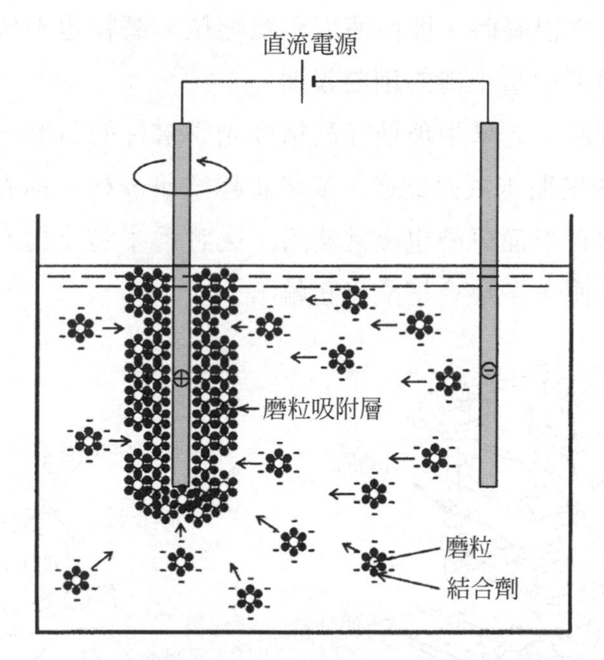

圖 5.28　利用電氣游動現象的超微粒 EPD 晶片磨輪製作法

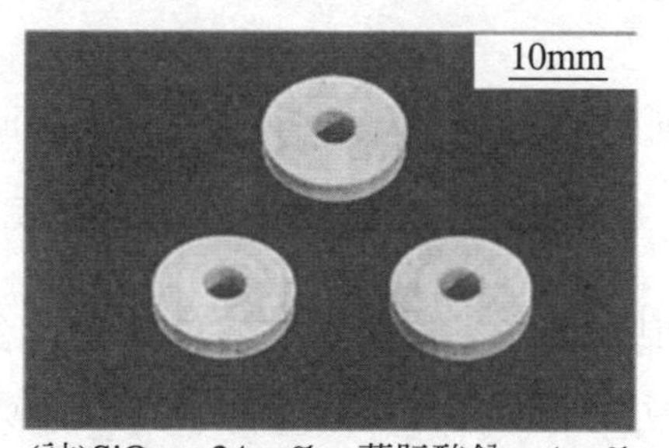

(註)SiO_2：24wt%、藻朊酸鈉：4wt%

圖 5.29　EPD 晶片的例子

5.4.2　利用游離磨粒方式的拋光

光學零件的玻璃或陶瓷等硬脆材料，在做未擦除的鏡面精加工時，以研光或研磨加工，確保必要的尺寸、形狀後，一般，是再進行游離磨粒拋光。加工物很硬時，即使使用游離磨粒，磨粒也不會插入工作物表面，而可以得到相當平滑的創成鏡面。

鏡片、稜鏡、光學平玻璃等高精度光學零件的研磨，一般，是使用如圖 5.30 般的奧斯卡式研磨機，或修正輪式研磨機。前者多用在球面鏡片的研磨，但在平面研磨也經常使用。後者爲了防止拋光具的偏磨耗，在工作站的外側，多半會搭配修正輪。

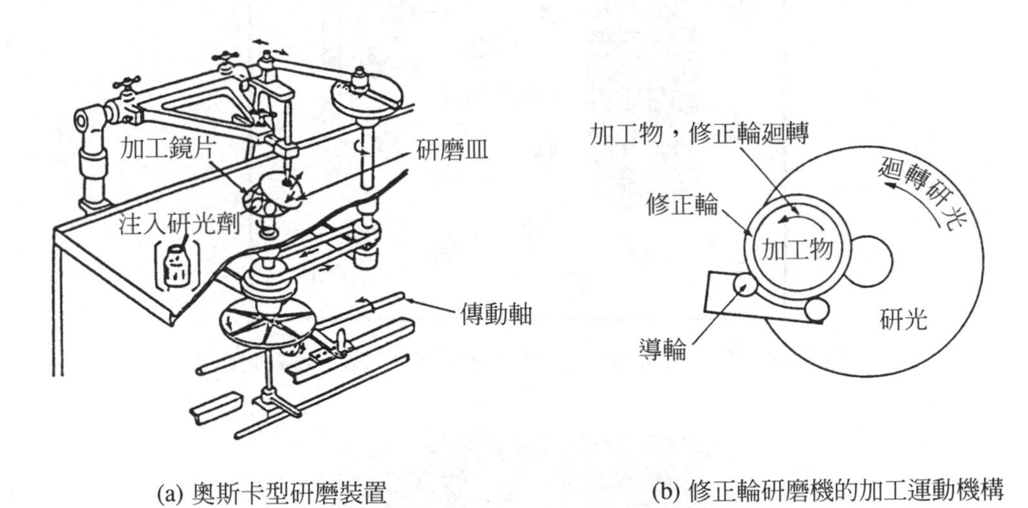

(a) 奧斯卡型研磨裝置　　(b) 修正輪研磨機的加工運動機構

圖 5.30　代表性光學零件研磨機的例子

做爲研磨前工程的研光，自古以來多使用氧化鋁磨粒。玻璃爲代表性脆性材料，硬度爲H_v 500～1000。但並不是一定要使用到鑽石磨粒才可以的硬度，故即使是氧化鋁磨粒(H_v約 2000)，就可達到很好的加工效率。

一般，在研磨玻璃時，是使用有高效率加工的CeO_2磨粒。以CeO_2磨粒研磨玻璃，其表面粗糙度的變化，如圖 5.31 的示例。如在 5.1.1 節所敘述過的，玻璃浸在水裏，則在玻璃表面會出現摻水層，我們認爲這就是CeO_2磨粒有效率的在進行研磨。但是，要CeO_2磨粒像二氧化矽磨粒的超微粒化，是很困難的。故石英玻璃的超精密拋光，是使用膠質二氧化矽磨粒。就可以得到如圖5.32般的超鏡面，而自古以來，一般都使用石油精煉後的殘餘物(黑色)，作爲拋光器。但是，很難控制此黑色殘餘物的變形，最近，使用發泡的聚氨酯，已是很普遍的事情。

研磨陶瓷一般使用鑽石磨粒，其優點爲即使是微粒的鑽石磨粒，其研磨效率也相當高，由於粒度分佈均勻，在加工中，也很少有破碎的情形發生，其研磨狀態很穩定。對於硬度爲H_v 1000以上的陶瓷來說，實際上，除了鑽石以外，其他的磨粒是無法使用的。但是，鑽石磨粒很貴，故不能像其他的磨粒般，大量的消耗。爲了少量有效利用，多以油性或水溶性糊狀物，刷在拋光器上，散布成噴霧狀來使用。拋光器在要求平坦度或稜角等形狀精度時，會使用銅或錫等軟質金屬，在要求平滑性時，多會使用聚氨酯或氈等黏彈性拋光布。在進行研磨或拋光的前加工之試料片表面，在粒徑1 μm以上，0.1 μm以下的幾個階段，一般是以改變粒度的研磨，來達到鏡面化。

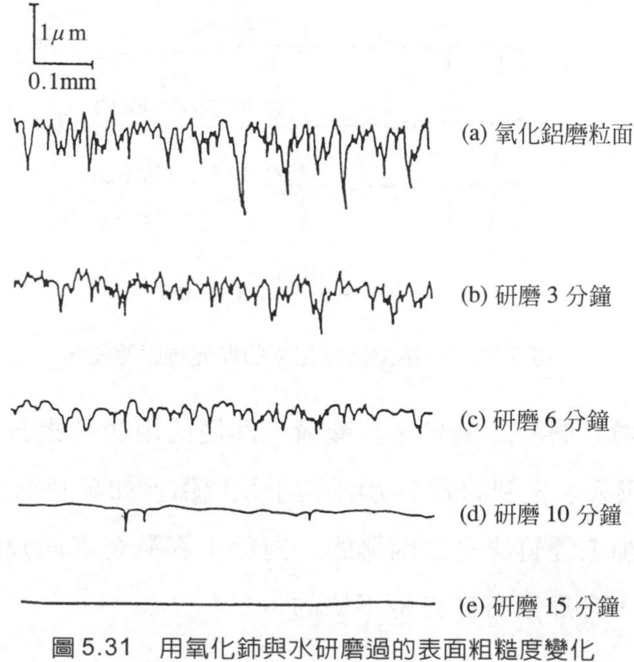

圖5.31　用氧化鈰與水研磨過的表面粗糙度變化

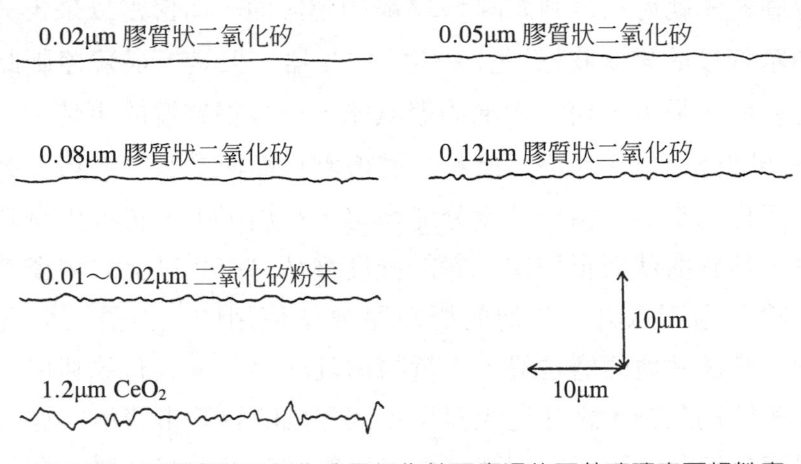

圖 5.32　以膠質狀二氧化矽及氧化鈰研磨過的石英玻璃表面粗糙度

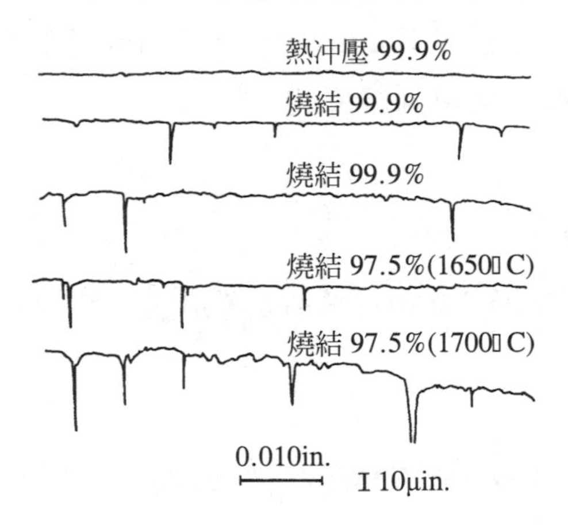

圖 5.33　各種燒結氧化鋁的拋光表面粗糙度

而利用鑽石磨粒的拋光加工機構，即使使用微粒鑽石時，始終是以磨粒前端的壓入、拉刮的微小切削作用爲主體(例如參考圖 5.48)。亦即，要完全沒有加工變質層是很困難的，對於不喜歡有表面殘留加工變形的機能性材料，光靠鑽石拋光是不夠的。

5.4.3　利用無磨粒方式的拋光

鑽石是最硬的物質，想要機械式研磨鑽石，非使用鑽石磨粒無法達成，但是，這種加工效率很低，有些方位則幾乎不能研磨。反而利用摩擦反應的「熱化學研磨法」或「高速滑動研磨法」，做爲實務的研磨法，正受到大家的注意。這是在 700～800℃以上的溫度時，在氧氣環境中，除了會產生氧化減耗外，將容易擴散到某種金屬的鑽石之熱不穩定性，做爲加工機構來利用的研磨方法。

在前者的情況，730℃以上的眞空中，或在氬的環境中，將CVD鑽石薄膜試片，壓在鐵或鎳製圓盤上摩擦，則利用鑽石薄膜，很快被研磨的現象之一種方式。表 5.4 與圖 5.34 所示，爲其一個案例。

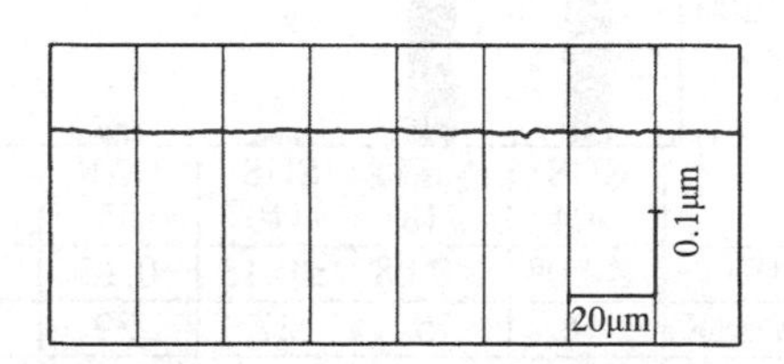

圖 5.34　以最適當的研磨條件，研磨完的鑽石膜表面粗糙度曲線

表 5.4　在鑽石膜的熱化學研磨中，周圍環境的影響

研磨面積(%) ＼ 周圍環境 研磨板材質	真空	H_2	He	Ar	N_2
鐵	100	55	35	35	22
鎳	60	45	35	38	20

研模板溫度：900℃，加工壓力：15 kPa，研磨時間：30 min

後者爲以大氣中、高壓力、高周波，將鑽石壓在不銹鋼圓盤上，如圖 5.35 及圖 5.36 所示般，可達到數 100 μm/min以上的超高效率之鑽石

研磨法。鑽石特別容易研磨 SUS304 的原因有：①相對於沃斯田鐵相的鐵，碳可快速由鑽石快速擴散到鐵，即使在常溫下，SUS304 也可維持在沃斯田鐵的構造，故即使是低溫，碳也很容易擴散。②由於 SUS304 的熱傳導率很低，故接觸面溫度上昇容易，不只碳容易擴散，由於氧化也容易造成氣體化(CO_2或 CO 氣體)

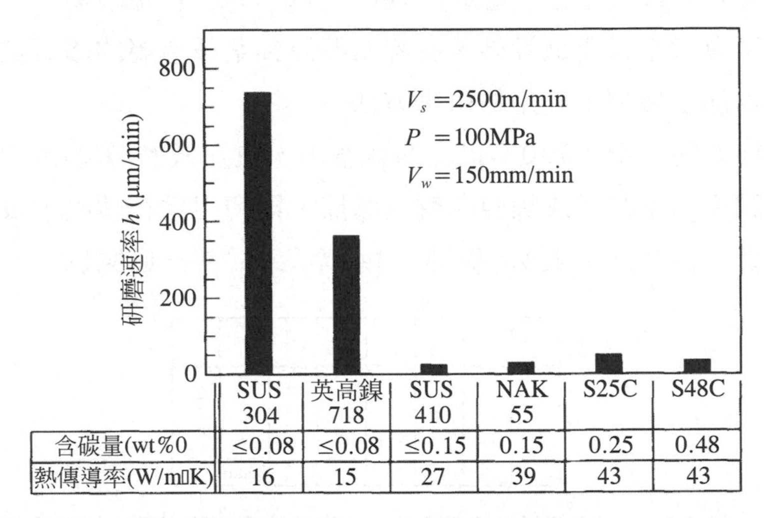

	SUS 304	英高鎳 718	SUS 410	NAK 55	S25C	S48C
含碳量(wt%0	≤0.08	≤0.08	≤0.15	0.15	0.25	0.48
熱傳導率(W/m□K)	16	15	27	39	43	43

圖 5.35　鑽石高速滑動研磨中，滑動圓盤材質與研磨效率的關係

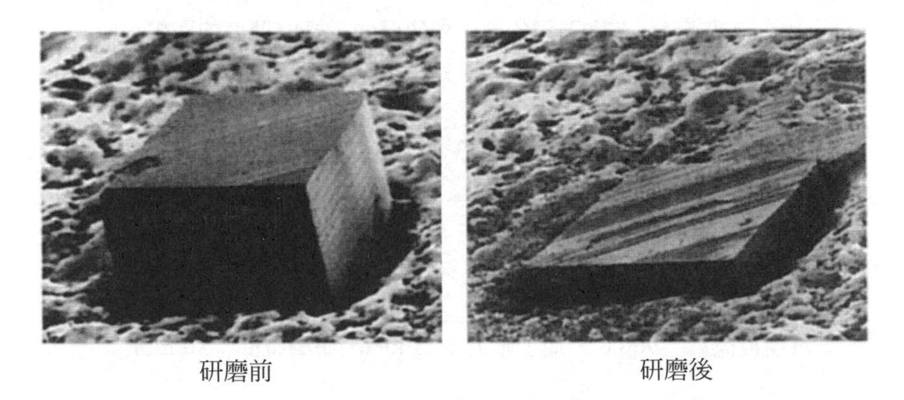

研磨前　　　　研磨後

圖 5.36　研磨前後的鑽石試料

(SUS 304，V_s=4000m/min， P=114MPa， n=2600μm/min=0.96mm^3/min)

無磨粒拋光法的其他研究，最近對於半導體晶片的電漿加工，已經抬頭了。圖 5.37 爲 PACE 的概念圖，由伏碗型噴嘴(直徑 3～30 mm 左右)，將高反應性電漿，吹到試料表面，做局部腐蝕的方式。例如，對矽晶片供給 SF_6 的氣體電漿，配合事先量測的表面凹凸形狀，來控制噴嘴的停留時間，可使晶片全面平坦化。數值控制的乾式平坦化裝置，一樣也可以研磨。在奈米地形的數 mm～數 10 mm 之長周期間，我們可以期待其在去除數 10 nm 以下的淺起伏之應用。

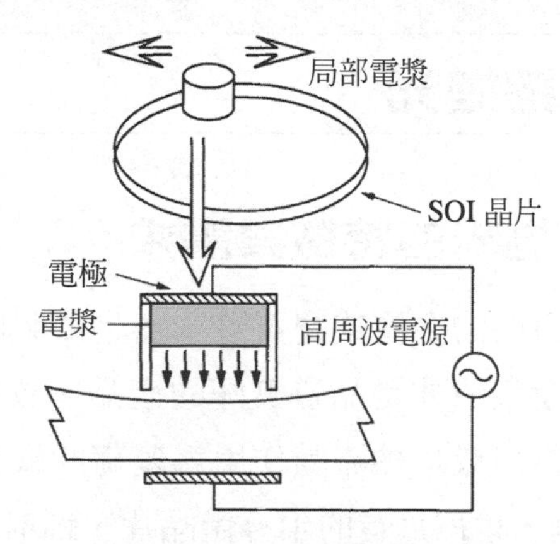

圖 5.37　PACE 研磨法概念圖

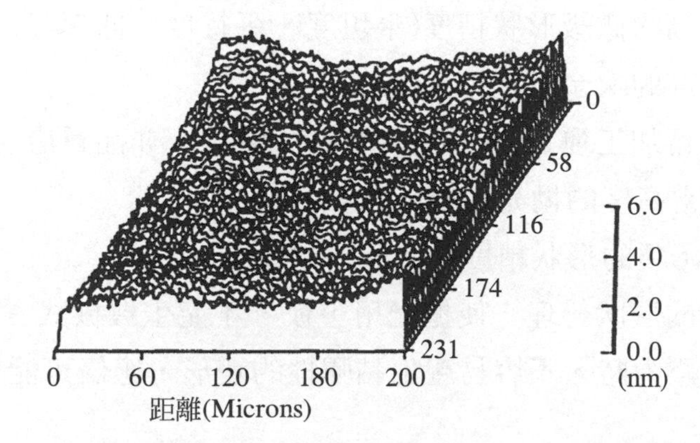

圖 5.38　利用平面加工裝置的矽單結晶之加工表面粗糙度

另一方面，在1大氣壓以上的高壓氣體環境中，產生100 MHz以上的高周波電漿之CVM，在電極附近有局部電漿的特徵，是以乾式腐蝕來轉寫電極表面的形狀。圖5.38是使用SF_6氣體，研磨矽晶片時的表面形狀，可以用比50 μm/min以上的機械加工更高的加工速度，實現鏡面化。

5.5 最近的超精密拋光

5.5.1 超精密拋光的特徵與需求

拋光以裝飾爲目的的金屬或寶石時，多半要眼睛看來沒有瑕疵，而且要確保光澤及平滑性，才是品質良好的產品，故通常要配合如5.1節所敘述的微小切削作用或以熱流動作用爲基礎的機械式拋光。但是，如表5.5所示般的示例，以矽爲首的半導體晶片，鐳射用光學元件、零件、磁記憶、記錄元件等。最近，對於高機能材料，基本上要同時滿足：

① 相當高的微級形狀精度(平坦度、平行度、曲率等)。

② 相當高的次奈米級平滑度。

③ 未殘留加工變質層(裂痕、擦除、轉位、非晶質層、空隙等)。

必須要有相當高度的拋光技術。

要確保①項的形狀精度，必須要求：

(1) 充分的形狀管理，使拋光用平板，不產生機械式、熱式變形。

(2) 施加壓力時，不容易產生黏彈性的變形，應儘可能使用硬質拋光具。

(3) 要採用不易產生偏磨耗研磨軌跡的運動機構裝置。

表 5.5 需要超精密、高精度平面研磨加工的產品

	零件	加工品質	形狀精度 (誤差)	10^2 10^1 10^0 10^{-1} 10^{-2}
單結晶材料	振動零件 水晶振盪子 壓電濾波器	0.01μm R_{max} 無應力面	平面度(μm) 板 厚(μm) 方 位(min)	
	半導體零件 元素，化合物半導體 SOS 基板	堆積層缺陷檢查 1 個/cm^{2}以下 (附加檢查)	平面度(μm) 板 厚(μm) 方 位(min)	
	光應用零件 電氣光學元件 雷射桿	0.01μm R_{max} 無應力面	平面度(μm) 板 厚(μm) 方 位(min)	
	磁性零件 串音用基板	檢查 5 個/cm^{2}以下 (附加檢查)	平面度(μm) 板 厚(μm) 方 位(min)	
燒結材料	陶瓷基板	0.01μm R_{max}	平面度(μm) 板 厚(μm)	
	肥沃鐵心型	0.05μm R_{max}	平面度(μm) 板 厚(μm)	
	振動子 稜鏡	0.01μm R_{max}	平面度(μm) 板 厚(μm)	
玻璃	光學零件 稜鏡	0.01μm R_{max} 光學鏡面	平面度(μm) 角 度(μm)	
	原器 光學平玻璃 光學平晶	0.01μm R_{max} 光學鏡面	平面度(μm) 平行度(μm)	

而要提高②的平滑度，以下項目是很重要的：

(4) 粒度一致且分散性良好的微細磨粒。

(5) 基本上要使用可做到均勻磨粒分佈的緻密組織之拋光具。

要避免③之殘留加工變質層，必須：

⑹ 要使用可將微細磨粒一個一個均匀壓入，使壓力均匀化，以減少個別作用磨粒負荷的軟質拋光具，或使用不產生壓入、拉刮等力學作用的軟質磨粒。

⑺ 使用較輕的加工壓力。

⑻ 採用有腐蝕能力的拋光劑，以去除機械式的變形。

要選擇可同時滿足這些要求項目的拋光條件，實際上，並不是那麼容易。例如⑵與⑹爲相互矛盾的要求項目，所以，在解決對策上，一般，矽晶片的拋光，爲了確保形狀精度，做了1次拋光而爲了提高平滑度，做了2次拋光，進一步，爲了去除表面損傷或附著的汙染物質等目的，而做了3次拋光。分別以個別工程來因應，是基於現實的考量。

何謂「超精密拋光」的定義，尚未受到公認。但是，在本文中規定「滿足如①～③般的高度加工需求，或接近那些精度的加工，是可以期待的拋光法」。表5.2所列的拋光法中，由作用機構的觀點，修正分類後如表5.6所示。

爲了實現這種超精密拋光，必須考慮到保證奈米原子、分子級大小的加工單位(刀具前端作用產生應力的範圍，或去除單位的範圍)的條件。如表5.7所示的模式，使用磨粒的粒徑變大，在加工單位爲微米以上大小的範圍，材料的變形、去除，決定於塑性變形或脆性破壞等巴克的機構變形特性之可能性很大。但是，磨粒變細，加工單位變成在0.1 μm以下的極微小範圍，表面積的比例比單位加工範圍的體積大，在加工現象方面，接觸表面(接觸界面)的化學式相互作用，所擔任的角色，比巴克性質來得重要。亦即表5.6所例示的各種超精密拋光，形式上以機構作用爲主體也好，在本質上，很多情況下化學式作用，所擔任的角色很重要。

表 5.6　超精密加工法的分類與加工機構

作用	名稱		磨粒的硬度	加工機構的特徵	使用對象
機械	接觸式拋光	液中拋光，Bowl－Feed－Polishing	磨粒＞加工物	磨粒分散性 研磨劑液溫均勻	矽 光學零件
	非接觸式拋光	EEM，浮動拋光		磨粒衝突造成的彈性破壞	矽 金屬
機械＋化學	機械化學式拋光		磨粒＞加工物	磨粒的切削作用＋加工液的腐蝕作用	矽(KOH 水溶液研磨)
	化機式拋光		磨粒＞生成膜	氧化膜、摻水膜等表面膜的生成＋磨粒的切削作用	玻璃 化合物半導體 金屬
	機化式拋光		磨粒＞加工物	與磨粒的固相反應 磨粒的觸媒作用	陶瓷 矽
化學	化學拋光	液壓平面拋光	無磨粒	利用動壓的非接觸腐蝕	化合物半導體
		p－MAC 拋光		由接觸式到非接觸式腐蝕階段轉移	

表 5.7 加工單位與加工機構的關係

加工單位	加工現象	加工機構
大 (1μm 以上) ↕ 小 (1μm 以下)	與巴克的力學特性有很大的關係(塑性、脆性)	大 ↓ 機械作用 ↓ 小
	與加工界面的化學特性有很大的關係(表面現象)	小 ↓ 化學作用 ↓ 大

複合機械式(物理式)作用與化學式作用的「機構＋化學」拋光法，已變成現在超精密加工的主流。但是，即使爲「機械＋化學」的拋光法，而包含在此範疇的拋光法，也不能概以相同的機構來加以說明。要如何來分類較爲妥當，除了要獲得學會、業界全體公認外，雖然研究人員在整理方法上有若干的差異，但在本質上是有所不同，而應該要加以了解。在此，根據與筆者有關的精密工學會，在調查研究分科會整理，如表 5.6 般的分類法。

(1) 化學、機械式拋光：利用磨粒的力學作用與加工液(或周圍環境氣體)的化學作用之複合作用來去除。

(2) 化機式拋光：以磨粒的切削作用，去除在周圍環境的作用，在工作物表面產生反應生成物(氧化膜或摻水層等)。

(3) 機化式拋光：以磨粒去除因機械式應力，而在接觸點附近產生的化學反應、反應生成物。

5.5.2 機械式拋光

在含 0.1 μm以下的硬質超細磨粒的純水等化學效果小的加工液中，供給浮濁的研磨液方式之拋光法。只以超細磨粒的機械式作用，實現去除原子、分子單位的加工者。將工作物浸在研磨劑中，保證磨粒均勻分散性與均勻冷卻性的接觸式研磨方式(液中研磨方式，Bowl － Feed － Polishing 等)，以動壓使工作物浮在拋光具上，是非接觸狀態，使磨粒在微小的間隙中，由切線的方向作用，造成極微小單位的彈性破壞，這是大家知道的非接觸式研磨方式(EEM、浮動拋光、非接觸拋光等)。被稱爲不產生轉位缺陷的超精密研磨。

如圖 5.39 所示般，非接觸研磨的 EEM，在充滿超微粒漿體的容器中，將聚氨酯製球壓在加工物表面，以高速迴轉，則因動壓效果使球上浮，則微粒以切線方向，衝向加工物表面與球間隙的切線方向，而彈性破壞(Elastic Emission)非接觸點附近的原子群，而達到去除方式的研磨法。一般，是比較缺陷分佈的 1 μm 左右更小單位的去除加工。故即使是一般起因於塑性變形(轉位的移動或增殖)加工的鋁延性材料，也不會產生塑性變形，而可做無干擾的鏡面研磨。

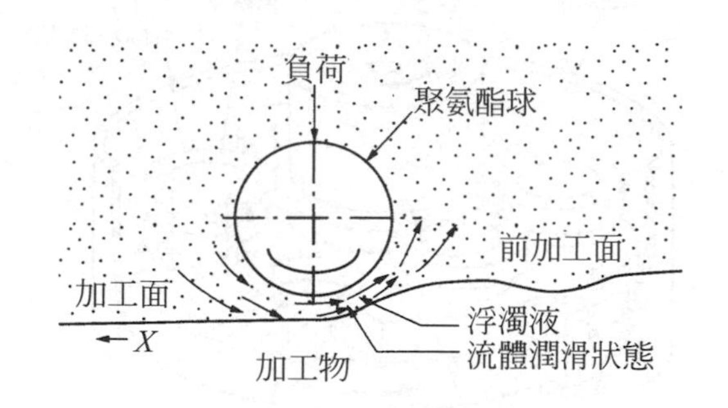

圖 5.39　EEM 加工概念圖

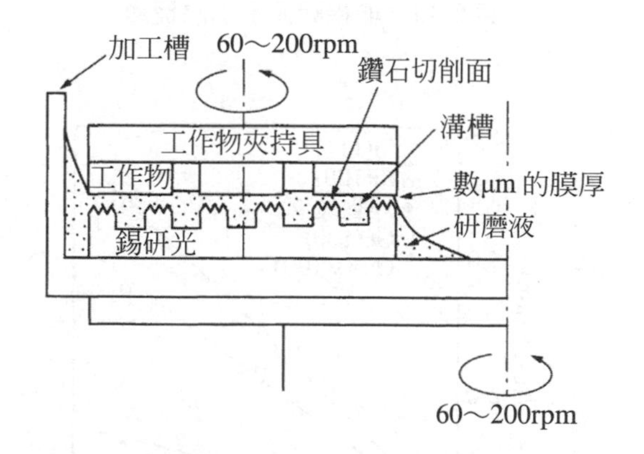

圖 5.40　浮動抛光裝置原理圖

EEM是使用小球工具，故可控制自由形狀或局部凹圖的研磨。但是生產性並不高。發展這種 EEM 原理，以一般的研磨方式，可做平面研磨。但如用浮動抛光(圖 5.40)或非接觸抛光(圖 5.41)，則出現有可使用在要求高平坦性、平滑性的光學結晶或半導體晶片上的報告。下工夫做好研磨平板的溝槽形狀，即使在較低的速度，也可以產生動壓效果。例如，直徑10 mm的玻璃板，可以獲得$P-V$值0.03 μm的平坦度。因爲不與拋光具直接接觸，故有不會使邊緣下垂，拋光具也不會產生磨耗的優點。

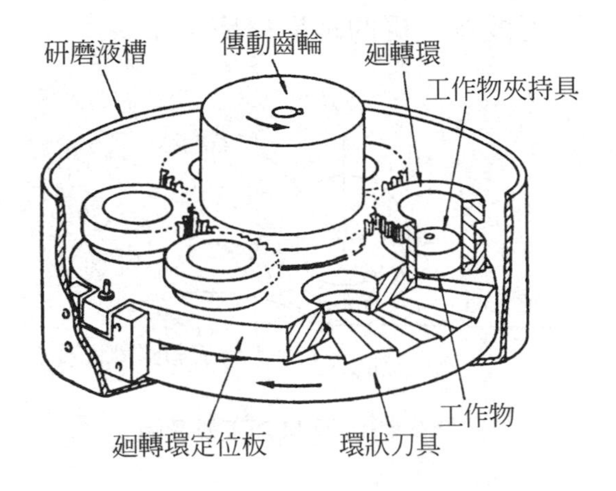

圖 5.41　非接觸研磨法原理圖

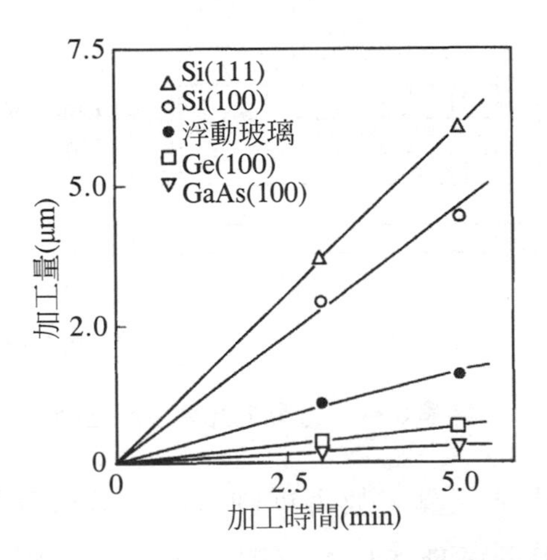

圖 5.42　使用ZrO_2粉末粒子時，由於加工物不同的加工速度變化

但是，這些非接觸加工法，在形式上確實是以彈性破壞爲基礎的「機械式」加工法。但是，在藍寶石或矽等高硬度脆性材料的實驗中，

出現了化學因素強的「機化式拋光」特徵(參考 5.5.5 節)。我們舉一個例子來說明，如圖 5.42 般，以 ZrO_2 超微粒的 EEM 研磨，來研磨各材料時，比 Si 材料的強度差的 Ge，反而變得較難加工。這是因爲與 ZrO_2 接觸時的分離能量，Si 比 Ge 小的緣故。加工效率與磨粒的運動能量或工作物的材料強度無關，反而是提到與化學親和性有關的化學式拋光法較方便說明。

5.5.3　機械式、化學式拋光

機械式、化學式拋光(或化學式、機械式拋光)，是重疊磨粒的微小機械式切削作用與加工液的化學式溶去作用之研磨法。由於使用在要求鏡面且無變形的矽晶片拋光上之研磨法，而發展出來。其生產技術也成微晶片拋光的核心技術。

圖 5.43 所示，爲矽晶片的機械式、化學式拋光特徵的一個加工特性實例。利用 ZrO_2 微粒與無化學作用的純水，混合而成的漿體之「機械式」拋光情況，加工效率不會受到較低拋光具溫度的影響。相反的，其間不介入磨粒，而只使用 KOH 水溶液的「化學式」拋光，會隨著拋光溫度的上昇，而慢慢增加加工效率。接下來，將兩者複合起來，使用 ZrO_2 磨粒的 KOH 水溶液漿體，進行「機械式、化學式」拋光，與合算前面單純機械式拋光與化學式拋光的加工量比較，顯示出加工量大了 1 位數。亦即，重疊微細磨粒的機械式切削作用與加工液的化學作用，帶來了相當大的加工效率。

表 5.8 很清楚的顯示出即使使用超微粒 SiO_2(0.01 μm)的拋光，使用 KOH 水溶液或 $Ba(OH)_2$ 水溶液，比使用純水做爲加工液時，顯示出約 5 倍的加工效率，從這裏可以了解機械式作用與化學式作用強烈的相乘效果(有關表中 $BaCO_3$ 的效果，將在 5.5.5 節說明)。

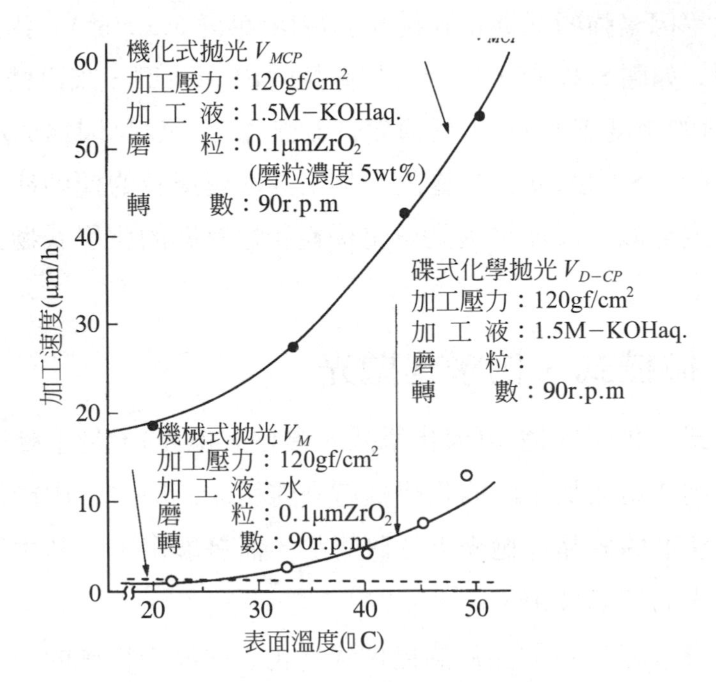

圖 5.43　抛光機表面溫度與加工速度的關係(試片：單結晶 Si)

表 5.8　使用各種磨粒及加工液時，矽晶片研磨量的相對比較

磨粒＼加工液	純水 PH：6.5	KOH 水溶液 PH：10.6	$Ba(OH)_2$ PH：10.6
SIO_2	0.2	1	1
$BaCO_3$	1	1.5	－

雖然，我們對矽晶片中，KOH水溶液的化學效果，並不一定十分了解，但是，一般而言，如果根據 Si －H_2O系的電位－ PH 圖(Pourbaix 圖)，在抛光矽經常使用的 PH11 左右之鹼性液體中，矽表面已$HSiO_3^-$化，而不會產生溶解。另一方面，在矽單晶的異方性腐蝕，所使用的強鹼 KOH 水溶液中，(100)面很容易溶解，保持(111)面數 10 倍到數 100

倍的腐蝕速度。此時，反應形態也有諸多說法，但是，基本上也有以

$$Si + 2H_2O + 2OH^- \rightarrow \{Si(OH)_4 + H_2\} \rightarrow SiO_2(OH)_2^- + 2H_2$$

的過程溶解之見解。

如果，根據筆者們的實驗，將鏡面狀態的矽(100)面，浸在液溫60℃的KOH水溶液(PH10)10分鐘，就會有若干溶解。此時，這矽鏡面以鑽石導針(前端半徑10～25 μm)，加入延性模組的劃痕，則在劃痕附近區域很難溶解，而留下了河堤狀的凸起部(最大0.3 μm左右的高度)。使用[SiO_2磨粒＋KOH水溶液]的漿體，即使在45℃的液溫進行拋光，在比較初期的階段，劃痕周邊部分的加工並無進展，而留下凸起部的情形(最大0.2 μm 左右)。不管什麼時候，劃痕周圍部分的結晶方位都很凌亂，故原來應該很容易腐蝕的(100)方位，也無法保持，結果變得很難腐蝕。

亦即，最起碼做為一般裝置晶片使用的矽(100)面，假設與拋光具的摩擦，造成局部的溫度上昇場合，即使是PH11以下的KOH水溶液中，應該也會產生某種程度的溶去作用。亦即，利用磨粒的微小切削作用或與拋光具的摩擦，使矽表面產生新生面。此新生面的化學式活性相當強烈，故與鹼性液體產生快速反應、溶出，而獲得大的加工量。

5.5.4 化機式拋光

與加工液產生反應後，在工作物表面會產生氧化膜或摻水膜，而磨粒以機械式切削、去除這種生成膜的過程，我們稱爲化機式拋光。在前一節敘述過的矽拋光，在矽表面形成摻水膜，也曾考慮到以SiO_2磨粒，做機械式擦除該摻水膜的機構，在這種解釋的場合，矽拋光也應歸類到化機式拋光中。

單晶 GaAs 或單晶 CdTe 的拋光技術，可說是化機式拋光的典型案例。單晶 GaAs 的研磨劑爲使用[包含$NaBrO_2$(0.6 % NaOH)＋DN 溶劑

＋ SiO_2磨粒]，則可以得到圖 5.44 般的高效率超平滑面。加工機械為以 $NaBrO_2$的氧化作用，產生As_2O_5及Ga_2O_3，前者直接因 NaOH，而在 Na_3AsO_4產生變化，後者變成Ga_2O_3而溶解。SiO_2磨粒的機械作用，會更促進這些反應，這是可以預先想像到的。

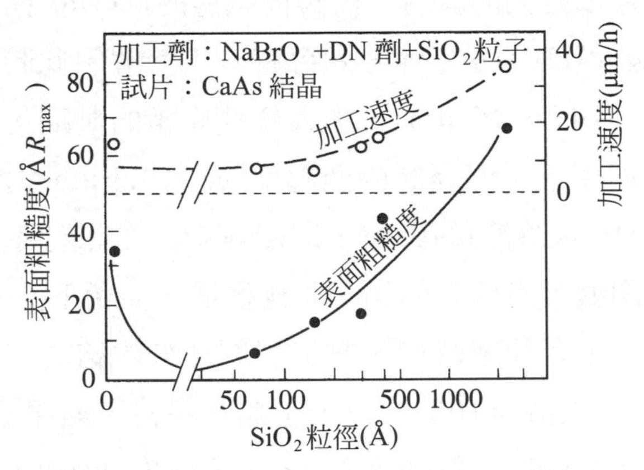

圖 5.44 在「$NaBrO_2$(5 %)＋DN溶劑」溶液中，添加SiO_2的粒子直徑與表面粗糙度、加工速度的關係

對於單晶CdTe則開發出「氧化性漂白劑＋DN溶劑＋ SiO_2磨粒」，可達60 μm/h 以上的高效率研磨，並得到R_{max} 2nm 以下的良好結果。此機構如圖 5.45 般說明。

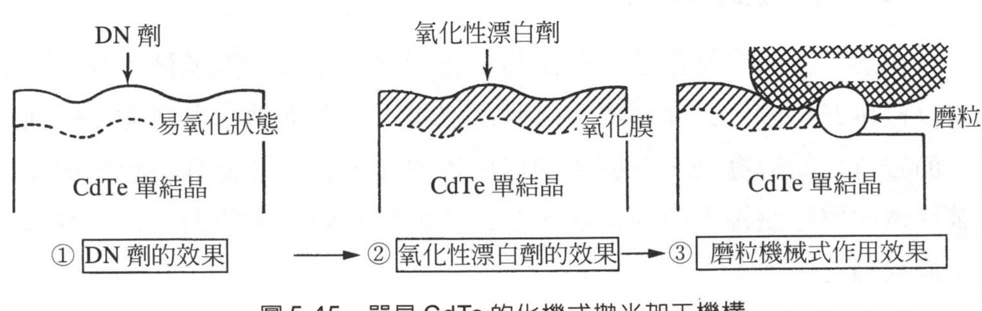

圖 5.45 單晶 CdTe 的化機式拋光加工機構

在CMP中Cu或W表面的抛光，是利用H_2O般的氧化促進劑。這是銅(Cu)與鎢(W)一旦氧化後，其製程為以磨粒機械式去除其產生的氧化膜，這也可以解釋為典型的化機式抛光。特別是像銅、鋁般的軟質金屬，直接以游離磨粒抛光金屬本身，則會產生很大的劃痕，磨粒掉入金屬表面的可能性很高。化機式抛光是對於軟金屬有相當好的效果。而詳細的CMP技術，則請參考有關的書籍。

5.5.5　機化式抛光

所謂「機化式」象現，其定義為「利用所加入的機械能量，而引起化學反應」。磨碎粉體即使在常溫下，指的是促進相變態或固相反應的現象。在抛光中磨粒與表面眞正的接觸點，同樣會出現機化式現象。利用這種現象的抛光法，我們稱為「機化式抛光」。

從圖 5.46 所示的接觸點模式，也可以了解何謂機化式抛光。我們定義為「利用機械式能量局部加在與磨粒接觸的點上，引起、促進化學反應，而去除其反應生成物的過程。」亦即，規定加工效率或加工面性質、狀態的，不是在一般機械式抛光般的磨粒形狀、大小或硬度，而主要為磨粒與面接觸點的固相反應容易度。在力學上來說，即使是軟質的磨粒，應該也可以加工硬的材料。

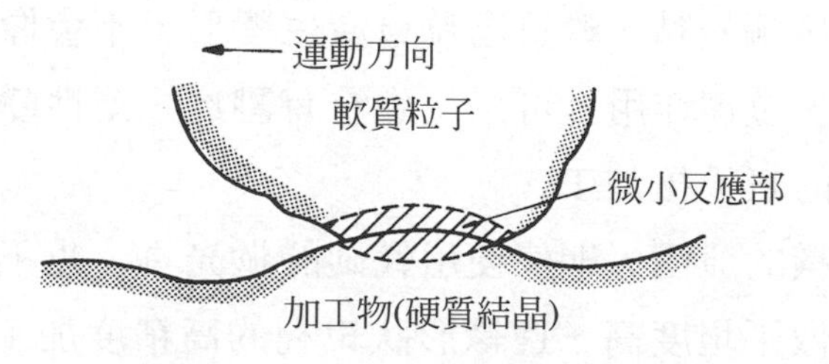

圖 5.46　加工物－軟質粒子接觸模式

圖 5.47 為將其整理後，所得到的特徵，具體如下：

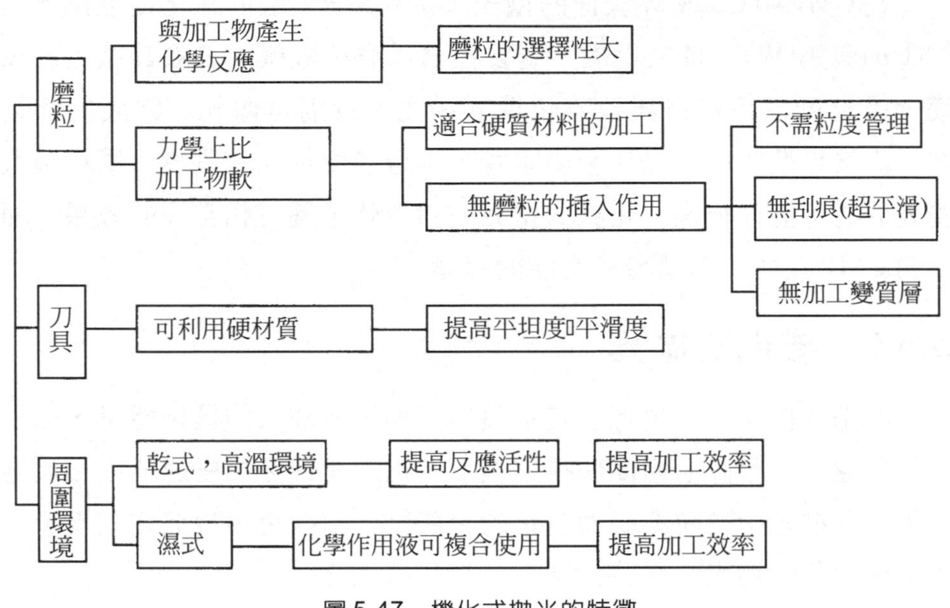

圖 5.47　機化式拋光的特徵

(1) 機化式反應為磨粒與工作物表面，極微小眞實接觸點所產生的現象，亦即，加工單位愈小，愈容易得到超平滑的鏡面。

(2) 在力學上，利用軟質磨粒，適合加工電子材料、高機能陶瓷等很多硬質脆性的材料。

(3) 特別是不供給加工液的乾式拋光，可以獲得十分實用的加工效率。

(4) 在實際接觸的點，軟質磨粒會產生變形，不會像硬質磨粒般，產生壓入、拉擦作用，可以做到沒有劃痕、塑性變形、裂痕等加工變質層的無干擾加工。

(5) 與(4)一樣的原因，即使使用較硬的拋光具，也不會產生加工變質層，可做平坦度高、邊緣形狀銳利的高精度加工。

以上的特徵顯示於以SiO_2磨粒加工單晶藍寶石(α－單晶氧化鋁)實例上。SiO_2(維克氏硬度H_v 1000 左右)，只有藍寶石硬度的 1/2 左右。與

Al_2O_3反應後，產生各種不同組成比的生成物。可以說藍寶石是適合機化式拋光的磨粒。

圖5.48爲藍寶石拋光表面的光學顯微鏡照片，左邊的排列爲以SiO_2磨粒，進行機化式拋光的藍寶石表面。右邊排列是以鑽石磨粒，做機化式拋光的表面。而上段爲剛拋光完的表面，下段爲利用熱燐酸腐蝕其拋光的表面。利用鑽石磨粒拋光的表面，相對於以劃痕覆蓋。在利用SiO_2磨粒進行機化式拋光，即使使用像石英玻璃那樣硬的材料做爲拋光機，也不會產生劃痕。這是爲了使用軟質磨粒，使不致產生壓入、拉刮作用。

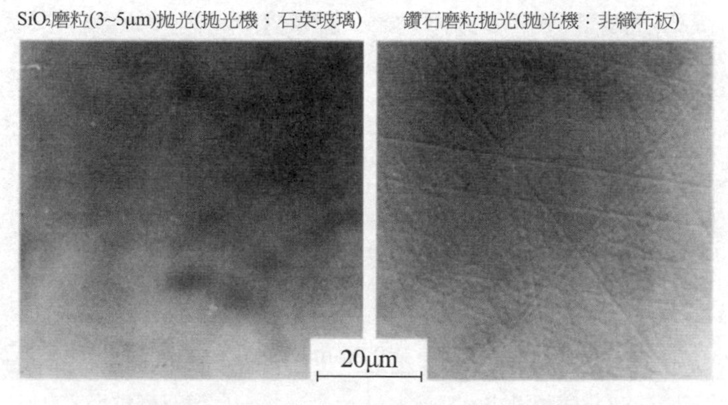

(a) 研磨表面

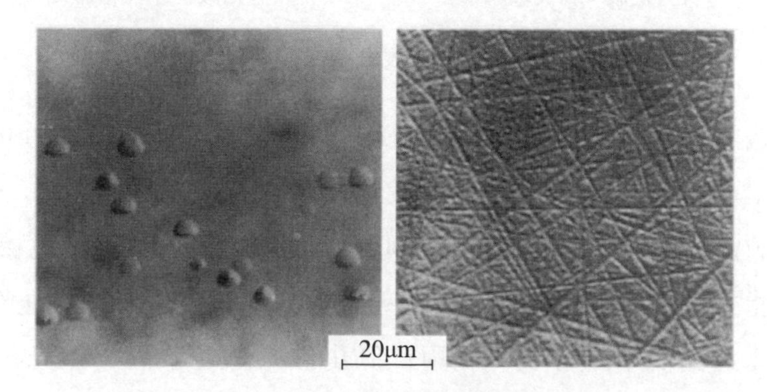

(b) 300℃ 熱磷酸腐蝕面

圖5.48 藍寶石(0001)研磨表面的光學顯微鏡照片

在進行腐蝕後，則兩者的不同更爲明顯，以SiO_2磨粒拋光的表面，在藍寶石巴克的內在轉位缺陷明顯化，會出現三角形狀的腐蝕，但是，卻找不到因磨粒的拉刮作用，造成的劃痕。

圖 5.49 爲藍寶石試片邊緣部，多重干涉顯微鏡照片，使用SiO_2磨粒的拋光機，對硬石英玻璃，進行機化式拋光時，幾乎不會產生邊緣下垂，且很容易獲得較高的形狀精度。而根據ESCA觀察，在加工表面也未檢測出反應生成物，其表面清淨度相當高。

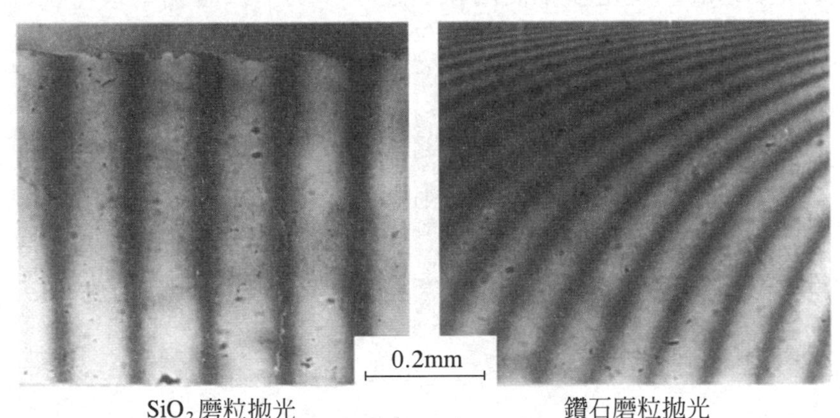

圖 5.49　藍寶石研磨表面的多重干涉顯微鏡照片

有關加工效率方面，以SiO_2磨粒拋光藍寶石時，如圖 5.50 的示例，未加加工液的乾式研磨，其效率較高。

在矽晶片拋光方面，我們看到了$BaCO_3$或$CaCO_3$，做爲機化式磨粒的優越能力。圖 5.51 爲使用$BaCO_3$磨粒，進行乾式機化式拋光試驗的結果例。比過去使用的方法，利用二氧化矽系鹼性漿體的拋光，其加工效率還高。而且，快速達到鏡面化的最後粗糙度，也很優越。此時，加工機構分爲 3 階段①與$BaCO_3$磨粒產生反應，促進在矽表面的氧化②形成的氧化層，進一步與$BaCO_3$產生固相反應，而形成矽酸鋇③產生的矽酸鋇附著在磨粒，而隨磨粒脫落。

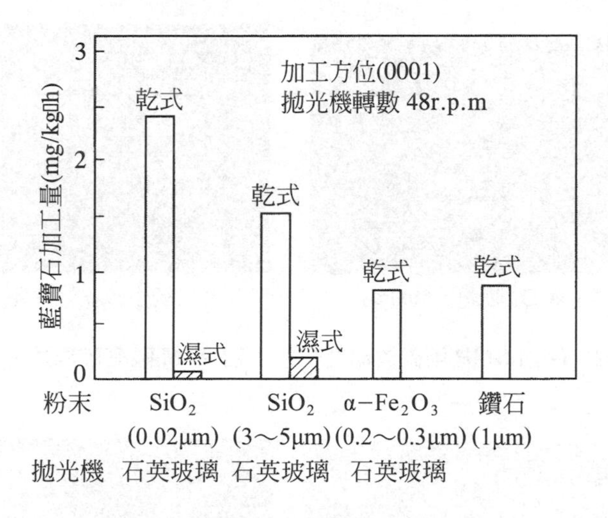

圖 5.50　各種粉狀物的藍寶石加工量

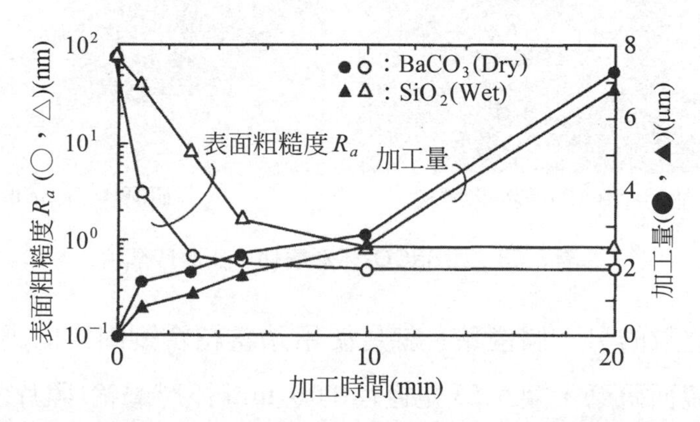

圖 5.51　利用$BaCO_3$磨粒的乾式研磨與利用二氧化矽漿體研磨，其矽晶片研磨特性的比較

圖 5.52 爲使用比$BaCO_3$研磨特性良好的 CaCO 磨粒，以高壓力(50 kPa＝約 500 gf/cm^2)進行研磨時，矽晶片表面的AFM觀察結果(通常的矽晶片研磨壓力爲 10～20 kPa)。這種情況與常用在純水漿體與裝置晶

片的 CMP 之硬質拋光布一樣，比過去使用膠質二氧化矽的鹼性漿體(PH10.6)時還要平滑，它對於今後要高積體化的性能，可以充分因應。

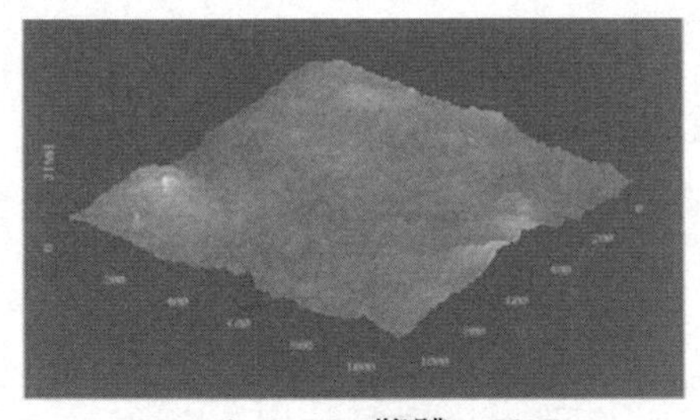

10wt% $CaCO_3$ 漿體，50kPa

二氧化矽鹼性漿體，15kPa

圖 5.52　使用 CMP 用硬質研磨布後，以 ATM 觀察矽晶片的研磨表面

酚樹脂晶片 $BaCO_2$ 製杯形磨輪

研磨加工的情形

圖 5.53　以 $BaCO_3$ 杯形磨輪，研磨矽晶片

軟質磨粒的另一個優點，就是使用適當結合劑固定的磨輪狀刀具，可以做到鏡面研磨。圖 5.53 是直徑 100 mm 杯形磨輪(照片上)上，並排多數苯酚樹脂結合 10 mmϕ的$BaCO_3$晶片，爲乾式研磨迴轉工作台上矽晶片時的鉚釘頭模照片，我們可清楚看到未附著磨粒的鏡面研磨情形。我們也可以從圖 5.54 的剖面 TEM 觀察，清楚看到矽晶片加工表面的最外層，還保持巴克單結晶構造，即使以磨輪研磨，也不會殘留加工變

形。又圖 5.55 爲測量晶片邊緣附近表面的截面結果。與使用研磨拋光布的游離磨粒研磨方式比較，可知其邊緣下垂較小。

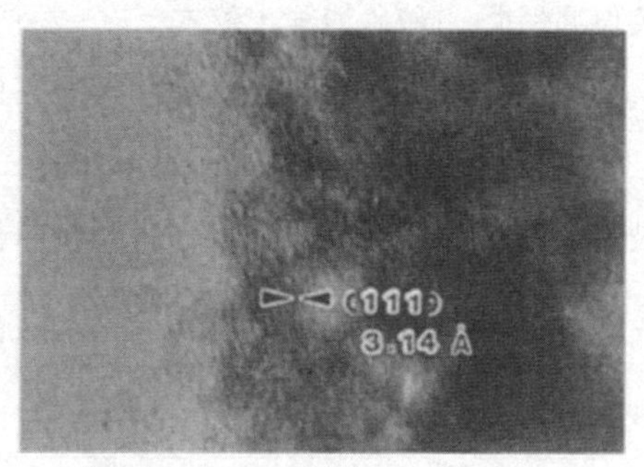

圖 5.54　觀察以 $BaCO_3$ 磨輪研磨矽晶片表面附近的截面 TEM

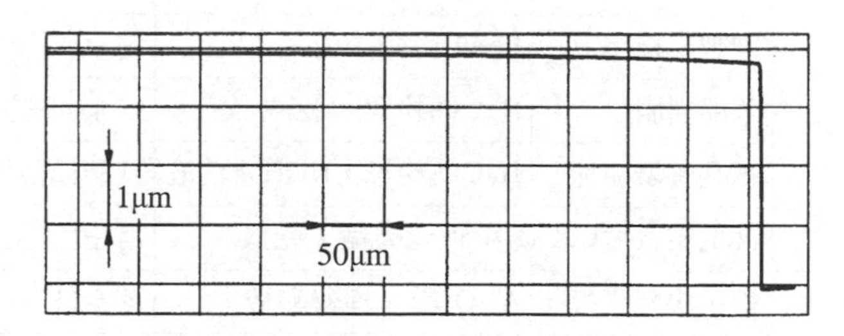

(a) $BaCO_3$ 杯形磨輪研磨

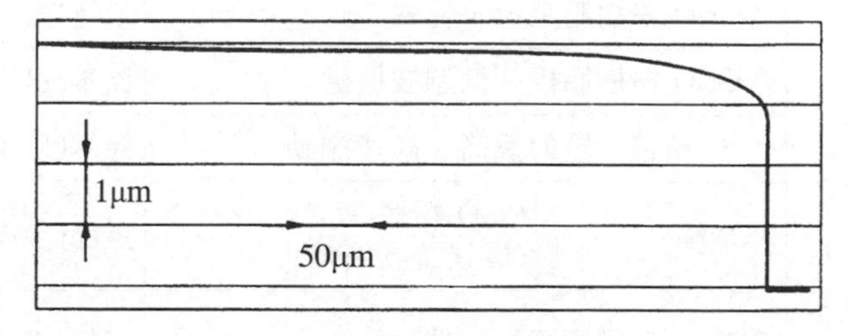

(b) 遊離磨粒研磨

圖 5.55　杯形磨輪研磨與游離磨粒研磨的邊緣形狀比較

表 5.9　實施機化式拋光的例子

加工對象	拋光工具	研磨劑、周圍環境	研究者(研究機關)
藍寶石基板	石英玻璃平板	矽砂粉等，乾式	安永(電總研)
	拋光器	膠質矽砂	H.W.Gutsche(Monsanto) E.Mendel(IBM)
	杉製平板等	加熱水蒸氣中 (250～300℃)	奧富(電總研)
藍寶石凹球面	淬火工具鋼	矽砂粉、乾式	能戶(日立製作所)
燒結氧化鋁圓棒	矽砂粉帶、高速擺動		鈴木(日工大)
鑽石薄膜	鐵製平板等	周圍環境爲氫氣 (730℃以上)	吉川(東工大)
鑽石前端 (階級、腐蝕)	SiO_2薄膜工具	無磨粒、乾式	西口(日立製作所) Edge Technologies 社
水晶基板	銅製平板等	Fe_3O_4粉等，乾式	安永(電總研)
Si 基板	苯酚樹脂	$BaCO_3$粉等，乾式	安永(電總研)
	多孔質鐵弗龍	$BaCO_3$粉等，KOH 水溶液	八田(新日鐵)
	含低結合度$CaCO_3$粉研光磨輪，乾式		河田(　工業)
單結晶肥粒鐵	鉛、錫製平板	Al_2O_3粉、稀鹽酸矽	落合(日立製作所)
多結晶碳化矽	苯酚樹脂	Fe_3O_4粉，乾式、濕式	H.Vora(Honeywell)
	含Cr_2O_3粉樹脂平板、乾式		須賀(東大)
	含Cr_2O_3粉樹脂棒，低週波振動		鈴木(日工大)
	Cr_2O_3粉帶，壓力滾筒，高速擺動		鈴木(日工大)
	非接觸	Fe_3O_4粉漿 (電氣游動衝擊)	黑部(金澤大)
單結晶碳化矽 多結晶碳化矽	含Cr_2O_3粉樹脂平板，乾式		須賀(東大)
多結晶氧化鋯	聚氨酯	SiO_2、CeO_2粉，乾式	仙波(福岡工大)
	SiO_2粉含有樹脂、乾式		

今後，減少矽晶片的外周除去寬，是一個很重大的課題，利用機化式磨粒的磨輪研磨，已受到大家的重視。

利用軟質磨粒的機化式拋光，我們從表 5.9 就可以了解，水晶或單晶碳化矽，還有各種陶瓷材料的鏡面研磨，都可以用這種機化式拋光來處理。

5.5.6 化學式拋光

不使用磨粒，而只以具有腐蝕效果的加工液，進行拋光的方法，我們稱爲化學式拋光。浸漬化學液使其出現光澤，以去除加工變形的所謂「化學研磨」。自古以來，使用在金屬材料上，但是，很難確保尺寸精度，且表面粗糙度或平坦度等加工特性，也無法達到一定的水準，故無法應用在機能性材料，做爲超精密研磨法。但是，近年來 GaAs 或 InP 等化合物半導體，很難使用磨粒的機械式拋光法，故液壓平面拋光法或 p－MAC 拋光法，就格外受到重視。

液壓平面拋光法，使用如圖 5.56 般的構成裝置，一邊供給腐蝕液，一邊使工作台以 1200 rpm 左右的高速迴轉研磨方式。它比一般的拋光之工作台轉速(100～200 rpm左右)高很多，利用產生的動壓效果，使試片上浮，呈非接觸狀態，成爲在拋光具上行走的狀態。試片表面的凸起部份，與拋光具上浮間隙很狹窄，由此部分優先進行化學式拋光，最後，可以獲得平滑且平坦的表面。使用溴－甲醇與乙二醇的混合液，使 GaAs 或 InP 以 10 μm/h 以上的加工速度，可以研磨。

p－MAC 拋光法就是將加工試片，與藍寶石般的非腐蝕性隔塊(暫置材料)配置在一起，進行化學式拋光的方式。圖 5.57 針對GaAs加工進行模式，可以了解隨著研磨進行，爲了只加工工作物，加工壓力逐漸降低，最後，變成非接觸狀態，而獲得高品質的鏡面加工。使用溴－甲醇的混合液研磨 GaAs 時，在初期狀態，即使會產生邊緣下垂或傾斜的試片，只要幾分鐘左右，就可以變成平行且平滑的表面。圖 5.58 為其加工特性的一個例子。如果使用氟碳樹脂發泡體板狀拋光具，則也可達到 R_{max} 0.2 nm 的超平滑拋光。

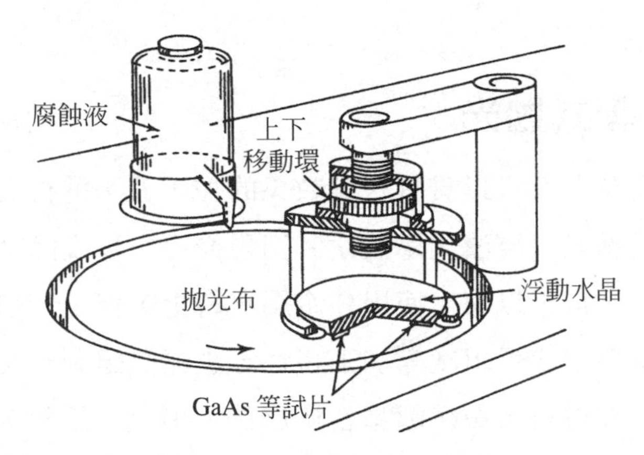

圖 5.56 液壓平面拋光裝置概要

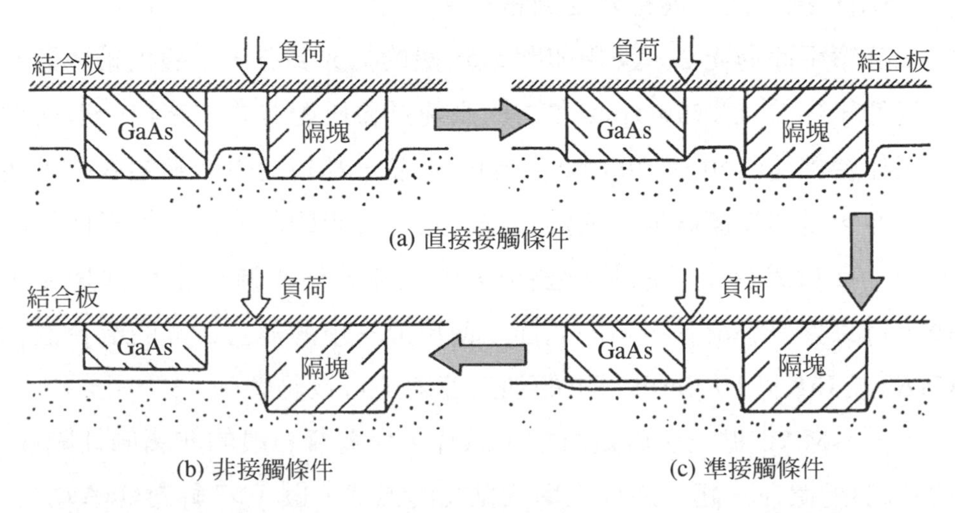

圖 5.57 p － MAC 拋光，同時研磨不同種類材料時，發生加工量差的模式

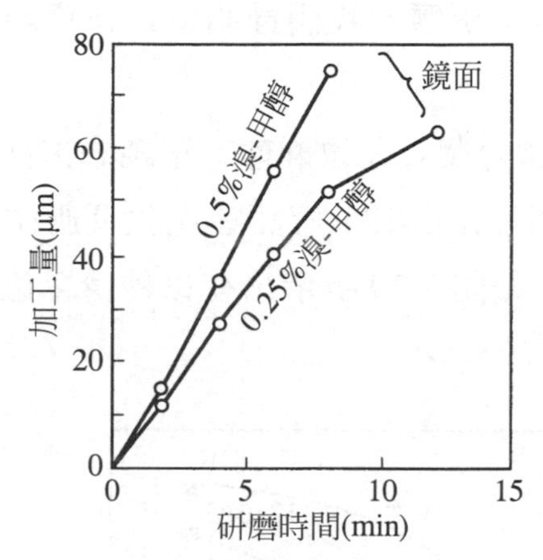

(註) 加工物／暫置材料：GaAs(100)面／藍寶石
抛光機：軟質發泡聚氨酯
研磨速度：20m/min
研磨壓力：9.8kPa

圖 5.58　GaAs 的 p － MAC 抛光之加工量

5.5.7　抛光的化學反應特異性

如前面所敘述的，在超精密研磨中，各種形式的化學反應，對加工有很大的關係。在此應該注意的是在抛光加工面，產生化學反應，比在靜態場合造成的化學反應，有較快的反應速度在進行。例如在圖 5.43 只以 KOH 水溶液，在液溫爲 50℃左右的化學研磨，其加工速度約變成 10 μm/h。但是，在 PH10 的 KOH 水溶液中，只做靜態腐蝕，即使液溫提高到 60℃，我們預測頂多 1 μm/h 左右的相當低腐蝕速度，與光具摩擦所造成的局部發熱，或新生面連續出現，可推測反應速度提高很多。如果，把磨粒加到這裏，重疊機械式的微小切削作用的話，應該可以更加速其他化學效果。

利用磨粒與工作物直接化學反應的機化式抛光(參考 5.5.5)，必須考慮到與在靜態反應時完全不同的反應速度。例如，藍寶石(單晶$\alpha-Al_2O_3$)

是利用SiO_2磨粒，進行高效率研磨，我們推測這是在實際接觸點，兩者快速的固相反應所造成的。

但是，Al_2O_3與SiO_3的微粉體，在做靜態、單純的攪拌混合狀態，即使產生高溫反應。可以利用X光反射，確認在產生反應生成物時，會在同程度的高壓下產生反應，如圖5.59所示，在以秒爲單位的相當短時間內，達到相當的反應量。

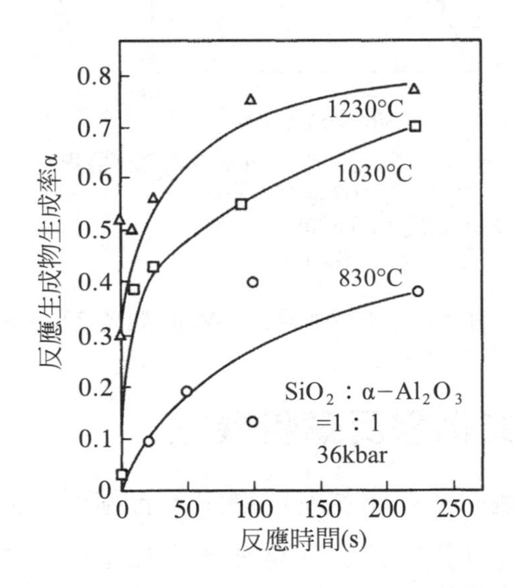

圖 5.59　在 3.6 GPa 中，SiO_2與$\alpha-Al_2O_3$的反應情形

在本文中，例如830℃ Al_2O_3與SiO_2接觸點，所產生的壓力，由石英玻璃的高溫硬度推測，我們可以預測爲3.6 GPa(36 kbar)。在這種壓力下，使用拋物線法則，計算產生50Å的反應生成物(Al_2O_3系的高溫、高壓穩定相)所需的時間，則約1×10^{-2}秒。比在1大氣壓下的靜態反應時，變成位數不同的反應速度。實際的加工接觸點，在上述的高壓下，比靜態接觸反應更具活性。更進一步，產生、脫落的反應層的厚度，考慮推測在50Å以下。則接觸時間即使假設在10^{-3}～10^{-4}左右的極短時間，以

產生脫落的反應層爲基礎，研磨可以充分的加工速度進行，也可以由這個模式計算充分推測。

又在表5.8中，矽晶片的機化式拋光，即使在純水中拋光，也可推測出有相當的加工效率。依對象不只是乾式，即使介於其中的加工液，應該會造成機化式拋光反應，也可認識拋光中化學反應的影響程度。

參考文獻

1) 谷口紀男：材料と加工（共立出版，1974）
2) 野瀬哲郎ほか：NANO GRINDING，1，[1]，(1990) 29
3) 井川直哉：精密加工の最先端技術，工業調査会，(1996) 88
4) 島田尚一：精密加工の最先端技術，工業調査会，(1996) 141
5) K. E. Puttick et al.: ASPE Spring Topical Meeting, (1996) 82
6) S. Shimada et al.: Super Abrasive Technology, (1996) 125.
7) 今中治：ナノメータスケール加工技術，日刊工業新聞社，(1993) 12
8) 泉谷徹郎：CMPのサイエンス，サイエンスフォーラム，(1997) 284
9) 津和・肥田：機械の研究，21，[10]，(1969) 1380
10) R. W. Dietz & J. M. Bennet: Appl. Opt., 5, (1966) 881
11) 森勇蔵・山内和人：機械と工具，37，[3]，(1993) 93
12) Y. Namba & H. Tsuwa: Proc. 4th CIRP, Tokyo, (1980) 1017
13) 渡辺純二ほか：精密機械，49，[5]，(1983) 655
14) 精密工学会編：ナノメータスケール加工技術，日刊工業新聞社，(1993) 1
15) 河田研治ほか：2001年度精密工学会秋季大会学術講演会論文集，405
16) 安永暢男：精密加工の最先端技術，工業調査会，(1996) 188
17) 今中　治：超精密生産技術大系，第1巻基礎技術編，フジテクノシステム，(1995) 348
18) 進村武男：超精密生産技術大系，第1巻基礎技術編，フジテクノシステム，(1995) 361
19) 安永暢男：機械と工具，46，[5]，(2002) 10
20) 鈴木　清：精密工学会編精密加工実用便覧，日刊工業新聞社，(2000) 563
21) 大森　整：ELID研削加工技術，工業調査会，(2000) 35
22) 梅原徳次ほか：機械と工具，46，[5]，(2002) 15
23) 黒部利次：機械と工具，42，[5]，(1998) 5
24) 池野順一：精密加工の最先端技術，工業調査会，(1996) 205
25) 北嶋弘一：機械と工具，46，[5]，(2002) 20
26) 新井康弘ほか：1999年度砥粒加工学会講演論文集，(1999) 65
27) J. V. Garmley et al.: Rev. Sci. 1 nstrum., 52, [8], (1981) 1256

28) 河西敏雄：超精密生産技術大系，第1巻基礎技術編，フジテクノシステム，(1995) 354
29) 楊政峰・吉川昌範：精密工学会誌，57，[1]，(1991) 184
30) 岩井　学ほか：砥粒加工学会誌，46，[2]，(2002) 82
31) 宮本岩男：ナノメータスケール加工技術，日刊工業新聞社，(1993) 220
32) P. B. Mumola et al.: Proc. IEEE, Intern. SOI Conf., (1992) 52
33) 柳澤道彦：機械と工具，46，[5]，(2002) 48
34) 森勇蔵・山村和也：精密加工の最先端技術，工業調査会，(1996) 246
35) 河村末久ほか：加工学基礎2—研削加工と砥粒加工—，共立出版，(1984) 182
36) 北嶋弘一：機械と工具，46，[5]，(2002) 20
37) 柴田順二：機械と工具，37，[7]，(1993) 111
38) 精密工学会編：光と磁気の記録技術，オーム社，(1992) 47
39) 精密工学会編：光と磁気の記録技術，オーム社，(1992) 60
40) 三橋真成：精密工学会誌，56，[2]，(1990) 311
41) 井口信明：超精密生産技術大系，第2巻実用技術編，フジテクノシステム，(1995) 1145
42) 進村武男：超精密生産技術大系，第1巻基礎技術編，フジテクノシステム，(1995) 361
43) 前畑英彦：ナノメータスケール加工技術，日刊工業新聞社，(1993) 70
44) 清宮紘一：超精密生産技術大系，第1巻基礎技術編，フジテクノシステム，(1995) 383
45) 阿部耕三：超精密ウェハ表面制御技術，サインスフォーラム，(2000) 122
46) 由井明紀：超精密生産技術大系，第2巻実用技術編，フジテクノシステム，(1995) 979
47) 阿部耕三ほか：精密工学会誌，59，[12]，(1993) 1985
48) 大森整・中川威雄：精密加工の最先端技術，工業調査会，(1996) 161
49) 小原悦男：超精密生産技術大系，第2巻実用技術編，フジテクノシステム，(1995) 998
50) R. H. Andrews & A. G. Thomas: Proc. Brit. Ceram. Soc., [17], (1970) 271
51) 吉川昌範：ナノメータスケール加工技術，日刊工業新聞社，(1993) 123
52) 安永暢男：砥粒加工学会誌，46，[1]，(2002) 17
53) 森　勇蔵：ナノメータスケール加工技術，日刊工業新聞社，(1993) 321
54) 河西敏雄：超精密生産技術大系，第1巻基礎技術編，フジテクノシステム，(1995) 272
55) 難波義治：セラミックス加工ハンドブック，日刊工業新聞社，(1987) 132
56) 土肥俊郎：光技術コンタクト，31，[10]，(1993) 47
57) 安永暢男：CMPのサイエンス，サイエンスフォーラム，(1997) 45
58) 村川享男：ナノメータスケール加工技術，日刊工業新聞社，(1993) 70
59) H. Seidel et al.: J. Electrochem. Soc., 137, [11], (1990) 3612
60) 河西敏雄：超精密生産技術大系，第1巻基礎技術編，フジテクノシステム，(1995) 278
61) 土肥俊郎：超精密生産技術大系，第2巻実用技術編，フジテクノシステム，(1995) 1067
62) 柏木正弘ほか編：CMPのサイエンス，サイエンスフォーラム，(1997)
63) 石塚ます美ほか：1999年度精密工学会春季大会講演論文集，p. 150
64) 安永暢男ほか：電子技術総合研究所研究報告，No. 776，(1978)

Chapter 6

高能量束加工原理

6.1 高能量束加工的分類與特徵

6.2 雷射加工

6.3 電子束加工

6.4 離子束加工

6.5 放電加工

6.1 高能量束加工的分類與特徵

至前一章看到的加工方法，是使用車刀、銑刀、磨粒、磨輪等固體刀具的機械式加工技術。利用供給刀具前端的力學式能量，使加工材料變形，進一步破壞、分離，使其產生加工屑的方法。相對的，供給高密度束(面向一個方向的能量束)狀光能量(雷射)、粒子能量(電子、離子、中性原子、電漿、群組、固體微粒、液體粒子等)，使材料表面組織變質，或破壞、熔融、蒸發構成原子、分子的加工方法，稱之爲高能量束加工。在本節中，在分子狀態的穩定物質，變成化學式活性狀態的粒子(例如$Cl_2 \rightarrow Cl^*$、電漿來自電子、離子等構成，全體爲電的中性弱電離氣體，群組爲數十～數百個的原子，構成的原子核。

在本節中所謂的「能源」，就是包含熱量以J(焦爾)表示「能量」，及以電力W(瓦特＝J/s：每單位時間熱量)表示的「能量」兩者的意義，又「高能量束」不只是高的能量或能源絕對量，即使是低能量(能源)，如果集中照射在很小的範圍內的話，每單位面積的能量密度(能源密度)，可變得相當高。使用這種「高能量密度束」時，也包含「高能量束加工」。

圖 6.1 所示，爲包含機械加工技術的加工方法，其供給能量密度與比體積去除速度的關係。所謂比體積去除速度，就每單位面積(cm^2)、每單位時(秒)去除體積(cm^3)的意思。圖中英文字簡稱的內容如次：

LBM＝Laser Beam Machining(雷射束加工)

EBM＝Electron Beam Machining(電子束加工)

PJM＝Plasma Jet Machining(電漿噴射加工)

EDM＝Electric Discharge Machining(放電加工)

LJM = Liquid Jet Machining(液體噴射加工)

AJM = Abasive Jet Machining(磨粒噴射加工)

圖中以英文字簡稱表示的束加工法，幾乎都在供給高能量密度的區域，我們就可以了解到「高能量密度束加工」的意義。

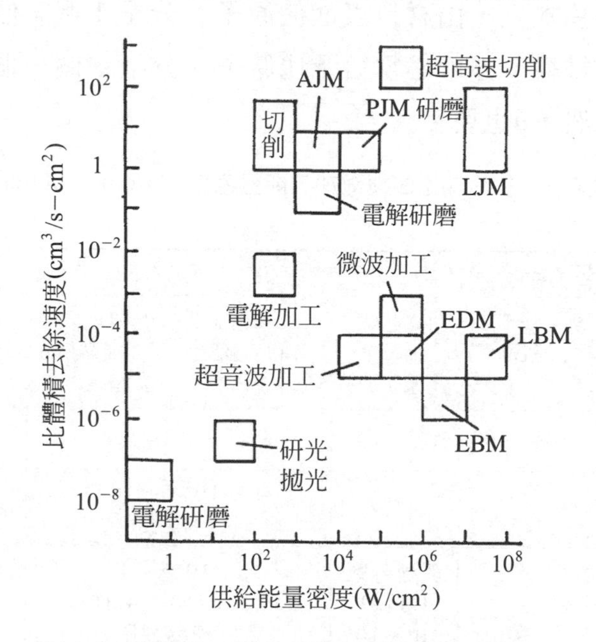

圖 6.1　各種加工法的供給能量密度與去除能力

能量束加工爲何是「高密度能量源(能量)」的加工呢？如果以日本谷口先生所提示的「極限加工能源——密度δ (J/cm^3)」概念來考慮，就很容易說明。所謂極限加工能量密度的定義，就是「材料開始變形、破壞、破損，所需的最小必要每單位體積的加工能量」。這種能量密度δ，當然依材料不同而異，但是，依加工單位不同，也有很大的變化。表 6.1 所示，爲加工單位與δ的概略關係。起因於裂痕傳遞或滑動變形的原因，造成的脆性破壞或剪斷破壞時，加工單位比較大(μm以上)，與去除體積比較，破裂原子、分子間結合的表面積，應該會比較小，故破壞所需的能量較小。即使同樣是機械加工，在拋光加工的加工單位較小(μm～nm)，故每單位去除體積的分離表面積會變大，亦即δ也會變大。在圖6.1中，AJM的能量密度所以會較低，可以解釋是由於具有大動能的磨粒衝撞，利用產生較大加工單位破壞來進行加工。LBM、EBM、EDM等爲熱加工，基本上，由材料表面使原子、分子1個1個熔解、蒸發，以去除、分離材料。亦即必須給予比原子、分子一個一個結合的能量還大的能量，當然，δ也要變大。

表 6.1　去除加工的極限加工能量密度δ (J/cm^3、MJ/cm^3)

以金屬材料(鐵)爲前提

加工單位 ε cm 缺陷(不均質) ＼ 加工機構	10^{-8}　10^{-7}	10^{-6}　10^{-5}	10^{-4}　10^{-3}	10^{-2}	10^{-1}	備考
	格子原子	點缺陷(空孔、格子間原子)	可動轉位缺陷(刃狀、螺旋)微裂	空洞、模穴(裂痕)結晶粒界缺陷		[]爲比體積去除能量—ω (J/cm^3，MJ/cm^3)
化學分解、電解	10^5～10^4	10^4～10^3				熔解(含熱熔解)
拉深、脆性破壞			$10^3 \rightarrow 10^2$ (微裂)			玻璃、陶瓷主體
剪斷、塑性變形		剪斷分離(玻璃) 10^4～10^3	$10^3 \leftrightarrow 1$ $\omega=[10^6 \leftrightarrow 10]$ (轉移缺陷)			金屬、塑膠主體
機械化學分離	10^5～10^4	10^4～10^3				非接觸拋光彈性分離加工
擴散、熔融去除	10^5～10^4	10^4～10^3 (分組)				格子原子、熱轉移
蒸發去除	10^5～10^4	10^4～10^3 (分組)				格子原子、熱分離
離子(光子)噴濺	10^6～10^4	10^4～10^3				離子噴濺、雷射噴濺

極限加工能量密度δ：以素材前提的加工單位，分離的最低加工能量。

分組：原子群。

比體積去除能量ω：利用材料內部滑動(轉位)，由於只有其加工單位分離，故爲多餘的必要能量。

表 6.2 所示，爲針對幾種高能量束加工法，將其使用上的特徵，與競爭對象的轉塔沖床機械加工法比較表。這是整理出對於何種材料，能夠採用何種精度，實施何種加工的一個表格。相對於電子束加工、放電加工、電漿加工，只能使用於加工金屬，可加工的種類也受到限制。雷射加工則對於任何材料，均可採取各式各樣的加工。

表6.2　各種加工法的特徵比較

項目／各種加工方法	各種材料的適當性					在各種加工的適當性				加工精度（包含表面粗糙度）	優點	缺點
	鐵材	非鐵材料	陶瓷、玻璃	塑膠	皮革、布、木材	切斷、鑽孔	熔接	熱處理	合金化			
雷射束法	◎	○	◎	◎	◎	◎	◎	◎	◎	○	由於在光學系統上下一番功夫，故可應用在所有領域。	設備費較高。
電子束法	◎	◎	×	×	×	△	◎	○	○	○	厚板容易加工、高精度加工。	設備費較高，必須有眞空室。
放電加工法	◎	◎	×	×	×	◎	×	×	×	◎	可做高精度加工。	加工形狀受到限制、速度慢。限定在導電材料。
電漿法	◎	◎	×	×	×	◎	◎	○	○	△	便宜容易利用。	熱進入範圍大且熱影響大。
轉塔式沖床	◎	◎	×	△	△	◎	×	×	×	△	最適合少樣多量加工。	限定在模具材料、材質。價格昂貴。

(◎：優，○：良，△：可，×：不可以)

表 6.3 是針對雷射加工、電子束加工、放電加工，從各種角度進行其特性比較，大體上，雷射加工的優越性較高，分別顯示了其一長一短的特性，如果，能夠活用其各式各樣特徵，是很重要的一件事情。

表 6.3　三種加工方法的特性比較

加工法	特性										
	加工對象	加工的多樣性	周圍環境	操作性	加工形狀	加工精度	變換效率	可能效率	設備費	運轉費	空間
雷射加工	○	○	○	○	○	△	×	○	△	×	△
電子束加工	×	△	×	△	△	△	△	△	△	△	△
放電加工	×	×	×	△	△	○	△	×	○	○	○

本章只針對如圖 6.1 的高能量束加工中，在產業界常用的雷射加工、離子束加工、放電加工，加以詳細說明。

6.2 雷射加工

西元 1960 年，美國保險絲研究所的T.H.Maiman，成功的在紅寶石雷射之振盪，開始利用雷射光。使用 40 多年的雷射，爲普及於近代產業的所有領域，不可或缺的技術，且 CD 用傳感器等，也成爲家庭切身的機器零件。在加工領域中，高輸出功率的YAG雷射，或CO_2雷射，也由西元 1980 年左右，開始快速普及起來。

如前一節所敘述的，能對於各種材料實施各式各樣的加工的雷射加工，是過去技術所沒有的特徵，在廣泛支持這些特徵的同時，最近，也能夠思考市場開始銷售生產現場使用雷射加工裝置的結果。

6.2.1　雷射振盪原理

1.　雷射光的特徵

通常從光源出來的光，是構成光源的個個原子或分子，由高能量的激起狀態，轉移到低能量級時，產生各種頻率的光波結合而成，個個光波在任意時刻，飛向任意方向，不論頻率、相位等毫無拘束的光，射向四面八方。這種光如圖 6.2 般，經由二個縫隙，即使受到干涉，在影幕上也不會出現干涉條紋。且這些光源一般都是有限度的大小，故即使要集光在鏡片的一個點，也很難集光。且想要成為平行光線，也會有變寬變大而散掉的缺點。

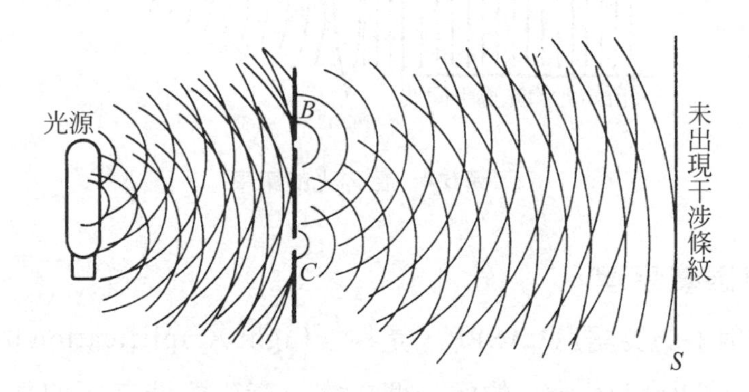

圖 6.2　來自光源的光，直接通過 2 個縫隙的 *B*，*C* 時

相對的，雷射光是以所謂感應放射的特殊發光現象為基礎，只朝一個方向發射光。其頻率向量寬度很窄(有優越的單色性)，且因為相位完全一致，故如圖 6.3 般，通過 2 個縫隙的光，得到了充分的干涉(有可干涉性)。而且，幾乎是以完全的平面波，朝一個方向前進(指向性強)，故如使用像圖 6.4 般的鏡片，就可以聚光成相當小的點狀。除了這種良好的聚光性外，在微小的面積上，可以集中10^9 W/cm^{2}以上的能量。亦即，再怎樣高融點的材料，也可以在瞬間熔解蒸發。

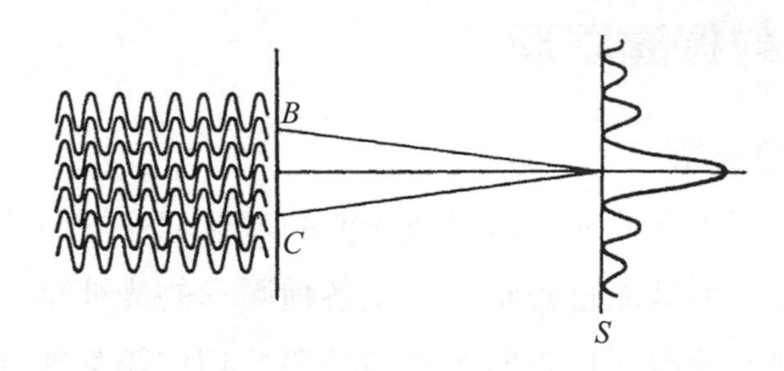

圖 6.3　雷射光通過 2 個縫隙時的干涉條紋

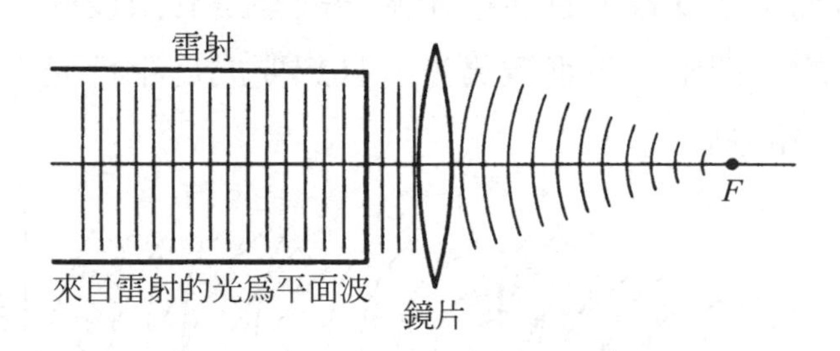

圖 6.4　雷射光的集束

2. 雷射振盪原理

「雷射」的英語爲LASER，是採「Light Amplification by Stimuated Emission of Radiation」的頭一個文字，產生的造字。如果直接翻譯，就是「利用輻射的引導放射光放大」，以表示造成以下物理現象的發光作用之名詞。

我們大家都很清楚，所有的原子是由原子及環繞其周圍軌道的電子所構成。電子所具備的能量，只由其各個軌道的飛躍值(能量準位)決定，愈外側的軌道擁有愈大的能量。最內側軌道的能量狀態，稱爲基底狀態，其他的狀態，稱爲激起狀態。

圖 6.5 所示，爲能量準位圖的一個例子。電子爲高能量準位，例如由E_2遷移到低準位E_1，則放出與能量差成比例頻率的光束(自然放射)。

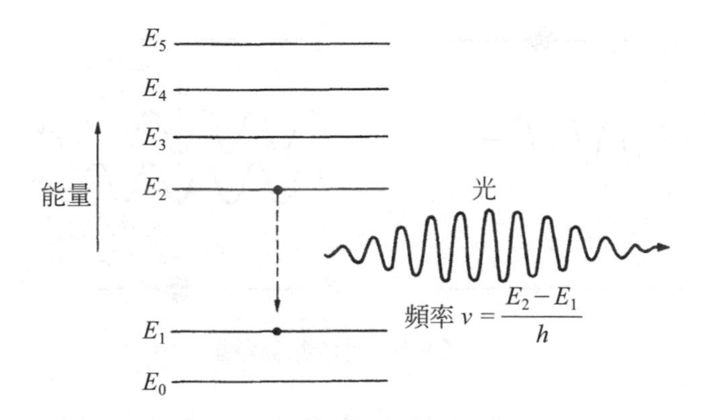

圖 6.5　原子具有的能量準位簡圖及放射的光波

亦即

$$v=(E_2-E_1)/\hbar \qquad (6.1)$$

而$\hbar$爲常數，$\hbar=6.625\times10^{-27}$ erg · s。相反的，將$\hbar v=(E_2-E_1)$能量的光，入射到E_1能量狀態的原子，則原子接收此光的能量，而遷移爲E_2的能量狀態，這就是所謂的光吸收現象。

進一步，存在利用由外部放電或照射強光，而遷移到激起E_2能量狀態的原子時，原子的電子，由E_2準位回到E_1準位時，放射根據公式(6.1)的頻率v之光，入射到激起與此光同樣狀態的其他原子，則此入射光受到刺激，放出相同頻率v的光，而遷移到E_1的準位。

這種光被放射到與入射光相同位向、相同方向。這種所謂的感應放射現象，如圖 6.6 所示般，幾乎不會損耗入射光能量，而會以放大成 2 倍強度的形態發射。這種放大爲 2 倍的光，更會射入到其他激起同樣狀態的 2 個原子，而放大爲 4 倍。變成雪崩似的放大狀態。像這種處於激發狀態的原子，由存在多數雷射物質的範圍，經由放大光的貫穿，就這樣消失在外部空間。

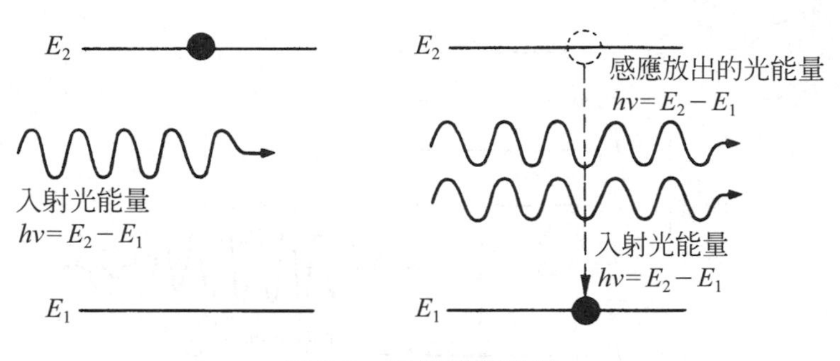

圖 6.6　光的感應發射

但是，這時候，在兩外側放置平行平面的反射鏡，以夾著雷射物質，到底會產生何種現象？感應放射到各個方向的光中，垂直放射到這個鏡子方向(光軸方向)的光，經由鏡面反射，再回到雷射物質內，再一次放大而由對面的鏡子反射，一再的重覆而成爲連鎖放大的情況。

此時，降低一方反射鏡的反射率，只透過很少的光，則感應放射光再多次往復間，比起反射面的散亂、吸收等損失光的增加強度還要大上許多。通過降低反射率的鏡子之光線，會以相同波長、相同位相漏到外部，這就是雷射振盪。

圖 6.7 所示，就是這種狀況的模式，以平行平面反射鏡夾住造成雷射現象的物質。將光關入內部，以造成放大的這種裝置構造，我們稱爲光共振器。

Maiman最先振盪成功的藍寶石雷射，只有在藍寶石(單晶二氧化鋁)激起添加劑的Cr^{3+}離子，產生雷射振盪，爲波長 0.69 μm 的脈沖光。到底何種波長或強度的雷射光，會產生振盪？這要依雷射物質而異，目前，已有各式各樣的雷射被開發出來，而且，依通訊、資訊、量測、加工、醫療等目的，來分別使用。

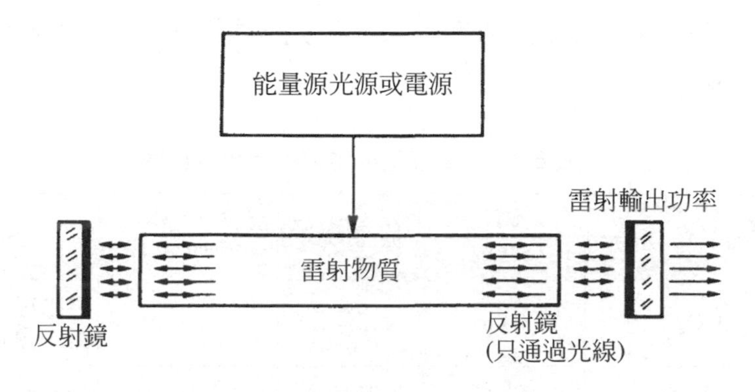

圖 6.7　雷射振盪器的基本構造

6.2.2　雷射加工原理

用於材料加工用的雷射，需要較大的輸出功率。表 6.4 所示，爲主要加工用雷射的種類與特徵。分類爲含有雷射物質的母材(媒體)是氣體時，爲氣體雷射，是固體時，爲固體雷射。前者爲CO_2雷射，而後者的 YAG 雷射更普遍。最近，已開發出一種所謂飛姆托秒(fs)雷射，它是一種能夠產生相當短脈沖的新雷射，做爲新的加工用雷射，目前，正開始利用在熱影響少的微細加工上。又半導體雷射，目前，雖然因輸出功率小，而不適合加工，但是，最近已成功的達到數 kW 的高輸出功率，而開始檢討要應用在熔接或表面處理方面，而新的雷射加工技術發展，也正受到大家的注意。

所謂雷射加工，就是除了一部分短波長雷射外，雷射光被加工物表面吸收，而變換爲熱能，加工物表面被加熱，而利用控制組織變化、產生熔解、蒸發的過程之加工技術，稱之。

如圖 6.8 所示般，基本上，雷射加工機是由雷射振盪器、加工光學系統、加工物系統所構成，分別有許多的控制因素。雖然控制因素太多，很難因應加工條件與加工結果，但是，相對的可選擇多種加工條件的優點也很多。

表 6.4　主要加工用雷射的種類及特徵

雷射名稱		波長 (μm)	振盪形式	雷射輸出功率 (W)或[J]	主要用途
氣體雷射	CO_2	10.6	cw 脈沖	～2×10^4	熱處理、熔接、切斷、鑽孔
氣體雷射	$TEACO_2$	10.6	脈沖	5～10 [J]	做記號
氣體雷射	CO	約 5	cw	7×10^3	切斷
氣體雷射	ArF KrF XeCl XeF	0.193 0.249 0.308 0.350	脈沖	40 100 65 8	光化學反應 光蝕刻 燒蝕
固體雷射	YAG	1.06	cw Q－sw	～2×10^3 150	熔接、鑽孔、切斷、做記號
固體雷射	第 2～第 4 高調波	0.53～0.25			
固體雷射	半導體	～0.8		6×10^3	熔接、表面處理
固體雷射	Ti－藍寶石	～0.8	脈沖 (～100 fs)	1	微細加工

cw：連續振盪，Q－sw：Q－開關

雷射加工束的收束性很重要，特別是在切斷或熔接加工，聚光點直徑愈小，其加工性愈高。如圖 6.9 所示般，由振盪器射出的波長λ雷射光，通過鏡片聚光時的點直徑d_o、雷射束直徑爲D_o、雷射束廣角爲θ、鏡片焦距爲f時，以下列公式表示。

$$d_o = f\theta \tag{6.2}$$

由光的反射理論，可知θ是與λ/D_o成正比的，亦即

$$d_o \propto \lambda / D_o \tag{6.3}$$

也就是說，爲了將點直徑做得愈小，應儘可能將射出的光束直徑做大，並利用短波長的雷射光，必須使用短焦距的鏡片。

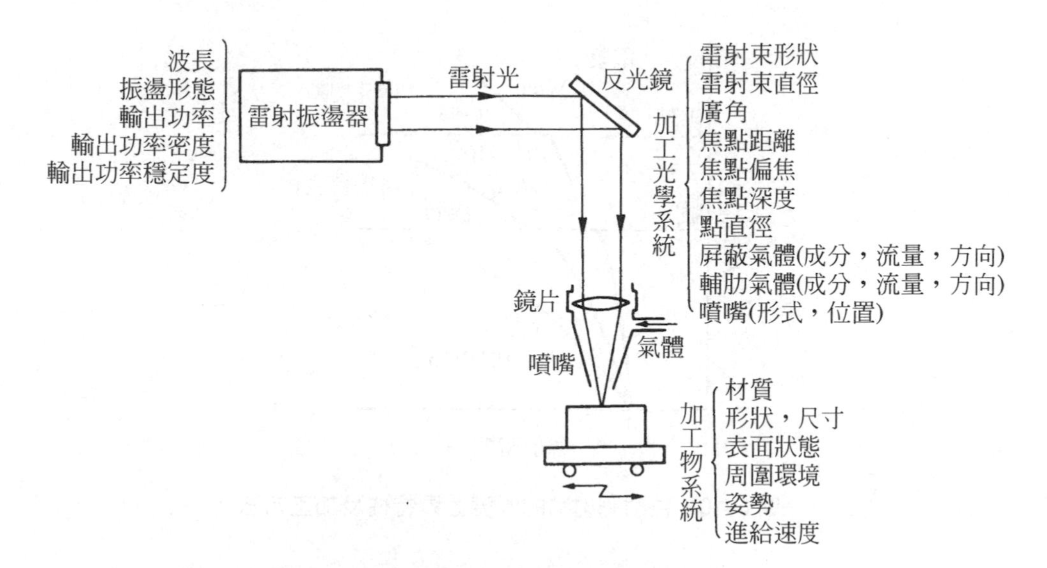

圖 6.8　雷射加工機的基本構造與條件因素

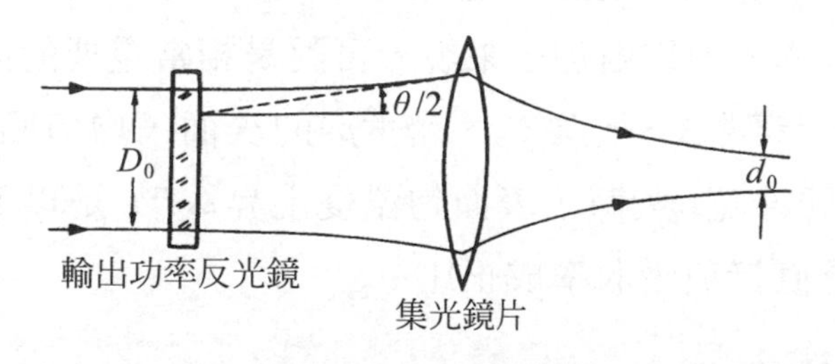

圖 6.9　雷射光集光模式

由於雷射光束具有廣角θ小，聚光性優越的特性，利用控制光學系統，能將10^9 W/cm^{2}以上的高密度能量，照射到材料表面。如果，選擇適當的能量密度，如圖 6.10 般，可以控制溫度上昇的過程，使其適應各式各樣的加工情況。圖 6.11 所示，爲進行更嚴密加工，所需的雷射能量密度與其作用時間的關係。能量密度與作用時間的乘積，變成能量密度。切斷或鑽孔，必須在單位時間照射高能源密度的雷射，而在淬火時，則需以較低密度能源，做長時的照射。

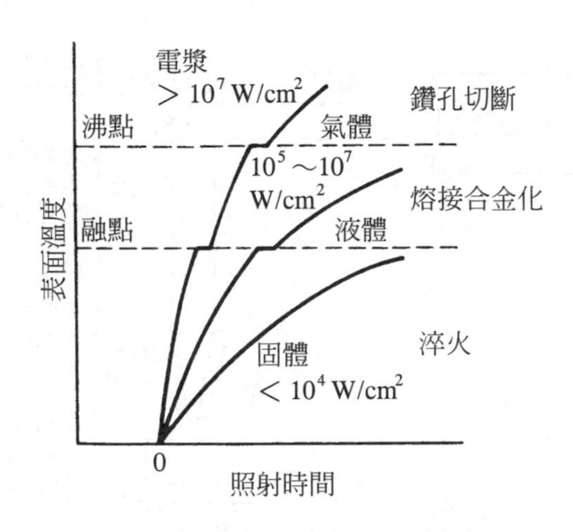

圖 6.10 雷射照射點的溫度上昇特性及加工方法

但是，即使照射再大能量(能源)密度的雷射，而爲材料表面吸收，如果，不變換爲熱能，就無法開始加工。亦即，相對於照射的雷射，材料表面的吸收率，對雷射加工來說，可說是相當重要的因素。半無限大的加工物(熱傳導率K、比熱C_p、密度ρ)的表面，均勻照射能量密度I的脈冲雷射光(脈冲寬t秒)時，表面的溫度上昇ΔT，是以下列公式表示，可知溫度上昇直接與吸收率成正比。

$$\Delta T = 2\mu I t^{1/2}(\pi K C_p \rho)^{1/2} \tag{6.4}$$

這裏的吸收率，依材質或雷射波長而異。在材料表面，如吸收率爲μ、反射率爲γ、透過率爲τ，則$\mu + \gamma + \tau = 1$ 成立。金屬材料一般爲非透過性，故可以忽略τ，則變成$\mu + \gamma = 1$。在鏡面狀態的金屬表面，光的反射率如圖 6.12 般，波長愈長，反射率會有上昇的趨勢。對於常用在雷射加工的CO_2雷射(波長 10.6 μm)或YAG雷射(波長 1.06 μm)等紅外線光，金屬的一般反射率都很高(吸收率低)，對熱效率來說是不利的。

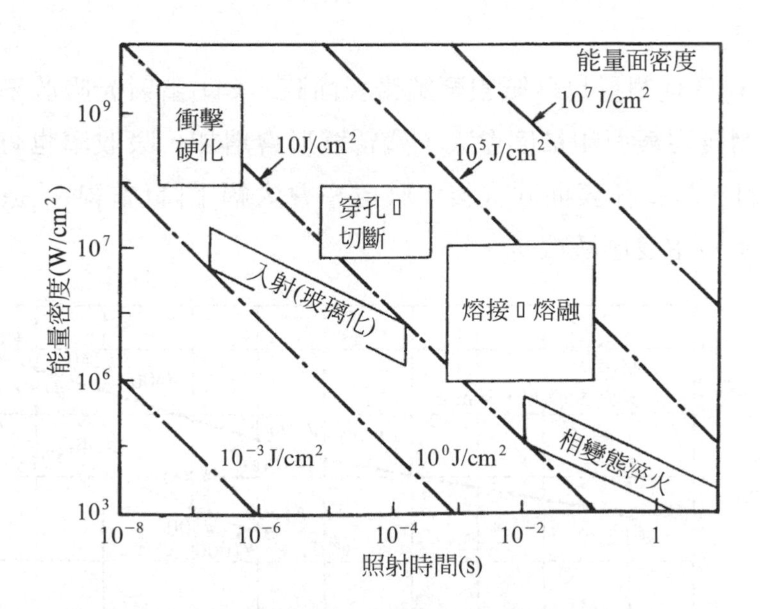

圖 6.11　各種雷射加工的相互作用時間與能量密度

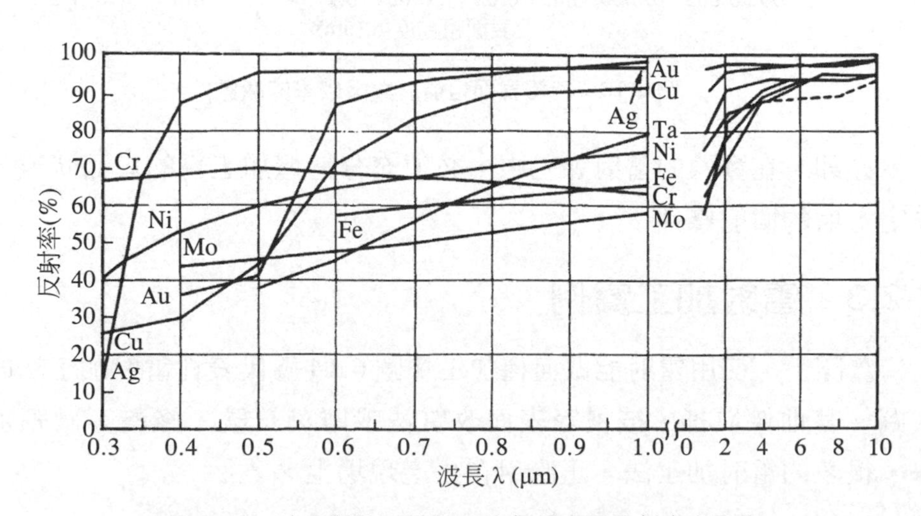

圖 6.12　波長對鏡面精加工的各種金屬反射率之影響

金屬表面的紅外線光吸收率，我們知道是與其金屬的直流比電阻值的 1/2 成正比。在有格子缺陷或大量不純物時，這種比電阻愈大，故在加工物表面，如果，有加工變形或殘留氧化膜，則比電阻會增加，吸收率會提高。

圖 6.13 是測量以砂紙粗磨純鐵表面時，CO_2雷射光吸收率的一個例子，我們發現表面粗糙度愈大，殘留變形會增加，吸收率也有變大的趨勢(實線)。將這種表面回火後，吸收率會大幅下降(虛線)。這可以解釋爲退火使殘留變形解放了。

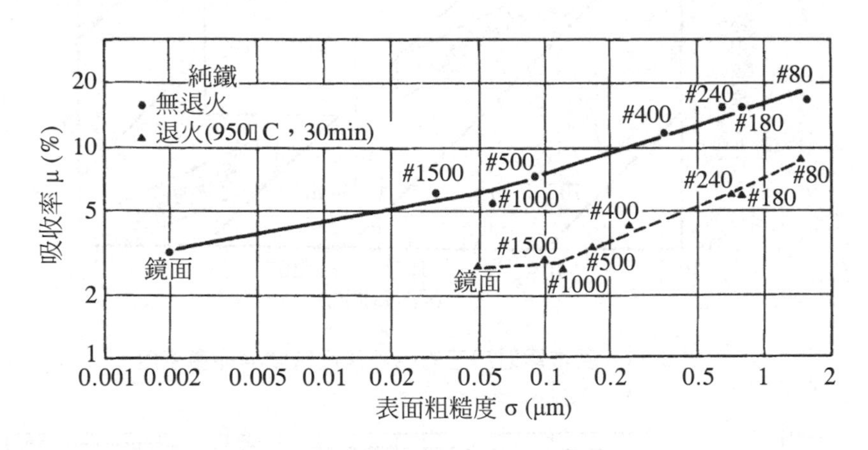

圖 6.13　純鐵表面粗糙度與吸收率的關係

亦即，在實際的雷射加工中，必須充分把握加工物的表面狀態，來決定雷射的照射條件。

6.2.3　雷射加工實例

實際上，使用雷射能做何種加工？圖 6.14 爲代表性雷射加工法的模式圖。其他像填補、被覆等表面改質法或雕刻符號、修整等微細加工法，很多的雷射加工法，正應用在生產現場上。

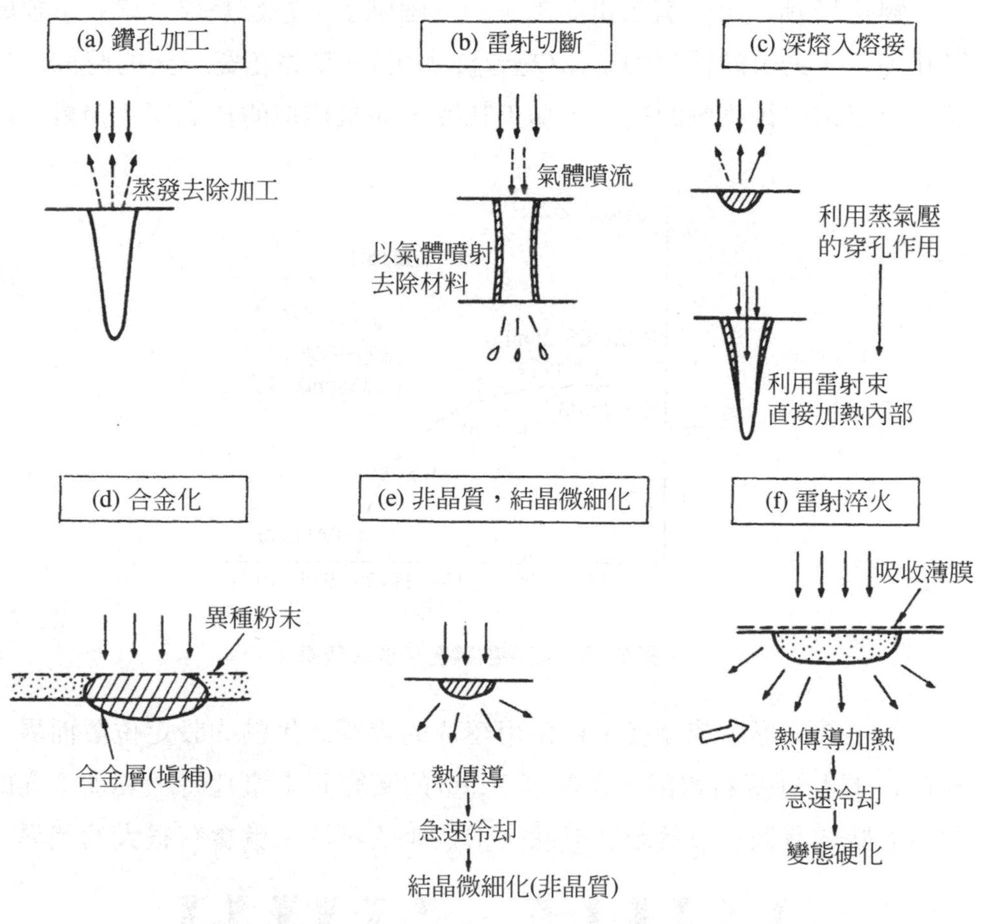

圖 6.14　各種雷射加工法的加工形態

1. 鑽孔加工

雷射最初能夠利用在材料加工，而得到證實的，就是以紅寶石雷射，實驗刮鬍刀刃的鑽孔(西元 1962 年)，而聽說最先實用化的為鑽石、渦輪板、奶瓶用奶嘴的鑽孔(西元 1966 年)。亦即，鑽孔加工也可以說是雷射加工技術的原點。

圖 6.15 所示，爲有效雷射加工的一個例子。在延長線用鑽石下模的鑽孔加工，過去的機械加工法(超音波加工)，整整花費一天的時間，但是，使用雷射後急劇的縮短了加工時間，而飛躍似的提高了生產性。

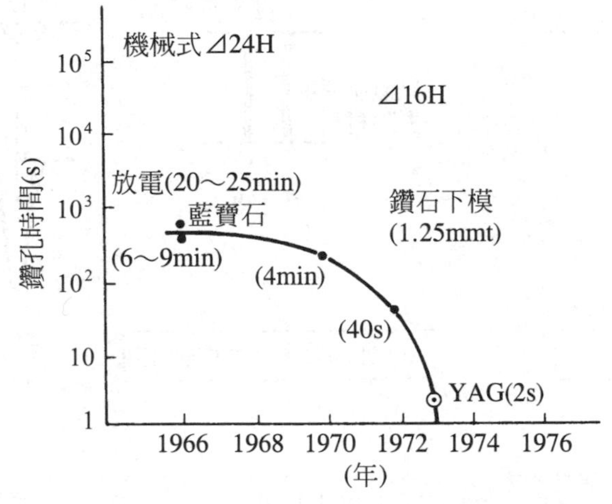

圖 6.15　以雷射鑽孔來提高效率

加工孔的形狀或深度，依使用鏡片的焦距或焦點的設定位置而異。圖 6.16 是以紅寶石雷射，在厚度 5 mm 的藍寶石上鑽孔時，其加工孔的剖面形狀。我們可以發現孔形狀，依焦距的不同，就會有很大的差異。

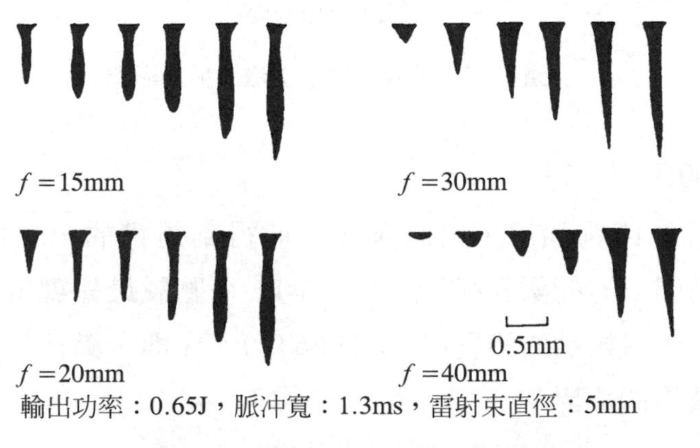

圖 6.16　焦距對雷射鑽孔的影響

2. 切斷加工

在雷射加工中，切斷加工是最普遍的生產技術。特別是CO_2雷射加工機的用途，有7成左右是用來做板金切斷，而應用在切斷加工上。這是因爲雷射切斷比其他機械式切斷法(沖床、刀具等)或熱切斷法(電漿、氣體等)，有如表6.5所示的多項優點。最近，由於提高設備性能、加上束控制技術更高精度化，而使雷射切斷的優越性愈來愈高。

表6.5　CO_2雷射切斷的主要特徵

特徵		概要	技術根據
優點	1. 微細加工性	可微細且高精度切斷沖壓等接觸加工，所不能做到的。幾乎沒有變形且切斷的寬度很小。	1. 利用熱能量的非接觸加工。 2. 光學式集光波長10.6μm的雷射光，在點直徑0.07mm處，集中10^6～10^{10} W/cm^2的高能量。
	2. 等方加工性	在加工品質方面，以無方向性狀態，切斷異形零件。	未使用模具的非接觸加工。
	3. 厚板加工性	切斷沖床等機械切斷法所不能切斷的厚板。	以數kW的雷射加工機，可切斷20～30mm左右厚板。
	4. 高速加工性	與機械加工、氣體切斷同等或較快的高速切斷。	高密度的能量集中。
	5. 因應多樣少量生產	補足無法因應多樣少量生產形態的沖床等量產機械。	熱源、加工周圍環境或工件位置，以電子工程技術很容易操作。與NC組合起來，可自動切斷多樣產品。
	6. 通用加工性	不限各種金屬，非金屬亦可切斷。	因爲是利用熱能量的非接觸加工，故幾乎可切斷所有材料，但是，反射率高的金屬較難切斷。
缺點	1. 切斷板厚限制	板愈厚切斷品質愈差。	
	2. 初期成本高	相對於數十萬～數百萬日圓的切斷機，其價格爲數千萬日圓。	電氣、氣體的高精度控制機器與高價的光學零件。

即使同爲熱切斷法，相對於電漿切斷或氣體切斷，爲1 mm以上的切斷寬度(粗熔斷數mm以上的板厚)，雷射切斷則在切斷數mm厚度以

下的薄板時，其切斷的寬度，只有窄窄的1 mm以下，故適合高品質(切斷面粗糙度或熱影響厚度小)的切斷。

圖6.17所示，爲以CO_2雷射切斷軟鋼板時，其切斷速度與加工品質的大概趨勢圖。相對於區域III般的切斷板到一樣切口的高精度切斷。如果，切斷速度太慢、太快，都會降低切斷的品質。

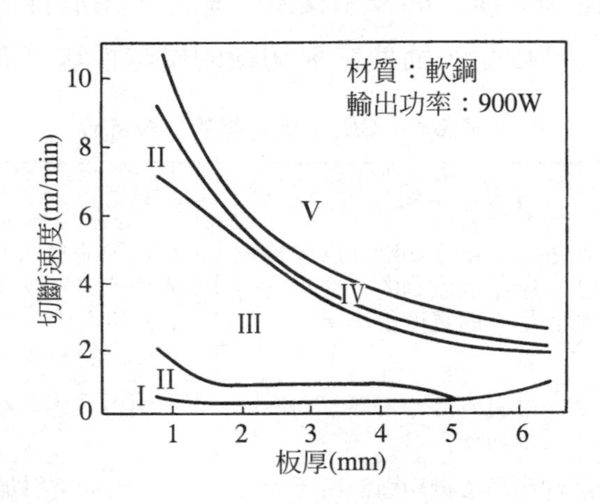

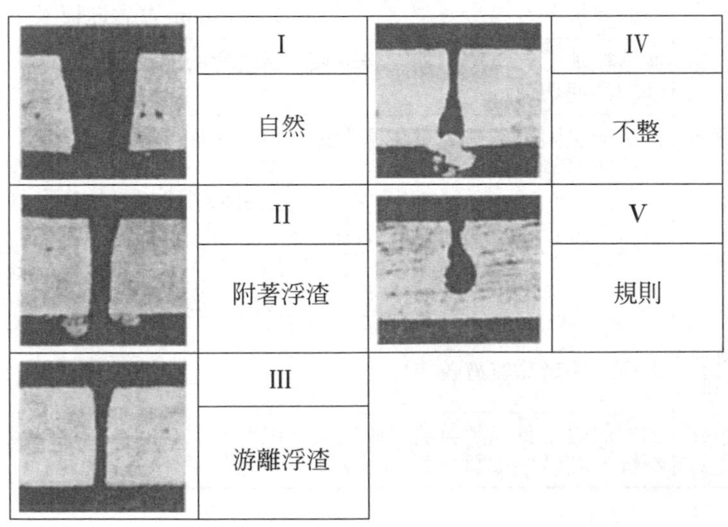

圖6.17　以CO_2雷射加工軟鋼的切斷條件與切斷形態

切斷像陶瓷般硬脆的材料，一般，都是使用電著了鑽石磨粒的薄刃磨輪，但是，一般，都只能做直線切割，而且切斷速度也很低(100 mm/min以下)。且必須頻頻修整磨輪、更換磨輪，實際上，很難達到省力化。

雷射加工因爲很容易因應陶瓷的高速、自由形狀加工，故我們更期待其今後需求的擴大。在以雷射切斷陶瓷方面，大多使用CO_2雷射或YAG雷射。特別是CO_2雷射幾乎接近 100 %，使用在陶瓷切斷上，對於可見光，也可充分使用在透明的SiO_2系列材料的加工上。從圖 6.18 我們可以了解，熱膨脹係數小的石英玻璃之切斷特性，可以數十 cm/min 以上的高速度，切斷數mm左右厚度的厚板石英玻璃。

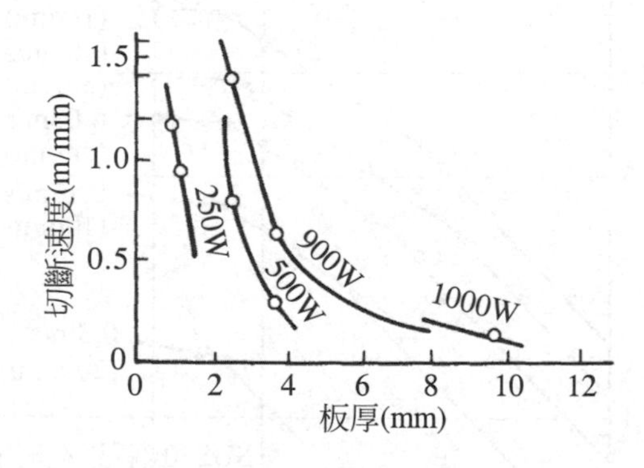

圖 6.18 以CO_2雷射切斷熔融石英的特性(吹O_2)

3. 熔接加工

雷射熔接與TIG或MIG等傳統熔接法比較，如果選擇適當的能量密度，則其熔融銲道寬度較窄，熔融深度較深，而且，可做熱影響屑或熔接變形小的接合。另一方面，即使與電子束比較，就不需眞空室，也不受磁場的影響、不需要遮斷X光等，在實用上有很多的優點。在鋼料等一般金屬的高速熔接，CO_2雷射在電子零件的精密熔接上，其波長較短，而 YAG 雷射則主要利用在較小的點銲上。

CO_2雷射熔接通常使用cw(連續振盪)光。照射點的能量密度較低時，熔融的深度較淺，多變成酒瓶玻璃狀的熔接銲道情況。能量密度變成10^8 W/cm^{2}以上時，會形成鍵孔的蒸發孔，故熔入深度會快速變大，故可以做厚板的貫穿或熔接。圖6.19爲對不銹鋼施工的一個特性實例。雷射輸出功率愈大且熔接速度愈慢，可知熔入的深度也會變得愈深。圖6.20爲以10 kW的CO_2雷射，進行高速熔接時的熔接銲道剖面照片。實現了展弦比(熔入深度與銲道寬度的比)大的深熔入熔接。

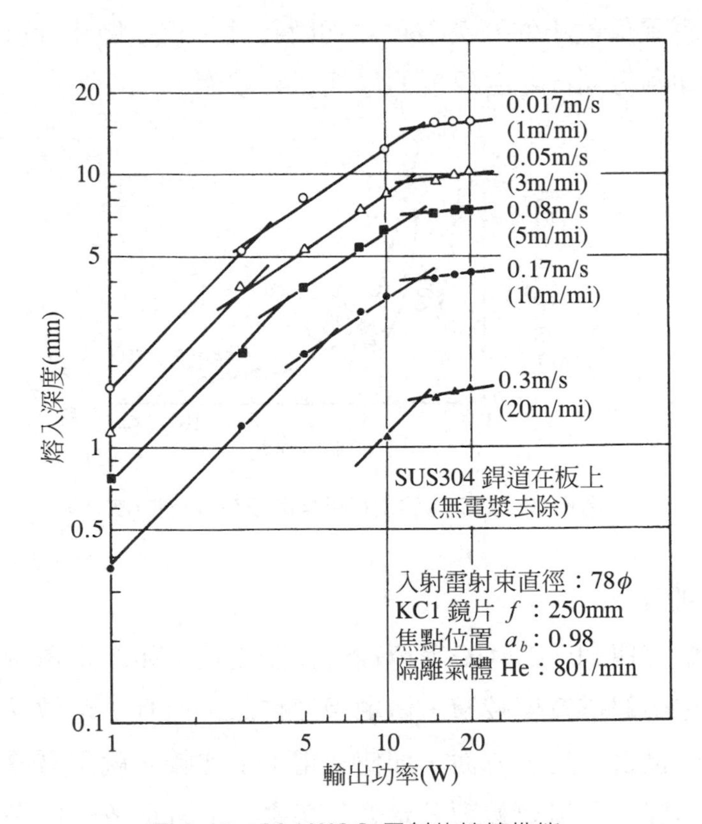

圖6.19　20 kWCO_2雷射的熔接性能

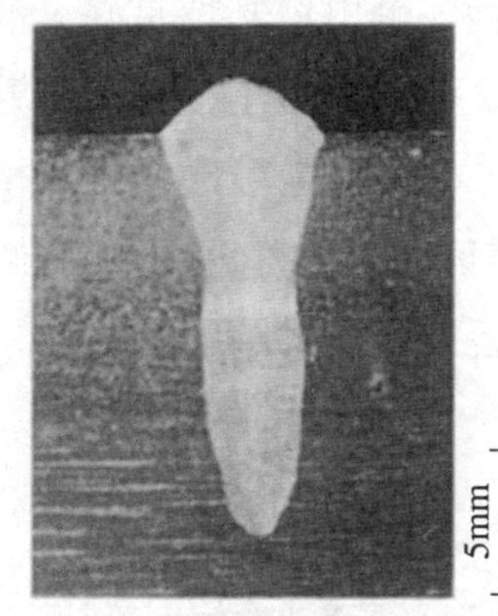

(輸出功率：10kW，速度：1m/min)

圖6.20　SUS 304的熔接部剖面形狀

如果，使用CO_2雷射的話，也可熔接高熔點陶瓷，但是，必須在防止熱龜裂方面下一番工夫。亦即，必須採取①要將全部試片在電爐內預熱②要以其他雷射一邊預熱熔接部附近，一邊熔接③要將熔接用雷射處於非聚焦狀態，並以低速操作等方法。如圖6.21(a)為使用②的方法，來熔接氧化鋁系陶瓷管，又同圖(b)是以③的方法，熔接氧化鋁陶瓷板料的例子。

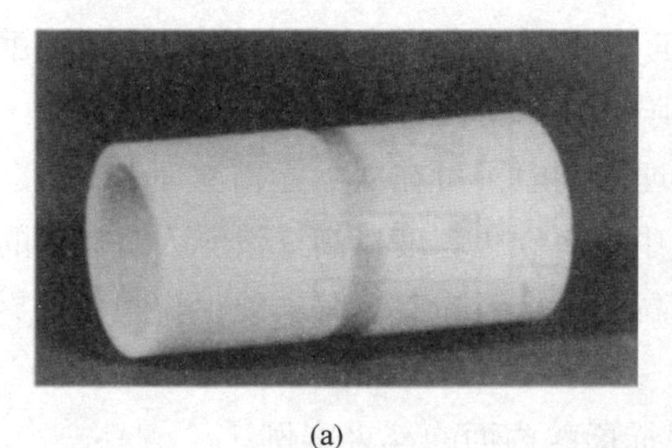

(a)

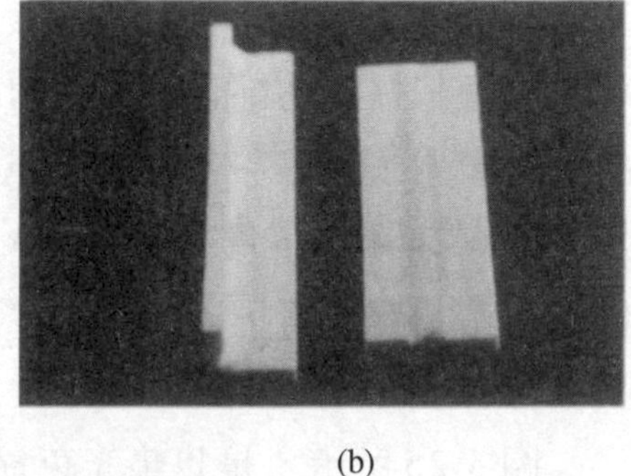

(b)

圖6.21　以CO_2雷射熔接氧化鋁陶瓷的例子

YAG雷射由於聚光性、輸出控制性良好，故可用於微細且熱影響小的精密熔接。而且，因爲可以利用在石英光纖導線上，故爲了可以很容易控制照射位置或姿勢，各種機電零件或光機電的熔接或銲接等生產現場，則使用很多 YAG 雷射。圖 6.22 所示，爲使用分歧光纖光學系統，同時或時間差進行多點熔接的模式圖。

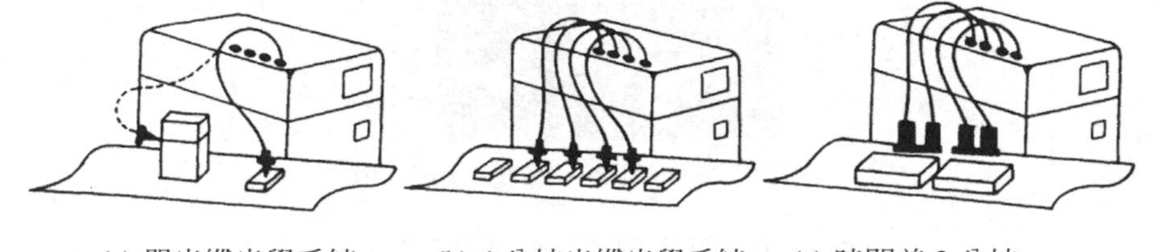

(a) 單光纖光學系統　(b) 4 分岐光纖光學系統　(c) 時間差 2 分岐 同時 2 分岐光纖光學系統

圖 6.22　利用光纖的雷射光分歧例

4. 表面處理

近年來，由於大輸出功率雷射加工機的進步，要求高效率處理大面積，使用在表面處理技術方面，也就變得愈來愈容易，圖 6.23 般的方法，是做爲使用雷射的表面處理法。其中，最實用、進步的就是變態硬化(淬火)領域。雷射淬火的特色有①不要眞空爐或滲碳爐，在大氣中就可以處理只需要的部份②以雷射照射後的自我冷卻效果，就可以淬火，故不需要水或油等冷卻媒體③處理時間短，可在線上連續處理。

圖 6.24 所示，爲在雷射淬火中，將碳化深度以高周波淬火時比較的例子，雷射淬火者，有表面硬度高、硬化範圍窄、與未硬化範圍的境界明確等特色。

圖 6.25 所示，是以集光束掃描齒輪齒面的淬火實例。

利用雷射的新表面處理法，有雷射CVD(Chemical Vapor Deposition)或雷射PVD(Physical Vapor Deposition)的嘗試。圖 6.26(a)爲形成陶瓷

薄膜用的PVD雷射法的一個例子，由氧化鋁、氧化鋁矽酸鹽、氮化矽、氮化硼的環狀母材切線方向照射CO_2雷射，可以製作與母材相同程度或母材硬度以上的緻密薄膜。同圖(b)爲鉬基板上形成的氧化鋁矽酸鹽及氮化硼(BN)膜剖面(左上部)的SEM照片。

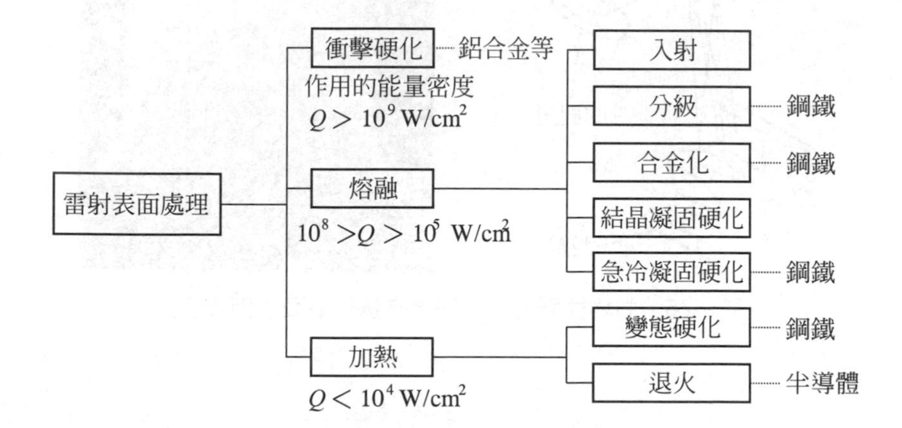

圖 6.23 表面處理法的種類(概略區分能量密度)

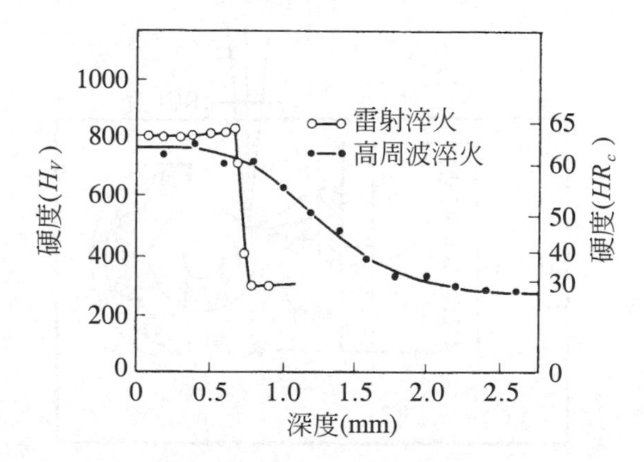

圖 6.24 雷射淬火與高周波淬火的硬度分佈比較

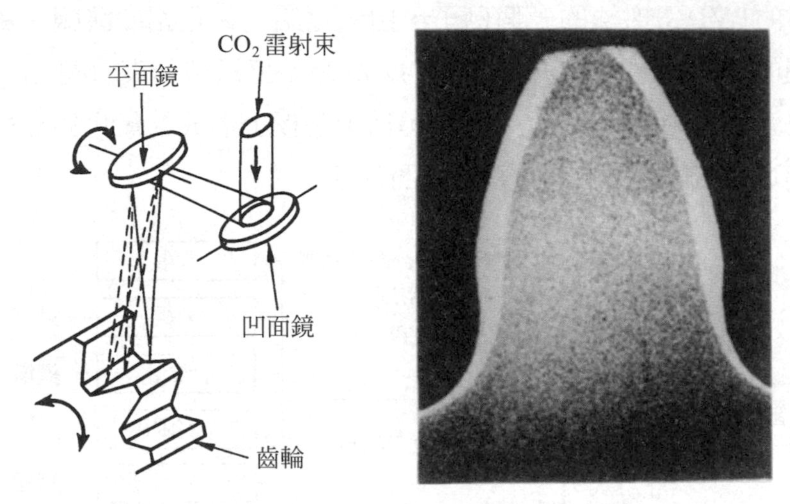

圖 6.25　齒輪齒面的雷射淬火方法與齒面的剖面照片

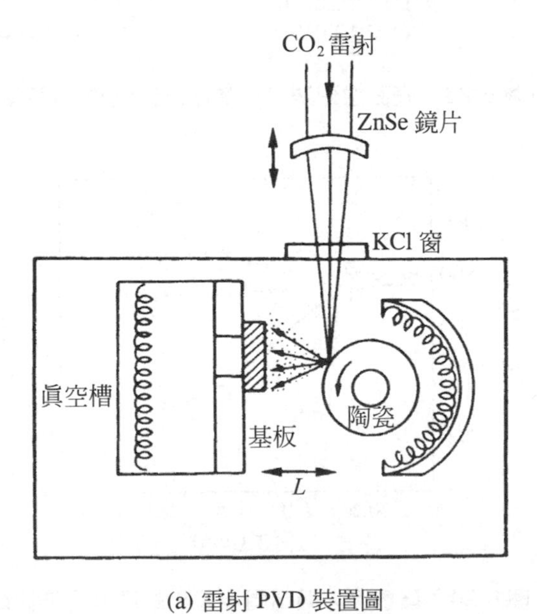

(a) 雷射 PVD 裝置圖

圖 6.26　PVD CO_2雷射法形成的陶瓷薄膜

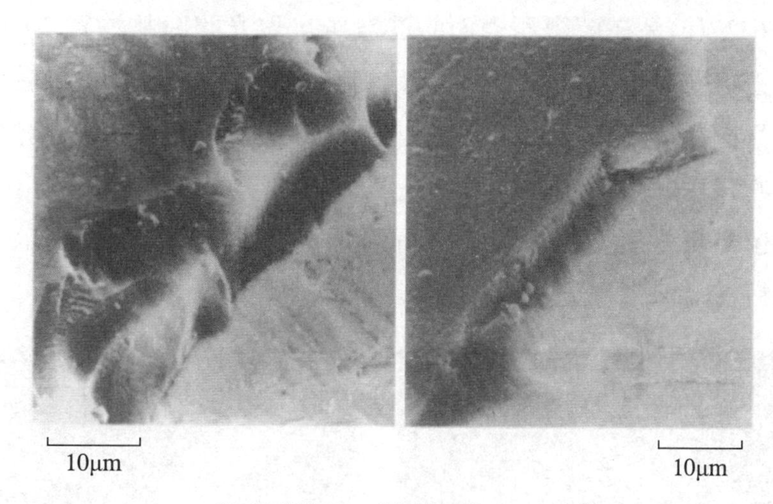

(b) 形成膜(左：目來特膜　右：BN 膜)

圖 6.26　PVD CO_2雷射法形成的陶瓷薄膜(續)

5. 其他的雷射加工法

除了以上的加工法外，還有生產線上常用的以 YAG 雷射刻印、調整電子零件的電阻、基板劃線、修正屏蔽等實用的雷射加工技術。還有併用化學液或反應性氣體的雷射腐蝕或雷射輔助電鍍、燒蝕雷射等，很多新的應用技術之研究開發，都正在進展中。

特別是最近應用技術的發展，做爲新雷射的飛姆特秒(fs)雷射正受到大家的注意。1 fs 就是10^{-15} s，光在這麼短的時間也只前進了 0.3 μm。波長 0.8 μm 左右，振盪時間 100 fs 左右的 Ti－藍寶石雷射，很多是使用在加工上。

在這麼短的時間內，產生間距輸出功率10^{12} W級的強力脈沖，並照射在材料表面，則很簡單就會產生蒸發現象，但是，由於加熱時間很短，在發生熱傳達到照射點週邊部分，產生熔融或蒸發前，脈沖就已經結束了，可以做到不留熔融痕跡的絕熱加工。

圖 6.27(a)是在藍寶石表面的眞空中，聚光照射脈沖寬 70 fs 的雷射時之加工痕跡，原來在加工孔邊緣，無法避免的熔融痕跡，這裏並沒有看到。又同圖(b)是在藍寶石表面上，掃描照射同樣的 fs 雷射實例。形成溝槽的角度，可精修成很銳利，我們可以了解還是原來的雷射加工，很少殘留熱影響屑。今後，使用高精度、高品質的新加工需求，受到很高的期待。

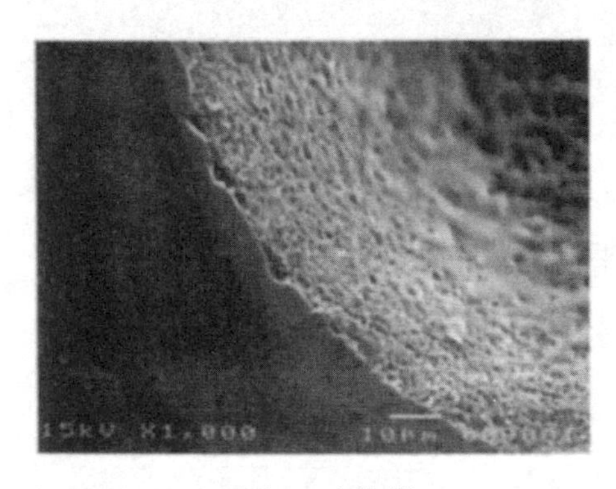

(a) 孔加工邊緣部

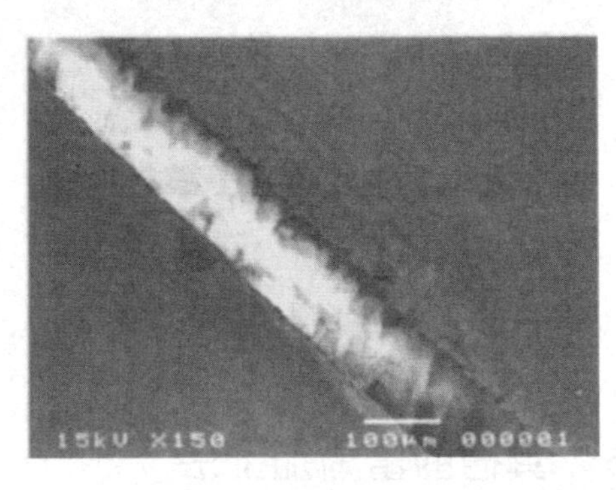

(b) 溝槽加工

圖 6.27　飛姆特秒雷射的藍寶石表面加工實例(70 fs)

6.3 電子束加工

6.3.1 電子束加工原理與特徵

電流通過像鎢(W)般的高融點金屬燈絲，除產生白熱外，其前端還會發生大量的熱電子。將此電子施予高電壓，由外部陽極導出，就是電子束。將此電子束通過電磁鏡片或偏向線圈，除可收束任意大小外，也可控制收束位置，而照射到材料表面。與雷射不同的是電子爲具有質量的粒子，基本上在電子衝撞材料表面時，由於其動能幾乎都變換爲熱能，故與雷射加工一樣，可以做各種熱加工。

與雷射加工比較時，電子束加工具有很多特徵，以下爲其優點：

⑴　電子的粒子很小，故很容易得到 nm 級的極小點直徑，可加工此無法聚光比光波長小點的雷射，還要微細的加工。

⑵　相對於雷射加工利用照射在材料表面的光吸收，熱變換、電子束則是侵入材料內部的作用，可做深熔入的鑽孔或熔接。

⑶　雷射光必須依賴光學鏡片或鏡射鏡等，機械零件的傳動，控制點直徑或照射位置，故高速反應性較困難，但是，電子束時，使用電磁鏡片或偏向線圈，可做電氣式控制，故高速反應較容易，且不需要機械式高速傳動零件，故製造上的故障也少。

⑷　可獲得廣範圍的加工速能量或束的輸出功率，容易調整束的穩定性高、能量、輝度、電力效率。

另一方面，其缺點如下：

⑴　爲了避免與周圍氣體的衝撞，必須在眞空中作業(約10^{-2} Pa 以下)。進出眞空室的試片很費時間，試片的設定或調整姿勢，必須完全由眞空室外控制，其工作性比雷射加工還要低。

⑵　因爲，是在眞空中加工，故不可能像雷射加工般，利用輔助氣體或反應性環境，很難像雷射加工般的各式各樣的加工。

⑶　照射在試片表面的電子，很難滯留在照射點，且之後的圓滑加工也難做到，故可加工的材料對象，基本上只限在導電性材料。

而與雷射加工或放電加工比較時，有關電子束加工的特徵，則請參考表 6.2 及表 6.3。

6.3.2 電子束加工設備

使用電子束可做何種加工呢？請參考圖 6.28 所示，照射電子束的點直徑與照射能量密度的變換關係。又表 6.6 爲整理出的電子束應用設備及其特性實例。以電子電路的熔接縫預鍍層爲目的曝光或微小記錄，是以較小的電子束電流，使點直徑變小。另一方面，電子束熔接或金屬的電子束熔解，則必須要大容量(高電壓、大電流)的電子束。

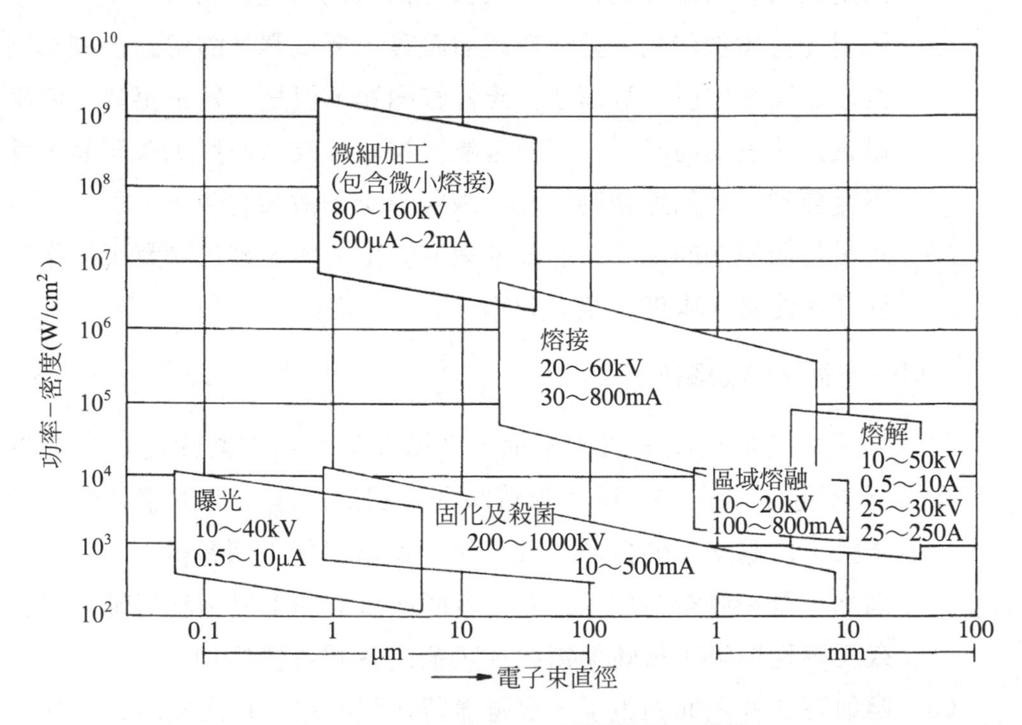

圖 6.28 電子束應用加工技術的使用條件

表6.6　各種電子束應用設備的特性

種類	加速電壓 (kV)	束電流	點直徑	電子鏡片個數
電子束曝光	30	1 μA	ϕ0.01～0.5 μm	4(附掃描系統)
電子束微小記錄	30～50	0.1 μA	ϕ0.05 μm	2～3(附掃描系統)
電子束固化	300～3000	10～100 mA	ϕ1×50～100 cm	1(附加速管)
電子束加工機	80～150	1～10 mA	ϕ10～50 μm	1(附掃描系統)
電子束破壞	150～200	20～50 mA	ϕ7～10 cm	1(附加速管)
電子束熔接 {真空中 真空外	20～50 150～200	30～500 mA 50～500 mA	ϕ1～5 mm ϕ5～10 mm	1(附偏向系統) 1(附眞空孔)
電漿電子束熔接	40	500～1 A	ϕ10～20 mm	1
電子束熔接 {標準型 大容量	電力 50～100 kW 電力 200～7500 kW		ϕ20～100 mm ϕ50～100 mm	1～3(附偏向系統) 1～3(附偏向系統)
電子束帶熔解	5～15	200 mA	寬 2 mm 帶狀	0
電子束蒸發	5～10	200～800 A	ϕ5～10 mm	0～1(附偏向系統)

圖6.29所示，爲電子束加工設備的基本構造，基本上，是由產生電子束的電子槍，收縮束的電磁鏡片、掃描束用偏向線圈、加工物移動台、眞空排氣系統構成。將在電子槍(W 燈絲或LaB_6針等)產生的熱電子，以和陽極的電位差V_a(數十～百數十 kV)加速，以鏡片系統將此高速電子束收縮，照射在試片表面，則電子束的照射部會投入$V_a \times I_b$的能量。此時的動能會變換爲熱能，而開始加工。

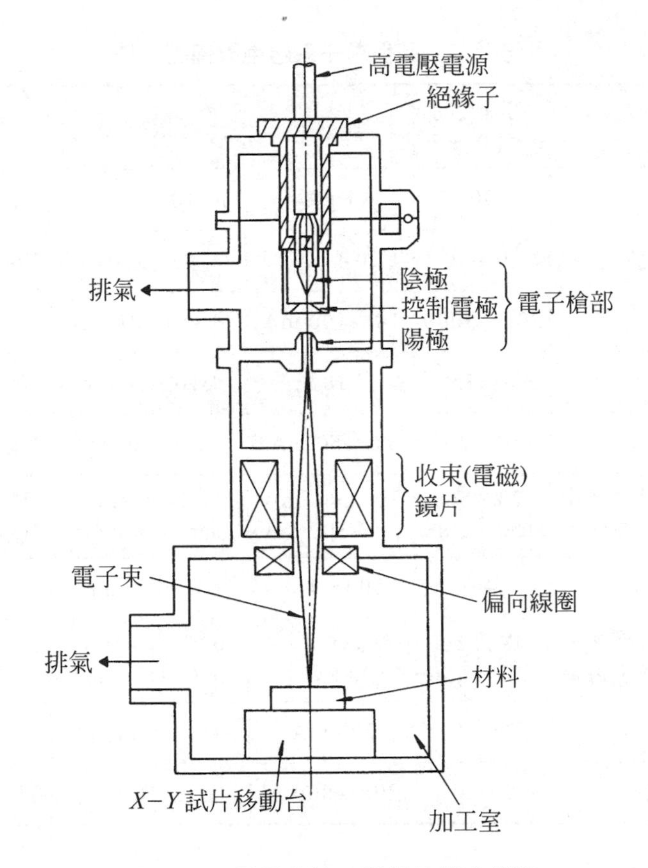

圖 6.29 電子束加工設備的基本構造

6.3.3 電子束加工實例

1. 鑽孔加工

電子束加工的特徵，爲可做微細孔的高速加工。圖 6.30 所示，爲 Messer Grissheim公司的鑽孔加工資料，在鎳與鈷基合金的電子束鑽孔加工中，很容易了解孔直徑、孔深度與加工速度的關係。在電子束加工中，一產生熔融、蒸發，則電子通過內部產生的空洞，會到達更深的地方，故可以做深熔入的工作，但是，因爲要在眞空中作業，故無法像雷射加工般，以輔助氣體吹掉熔融物的輔助效果。實質上，使用在高速處理板厚數mm以下的細孔上。圖6.31所示的例子，爲單脈沖的加工孔形狀。

2. 熔接加工

電子束熔接的熱源能量密度，比10^6～10^7 W/cm^{2}與熱源(10^4 W/cm^2)顯著高出許多，且像雷射光般，反射在熔融物表面但並不吸收，且效率很好，以高密度直接傳達到很深的地方，故可以形成寬度很窄且熔入很深的凹孔。圖6.32爲電子束熔接不銹鋼的一個例子。比圖3.22所示的雷射熔接時，可做高標示比的熔接。但是，電子束熔接的眞空度比10^{-2} Torr(1.3 Pa)差時，周圍氣體會使電子散亂，吸收變大，而降低熔接能力。

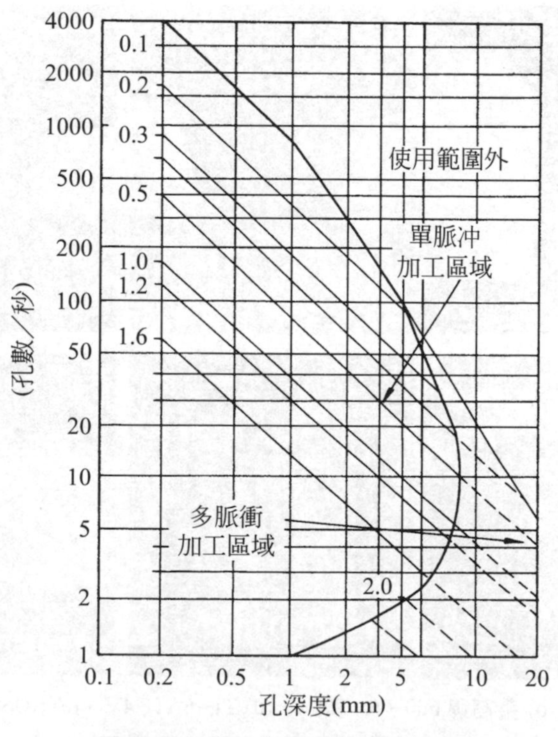

圖6.30 電子束加工的鑽孔速度

電子束熔接的優點有①可做厚板熔接②反射率高，難以雷射熔接的金屬，亦可熔接③熔接變形小，不需補正加工。可有效利用在與雷射熔接不同的範圍。

3. 表面處理

電子束與雷射加工一樣，如表 6.7 所示般，可以應用在各種表面處理。一般，是使用數十～數百 keV 左右的加速能量、數～數百 kW 能量的電子束設備。但是，電子束的輸出功率分佈，因爲是高斯模式，因此，處理大面積所需要的表面處理，以收縮束掃描，對於必要的面積，必須處理均勻。現在，以電腦控制電磁鏡片很容易，可配合加工對象的形狀或要求精度，自由製作程式。

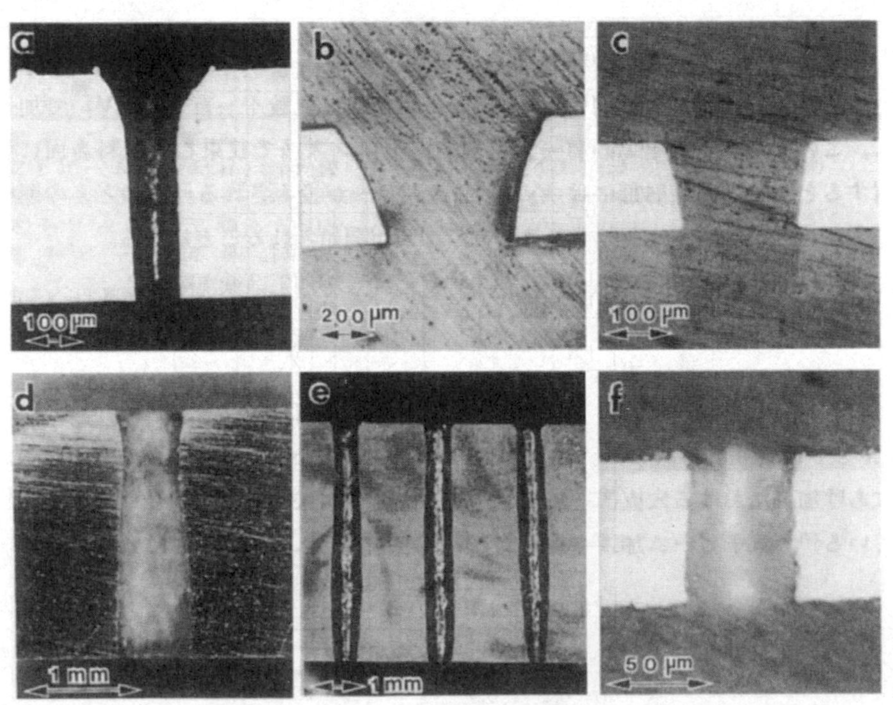

(a) SUS304、(b) 英高鎳 600、(c) 黃銅、(d) Ti−6A1−4V、(e) SUS304、(f) SUS304

圖 6.31　單脈沖加工孔的剖面形狀

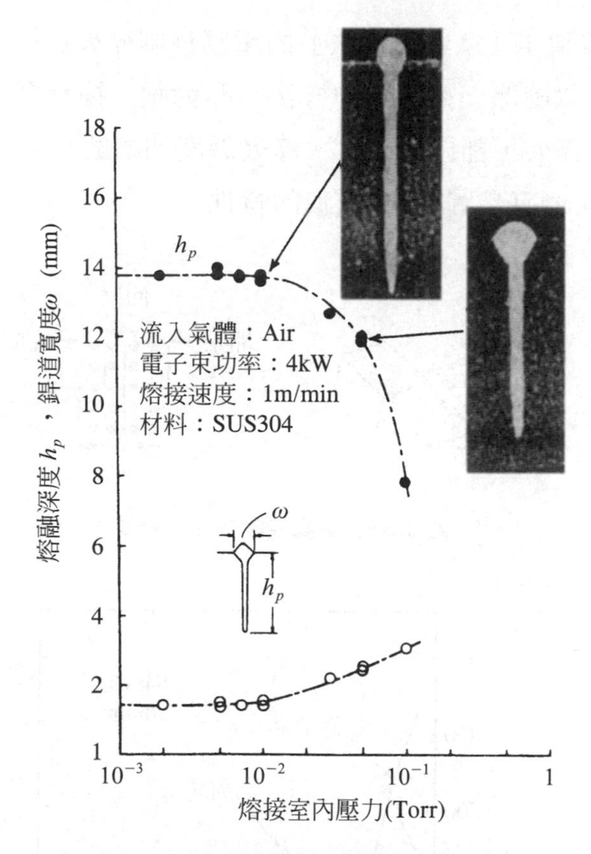

圖 6.32　熔接環境與凹口剖面形狀的關係

表 6.7　使用電子束的表面處理種類

只照射電子束 表面溫度在融點以下 表面溫度在融點以上	 電子束淬火(變態硬化) 電子束熔融處理(融解) 電子束分段(非晶質化) 電子束再熔融緻密化(緻密化)
照射電子束並添加材料 母材未熔化 母材也熔化	 電子束覆面層法(填料) (被覆) 電子束合金化 注入電子束粒子
照射電子束並改變表面形狀	電子束結構

圖 6.33 爲稱作「微點結構法」的電腦控制淬火法概念圖。微點狀進行全體淬火，以確保淬火強度的方法。凸輪軸、搖桿臂等汽車相關零件的表面淬火、淬火，都已實用化。淬火深度則如圖 6.34 所示的例子，顯示了與雷射淬火時(參圖 6.24)類似的特性。

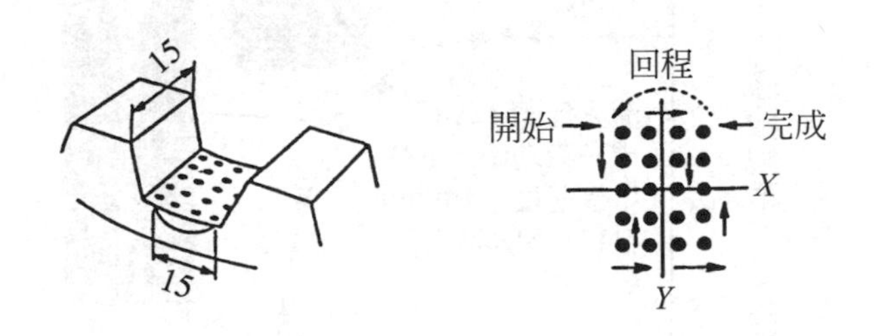

圖 6.33　電腦控制的淬火結構

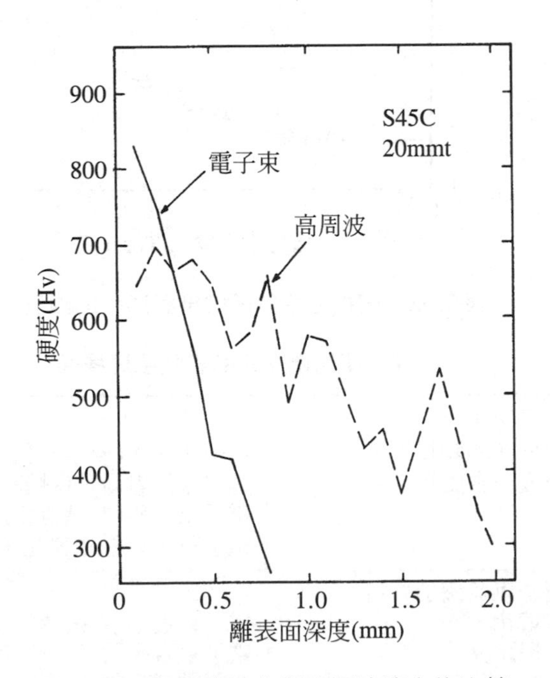

圖 6.34　電子束淬火與高周波淬火的比較

4. 電子束沈積

照射電子束來加熱、蒸發，使這種蒸發粒子堆積到對面的基板，稱爲電子束沈積法。使用插件或燈絲而與其他電阻接熱法不同，直接加熱對象材料，而使其蒸發，故具有效率很高，也可避免混入不純物的優點。圖 6.35 所示，爲經常使用的自我加速型沈積設備的原理圖。而圖 6.36 所示的例子，則爲投入的電子與沈積速度(蒸發源－基板間距離爲 250 mm)。

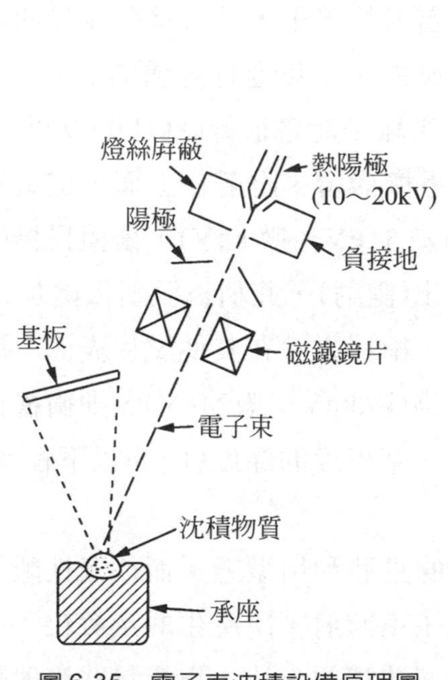

圖 6.35　電子束沈積設備原理圖

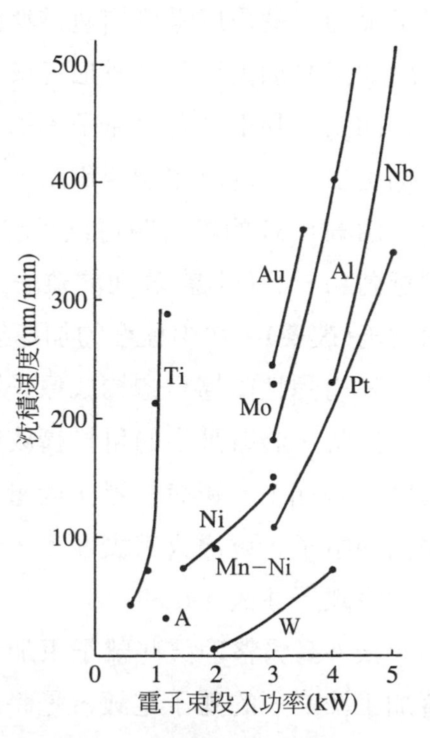

圖 6.36　電子束沈積的各種材料之沈積速度

6.4 離子束加工

6.4.1 離子束加工原理與特徵

所謂離子就是中性原子由外部放電，或受到光電子照射的刺激，一邊放出本身電子，一邊取回外在電子，而帶正電或負電的狀態，稱之。離子束加工就是以電場加速這種離子，到用衝撞對象材料，進行附著或去除加工的加工法。雷射加工或電子束加工，基本上，相對於熱加工，離子加工是利用具有與原子大約相同質量的離子，其大運動能量的非熱式加工法。利用改變加速電壓、控制動能，可以進行各種加工。

由圖 6.37 的模式圖可以了解，如果離子能量很低時(100 eV以下)，到達對象材料(目標)表面的離子，就這樣滯留、附著在上面，這就是表面附著(被覆)。在中程度的加速能量(數十 eV～數 keV)，衝撞目標的離子，利用彈性衝撞目標構成原子而彈出(濺射)，此稱爲濺射去除加工。

此時，濺射飛出的目標構成原子，衝撞附著在其他試片表面，就是濺射附著加工。還有，離子能量一變高(數 keV～數 MeV)，則衝撞目標表面的離子，會潛入其表面下，而滲入某程度的深度(1 μm以下程度)，這稱爲離子注入。

表 6.8 爲整理這些離子束加工法的具體利用型態。而代表性離子附著加工法之一的離子電鍍，是將以電子束照射，所產生的蒸發粒子，在周圍氣體的放電電漿中，以離子化加速沈積的方法，爲能量式濺射附著加工的範圍。在離子注入法中，事先將金屬薄膜沈積在基板上，將稀氣體離子注入表層，而形成金層的方法，稱爲離子混合法。以電子束將金屬沈積，並注入氣體離子的方法，稱爲動力混合法。

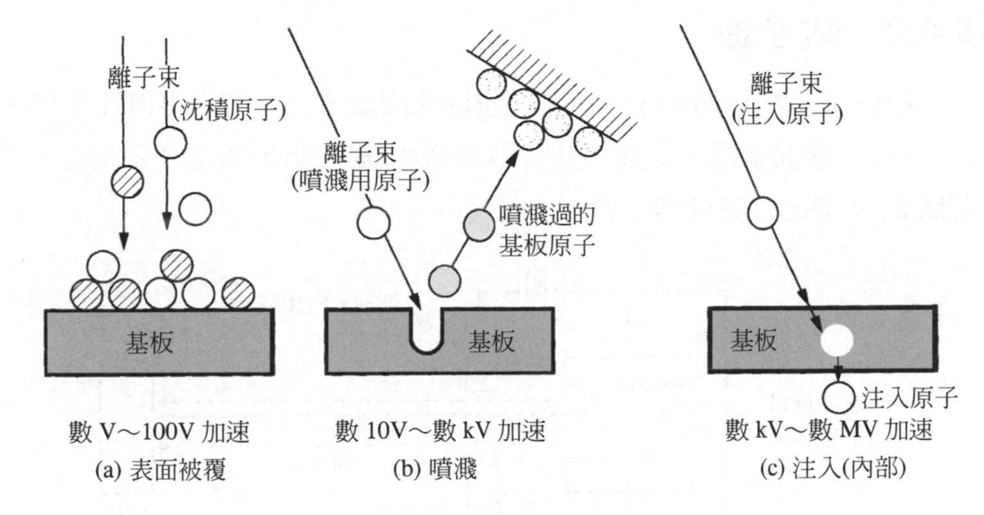

圖 6.37　離子束加工現象模式

表 6.8　實施離子束加工的形態

表面附著 被覆(直接) 製作薄膜(直接)	[～數十 eV]
噴濺去除 生成曲面 製作薄膜(直接)	[～數十 eV～數 keV]
噴濺附著 被覆(間接) 製作薄膜(間接)	[～數十 eV～數 keV]
打入(植入) 做模型 分解圖 表面處理	[10 keV～]
物理、化學處理 表面處理 做模型 分解圖	[～數 keV]

6.4.2 離子源

如圖 6.38 所示的例子，將某一空間範圍離子化，有引出搪孔束型(a)與在 Ga 等液體前端，以電磁鏡片收縮產生離子型(b)的離子發生源，前者爲 ECR 型的代表性離子源。

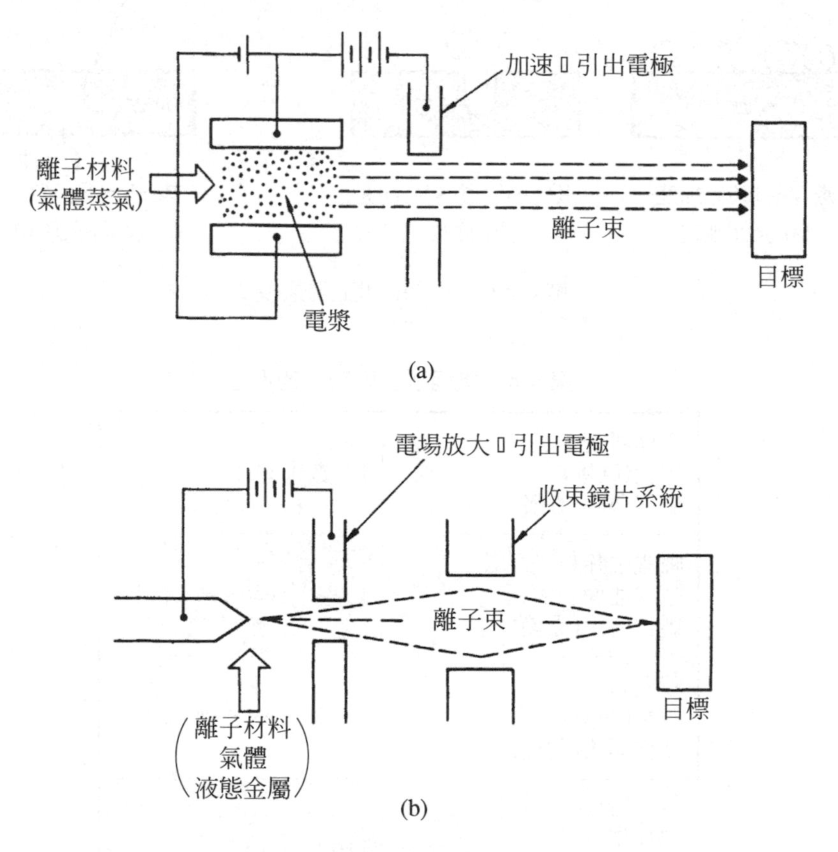

圖 6.38 代表性離子束設備的構造例

圖 6.39 是爲了得到小型且大口徑均勻電流密度的搪孔束，而經常使用的卡物夫滿型離子源概略圖。由氣體導入孔導入離子化氣體，在燈絲產生的熱電子，在朝向陽極途中，衝撞氣體而使氣體電離、漿化。例如

Ar 氣體因爲變成正離子(Ar^+)，故在加速柵極施予負電壓，則Ar^+由柵極射出，而飛向基板。過去是使用 2 片柵極的射出電極，但是，最近以 1 片柵極開微細孔的絕緣基板，得到大電流的離子沖洗，以便提高加工效率。

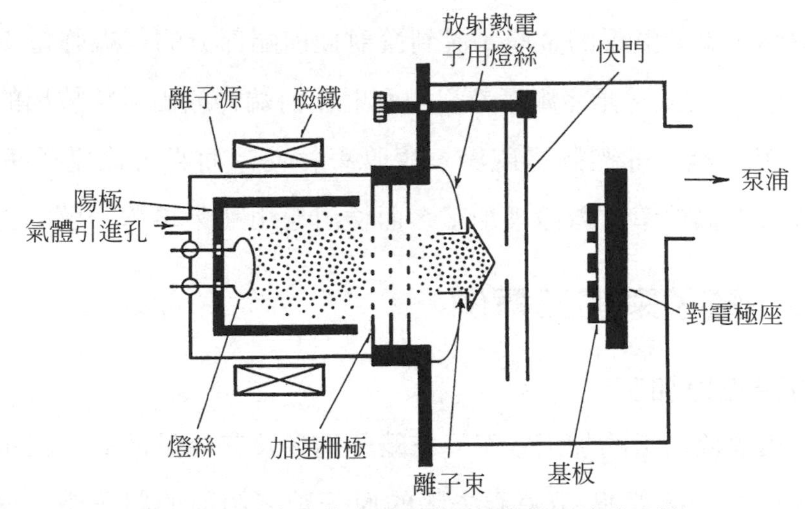

圖 6.39　具有卡物夫滿型離子源的離子噴濺設備

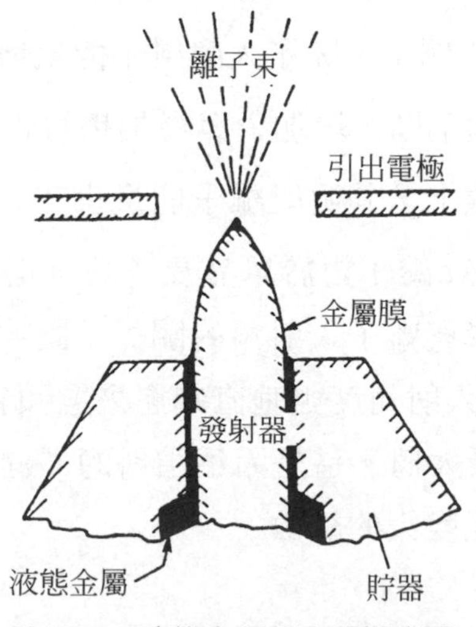

圖 6.40　液態金屬離子源模式圖

目前，是使用電場放出型離子源(Field Emission Ion source)，作爲收縮離子束(FIB：Focused Ion Beam)用的離子源。這裏有氣相離子源(到接近液體 He 溫度的附近，吸附 Ar、He、H_2等離子類氣體，在前端附近產生強電場，使其離子化)與液態金屬離子源(如圖 6.40 般，將Ga 等低融點、低蒸氣壓的金屬，流到發射極前端部分的前端強電場，使其離子化)二種方式。兩者離子都只由發射極前端釋放出，釋放出的離子，與電子束一樣，可控制電磁場，故收束性佳。而且，比電子束的動能大，故可做高效率次微微細加工，而檢討應用在半導體分解圖上。

6.4.3 離子束加工實例

1. 噴濺去除加工

噴濺去除加工的加工效率，依離子種類及其能量而異。表示加工效率的參數之一微噴濺率(噴濺去除的原子數／照射的離子數)。將 Ar、Kr、Xe離子照射在氧化矽(SiO_2)玻璃上時，入射離子能量與噴濺率的關係，如圖 6.41 所示的例子。除了入射離子能量增加外，噴濺率也增加。我們知道依離子種類不同，增加率與增加趨勢也有很大的不同。使用Ar 離子在氧化鋁的噴濺上，其照射離子能量也在 30 keV 以下。

圖 6.42 爲改變 Ar 離子對於單晶及多晶氧化鋁(Al_2O_3)板的入射角度厚噴濺時，其噴濺率與離子入射角的關係。圖中的$\theta=0°$爲直接入射，隨著θ的角度愈大，入射角度由垂直起愈來愈傾斜，則噴濺率會變高，$\theta=60°$附近會達到最大値。這是因爲由斜的方向比垂直方向，目標原子彈向表面方向的動能變大的緣故。

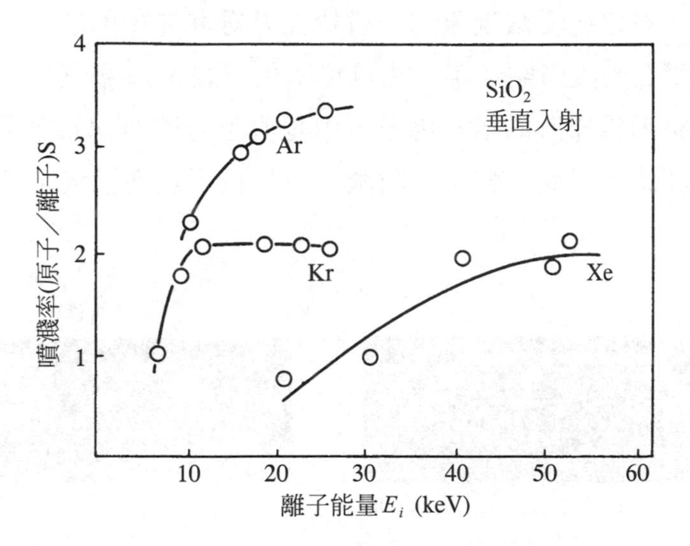

圖 6.41　離子種類與噴濺特性的關係

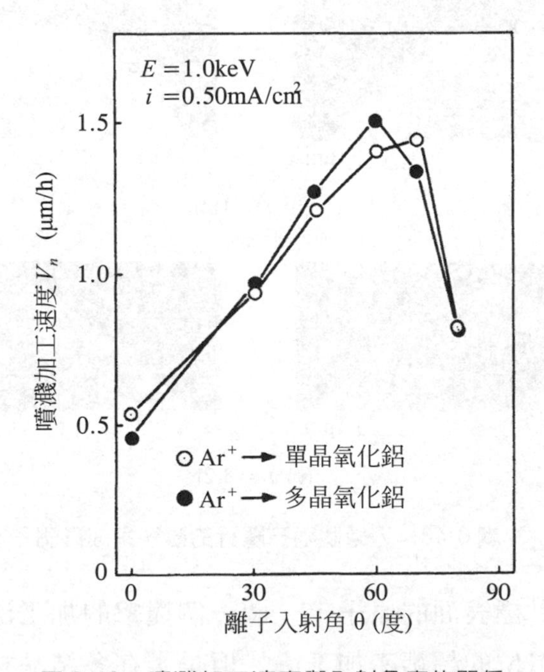

圖 6.42　噴濺加工速度與入射角度的關係

如果，將這些噴濺現象的一般特性考慮進去，則玻璃的非球面或刀邊緣狀的鑽石刃尖磨銳加工，也可實用化。圖 6.43 爲其中一個例子，相對於前端整形爲梯形的鑽石壓子，由垂直上方照射 Ar 離子，則入射角大的斜面部比平坦面，較早被噴濺，故最後平坦面消失，而獲得銳利的邊緣。

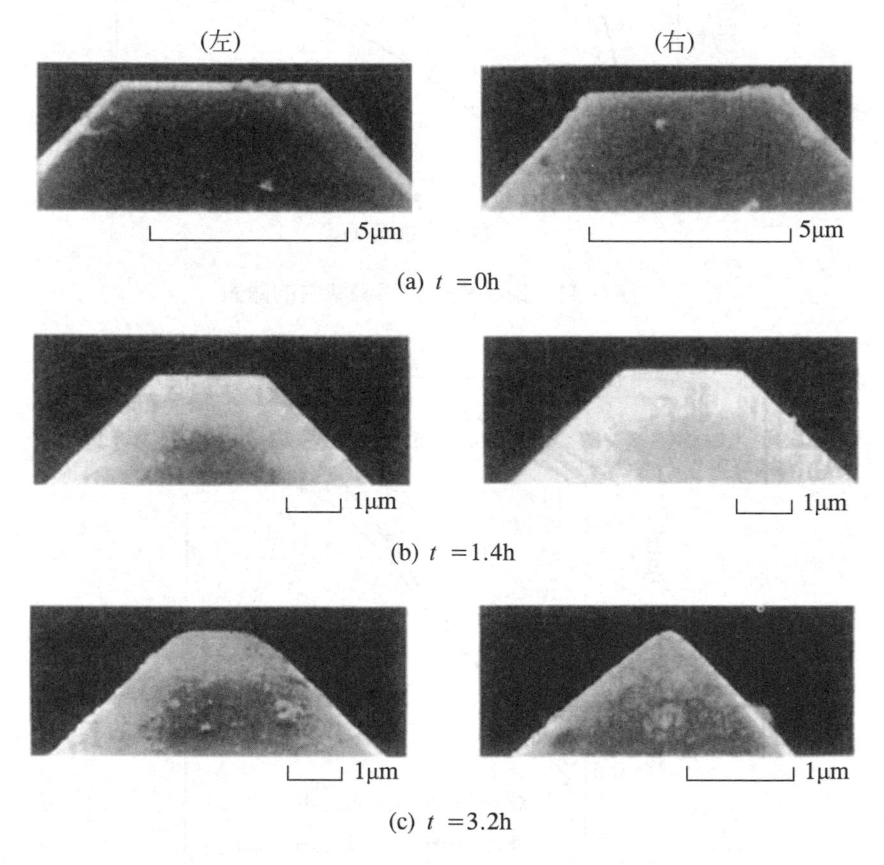

圖 6.43　刀緣狀鑽石觸針的離子束成形例子

噴濺是將目標表面的原子，一個一個撞擊的加工法，原理上是以一個原子爲加工單位的超精密加工法。但是，在多結晶材料時，每一個結晶粒的噴濺率都不同。且由於表面缺陷的殘留狀態，或離子本身衝擊造成的損傷，也會使噴濺的狀況不一樣。故表面多會變得比噴濺前還粗。圖 6.44 爲其中的一個例子，爲將 Ar 離子照射在單晶氧化鋁時的情形，但是，依離子入射角度或有無旋轉試片，也會跟著改變，而表面粗糙度降低的趨勢較爲強烈。爲了避免這種不當的情況，會使加速電壓較低，並照射均勻的大電流離子。

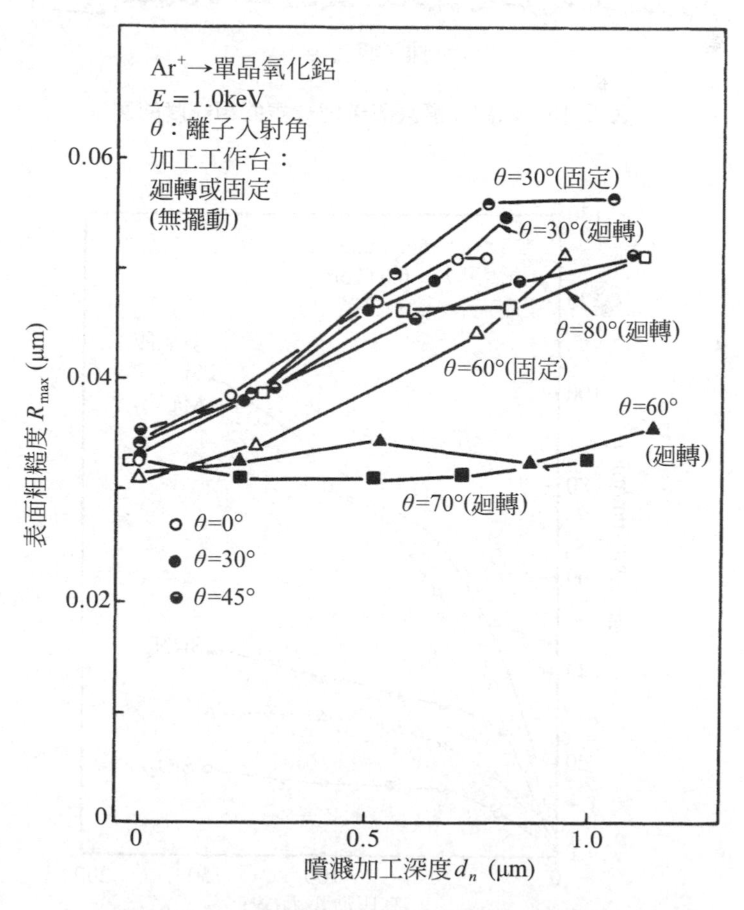

圖 6.44　噴濺加工深度的表面粗糙度變化

圖 6.45 是以離子照射改善表面粗糙的一個例子。將 Ar 離子照射在塊規表面，在去除表層的氧化層後，照射氧離子所得到的結果。

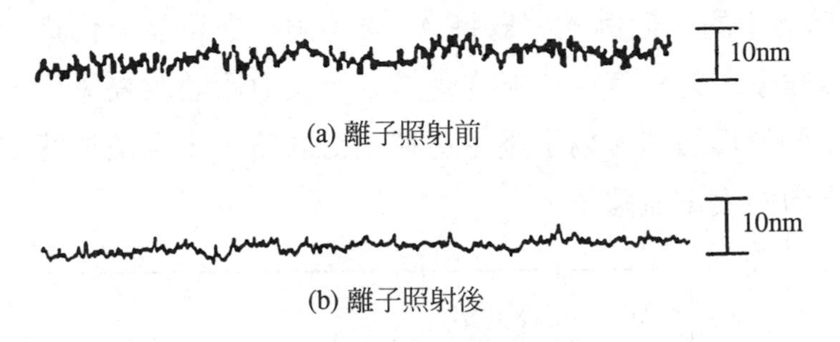

圖 6.45　以離子噴濺改善塊規表面粗糙度的例子

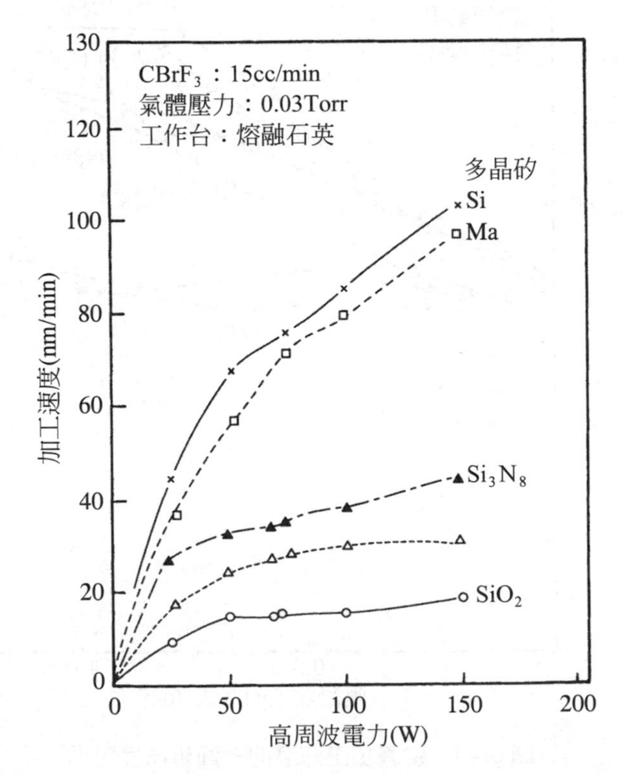

圖 6.46　反作用離子腐蝕的加工速度與高周波電力關係

2. 反作用離子腐蝕

將 CF 或Cl_2等反應性氣體放電的活性離子，這些活性急進化學作用，在物理式噴濺下變成相乘的方式。在微細加工性(異方性高，死角很少)與生產性(是過去方式的數～數十倍)是可以期待的。圖 6.46 是使用$CBrF_3$氣體，做離子噴濺各種材料時的加工特性。隨著高周波電力的增加，活性急進也增加，且連加速度也增加。

3. 薄膜沈積

表6.9　利用PVD法形成鑽石、CBN膜的例子

膜＼方法	合成方式	基本製程	形成膜
鑽石合成	離子束噴濺 XeCl雷射噴濺 離子噴濺＋離子槍 離子電鍍 負離子束氣相沈積 ICL 離子化氣相沈積 高周波離子電鍍 雙電漿	Ar＋ H_2離子的G噴濺 10^6 W/cm^2的G噴濺 C噴濺＋ H^+加速 C蒸發＋ H_2離子化、加速 C^-、C_2^-加速 C_6H_6熱電子離子化、加速 CH_4、C_2H_2離子化、加速 C_xH_y＋Ar離子化、加速 CH_4＋ H_2離子化、加速 CH_4離子化、加速	D、a－C a－C D D a－C a－C D、a－C a－C a－C a－C
CBN合成	HCD－ARE EB－ARE IVD 離子化氣相沈積 CO_2雷射PVD 離子束	B蒸發＋ N_2離子化、加速 B蒸發＋ N_2離子化、加速 B蒸發＋ N_2離子化、加速 B蒸發＋ N_2離子化、加速 HBN蒸發 HBN蒸發＋ H_2離子化、加速 $B_3N_3H_6$離子化、加速	CBN CBN CBN CBN ABN CBN CBN、WBN

D：鑽石、G：石墨、a－C：非晶硬質碳、WBN：黑晶型BN、
CBN：非結晶硬質BN、ABN：非晶質氮化硼。

離子噴濺附著法或離子電鍍法，已是代表性的PVD法，在廣大範圍下已實用化了。表6.9所示的例子，是有關鑽石(或 DLC：鑽石狀碳)或

CBN等超硬質膜，以各式各樣形式的離子沈積法之成膜技術，而開發出來。例如，筆者們已開發的雷射沈積法，已BN膜製作時(參考圖6.26)，只以雷射照射來沈積時，雖然只形成豐富的B非晶質膜，如圖6.47般的構成裝置，以離子槍併用補給、偏壓加速N離子，則會形成以CBN爲主體的超硬質膜，顯著提高耐磨耗性。這種利用複合式離子束的方法，今後，將成爲很重要的技術。

圖6.48是名爲FIB－CVD的最新離子束加工例子，將Ga離子集束爲10 nm左右的離子束，在含堆積材料的原料氣體中，以電腦控制製作成100 nm 左右大小的立體構造。今後，奈米沈積技術的發展，將更受到期待。

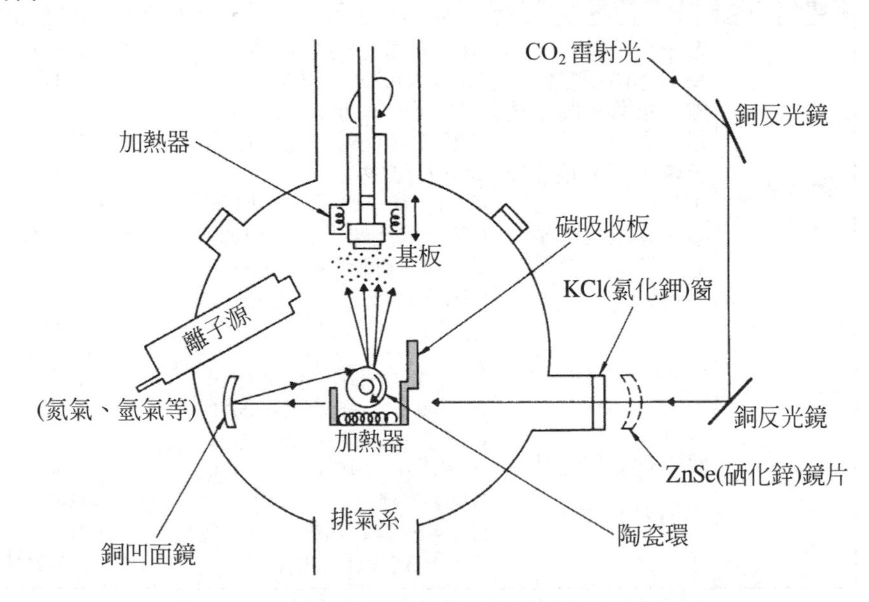

圖 6.47　併用離子照射用雷射 PVD 裝置概略圖

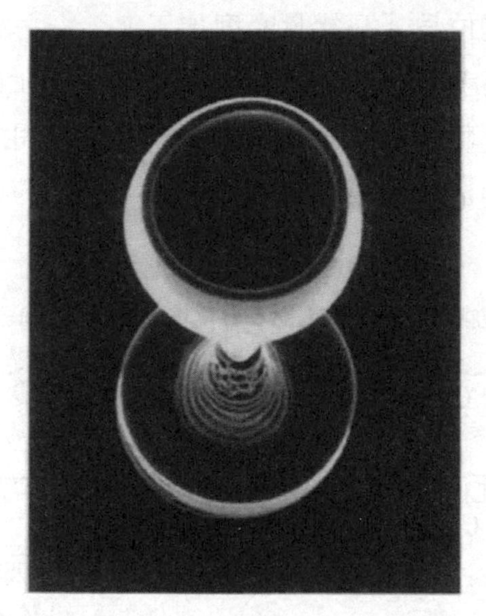

圖 6.48　利用 FIB － CVD 法製作完成的「奈米酒杯」

6.5
放電加工

6.5.1　放電加工原理與特徵

放電加工是利用電源開關的火花現象，開發出來的電氣加工法。在絕緣性加工液中，使電極與導電性工作物相向接近，利用施予電壓時所產生的電弧放電之熱作用，及加工液的去除熔融物作用之精密加工方法。可以說是倣效電極形狀，而形成加工形狀的轉印加工法。常用於實際生產的放電加工法，分爲雕刻形狀加工方式與線切割加工方式兩種。

放電現象是在兩者接近範圍內的隨機位置產生，故不是採取所謂「能量束」的形態，但是，在放電點產生瞬間熔融、去除作用的意義，在此，我們將其定位爲「高能量密度加工」。

放電加工原理考慮到以下情況，如圖 6.49 所示的模式圖，在油或水中，使電極與工作物相向成數～數十μm 的狹窄間隙，在此間隙返覆數十～數百 V 的脈沖狀放大電壓。

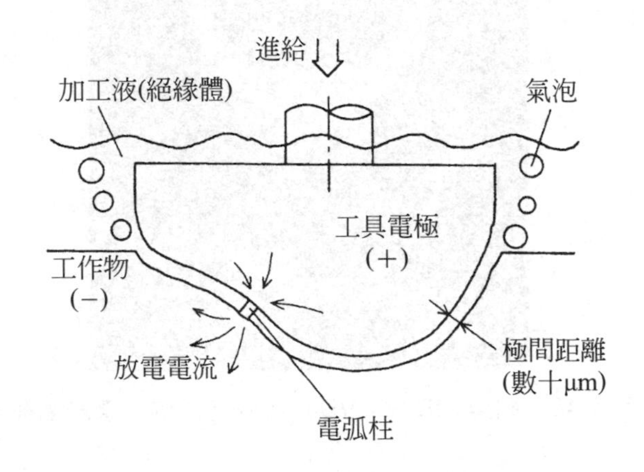

圖 6.49　放電加工模式圖

(1) 首先，在接近的範圍中，最接近電位傾斜度高的地方，或離子濃度高的地方，產生絕緣破壞的放電。1 個脈沖的放電部位，只有 1 個部位，所以，放電電流集中而形成電弧狀。

(2) 電弧柱的溫度在平常狀態，達到 7000～8000K 左右。此時，工作物表面更達到10^5 W/cm^2左右的大能量密度，在瞬間就熔融。

(3) 同時，加工液也迅速氣化、膨脹，在局部地方會產生數十～數百氣壓的高壓力。

(4) 在此高壓力將熔融部當作加工屑般吹掉，並飛散在加工液中。圖 6.50 爲此情況的模式圖。

(5) 未吹散的熔融痕，會再凝固而殘留成銲疤狀。

(6) 放電結束後，加工液流入加工痕區域冷卻，而恢復絕緣。

⑺　此時的放電痕跡，只有去除的部分脫離電極，故在下一個脈沖，完全在別的地方產生電弧。

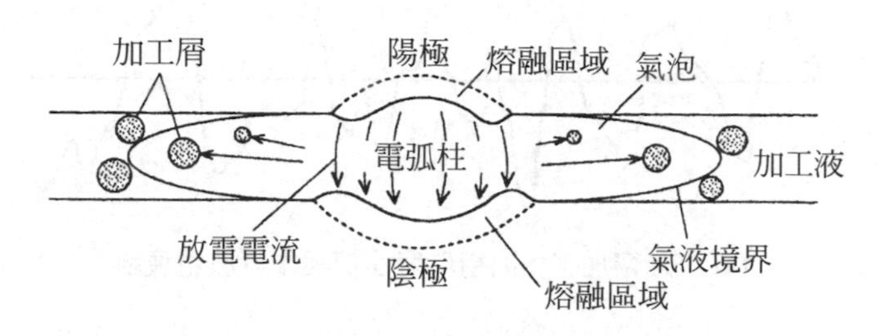

圖 6.50　單發放電的極間現象

亦即，在隨機位置會依⑴～⑺的週期返覆進行，最後，在接近電極－工作物間的全部表面，會均匀的加工。單發放電產生的銲疤，由圖 6.51 的剖面構造可以了解。鋼料在油中放電加工時，在油分解產生的碳，於放電時的高溫、高壓下，經滲碳後會製造出高硬度的白色層狀物(再凝固層)，其產生微裂痕的可能性很高。爲了防止產生裂痕，進行混入粉末的放電加工是很有效的。特別是混入矽粉末更具效果。如圖 6.52 般的例子，比一般加工液由放電加工圖，改善了很多表面粗糙度，聽說也不會產生裂痕。

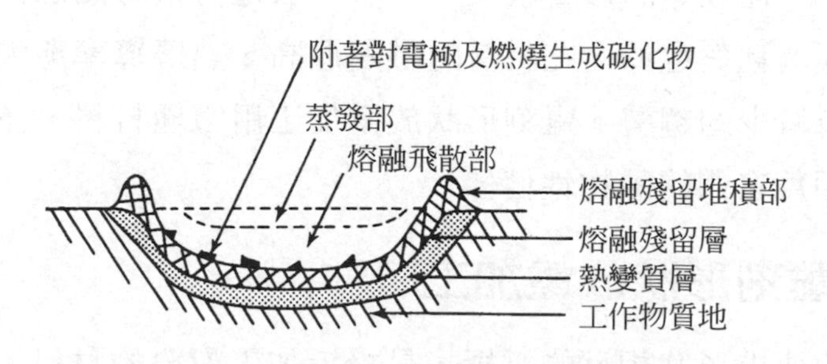

圖 6.51　單發放電痕剖面圖

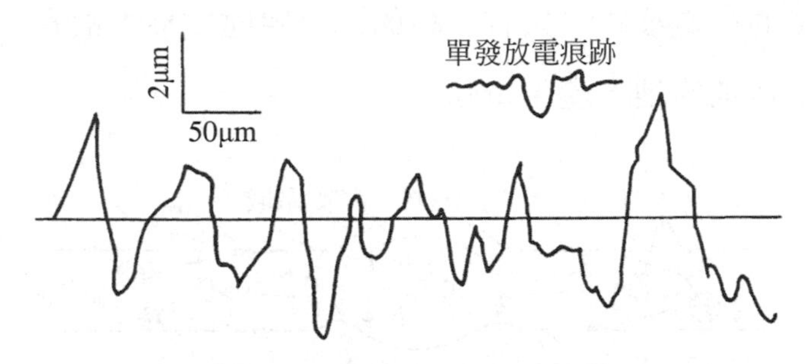

(a) 一般精加工表面粗糙度曲線與單發放電痕跡

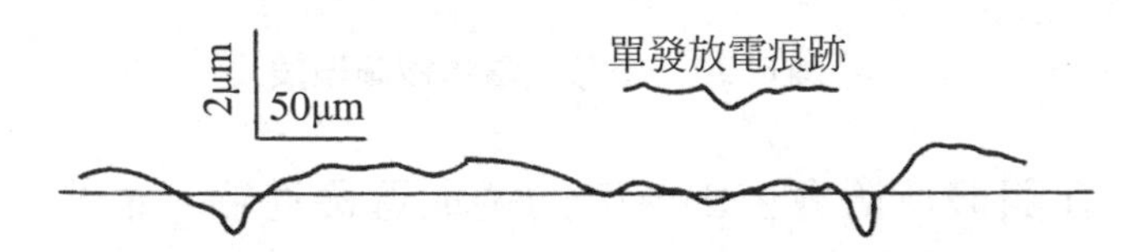

(b) 混入矽粉末的精加工表面粗糙度曲線與單發放電痕跡
加工面積：50□ 50mm^2

圖 6.52　依有無混入矽粉末，其放電加工表面不同的粗糙度

評估放電加工性能最重的項目，爲加工速度、表面粗糙度、工具電極消耗率。「工具電極消耗率」定義爲相對於去除工作物體積，工具電極消耗體積的比。比値愈大表示由於消耗，而使電極形狀產生很大變化，結果，使加工精度惡化的意思。工具電極消耗率受到電極材質、放電持續時間、極性等的影響最大。一般，放電持續時間愈長，以電極爲陽極的電極消耗率愈低，在材質的融點愈高、熱傳導率愈大的材料，其電極消耗有減少的趨勢。雕刻形狀放電加工用電極材料，多使用銅或石墨，這是因爲它們的熱物性値佳。

6.5.2　雕刻形狀放電加工

加工與要求形狀相反的電極，是接近加工對象的材料，由最接近的地方開始放電加工，慢慢的進給電極，最後，將電極的形狀轉印到工作物的方式，我們稱爲雕刻形狀放電加工。基本上，圖 6.53 所示，爲雕刻形狀放電加工的設備構造。通常，是以電極爲正極，陰極爲負極，以防止電極的消耗，可確保加工精度。其中，大多以1～數十 A、1～數百μs脈沖寬的放電條件來加工。特別是電極不需迴轉，而固定在z軸上，做上下運動即可，可自由雕刻形狀，成爲製作立體形狀模具，不可或缺的加工設備。圖 6.54 所示，爲加工模具的一個例子。在放電加工中，因爲工作物與電極不直接接觸，故加工不會產生反作用力，不需考慮設備的剛性。實際上，爲了穩定的加工狀態，必須定時排出界面產生的加工屑。除了一面維持位置精度外，一面，在液中以高速將電極接近工作物，必須有相當設備剛性。在電極中心附近，設置有液體流動孔，使噴出加工液，相對的一面予以吸走，目前，正在試驗電極上下不動作，而要使加工屑排出的工作。

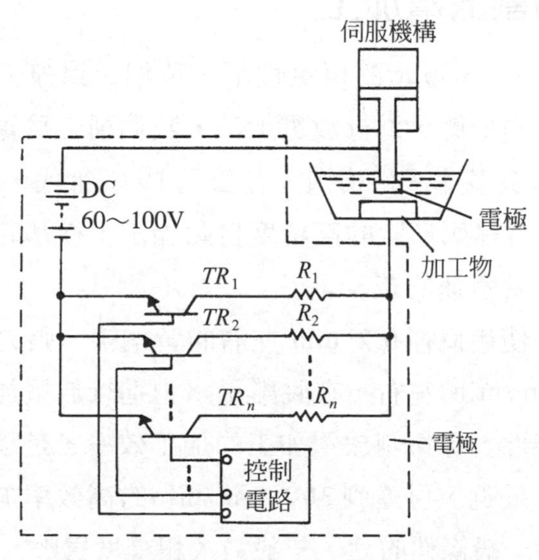

圖 6.53　雕刻形狀放電加工的基本構造

玻璃模　左：電極(銅)，右：模具(13Cr 不銹鋼)

圖 6.54　雕刻形狀放電加工製作玻璃模的例子

6.5.3　線切割放電加工

以直徑 0.1～0.3 mm 的導電性銅、黃銅、鎢線工具電極接近工作物，以類似線鋸的形態，進行放電加工，我們稱之爲線切割放電加工。圖 6.55 所示，爲其基本設備構造。在公元 1970 年代，已可以使用*NC*控制技術，進行 2 維輪廓形狀的高精度自動加工，從那時候起，線切割方式的放電加工，就迅速的普及了。

具體來說，使用直徑 0.2 mm 左右的黃銅線，張力數百 g 以下，線進給速度爲 10 m/min 左右，在脫離子水中進行放電加工，爲一般線切割放電加工的條件。線切割放電加工的加工效率，是以單位時間線行走的面積來表示。最近，已達到 300 mm^2/min的高效率加工水準。加工表面粗糙度，如爲一般條件的話，一般最大粗糙度爲數～十數μm，而爲了提高加工精度，給予單發放電能量小的數 MHz 以上高頻脈沖也是很有效的。如圖 6.56 般，可做到最大粗糙度 1 μm 以下的平滑加工。在實際生產方面，採用在一次加工製作高效率形狀，在 2 次、3 次加工，提高表面精度的製程場合，似乎很多。

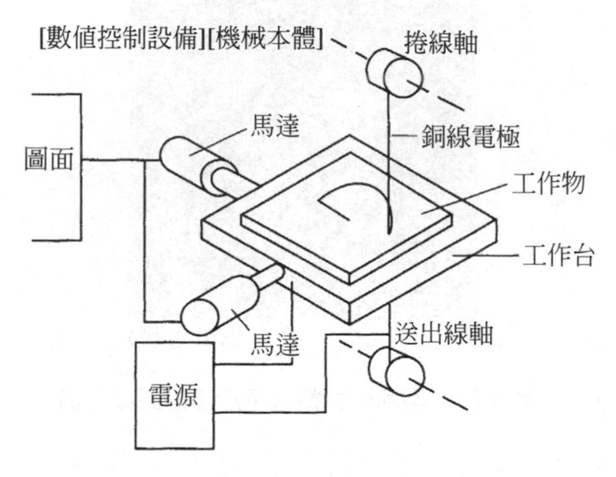

圖 6.55　線切割放電加工的基礎構造

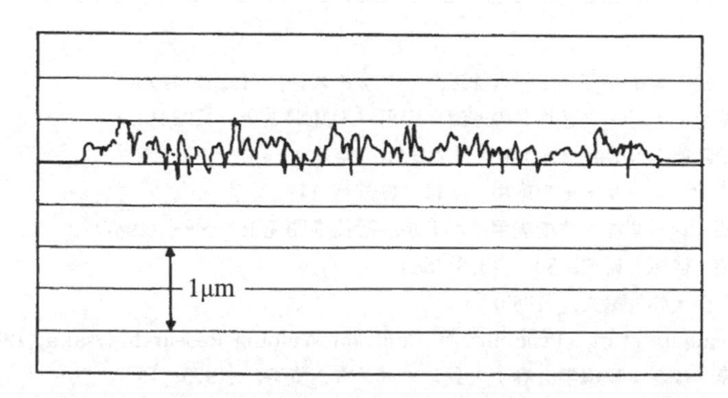

圖 6.56　高周波脈沖線切割放電加工的加工表面粗糙度

雷射加工雖然可以做高速加工，但是，比較起來在深度方向的形狀控制較差，而線切割放電加工的加工速度，雖然比雷射加工慢很多，但是，對於厚板或塊狀材料，則可做到高精度加工。這一點可以說是其他加工方法無法實現，而爲線切割放電加工法的最大特徵。圖 6.57 是這種加工品的一個例子。

(NIC 社製)

圖 6.57　利用線切割放電加工的鋁成形品

參考文獻

1) 今中　治：エネルギービーム加工，リアライズ社，(1985) 419
2) 谷口紀男：ナノテクノロジの基礎と応用，工業調査会，(1988) 23
3) レーザ新報：No. 4，1990 年 4 月 2 日号
4) 島津備愛：レーザとその応用，産報，(1974) 11
5) 小林昭：レーザ加工技術実用マニアル，新技術開発センター (1987) 9
6) 小林昭：機械の研究，30，(1978) 583
7) 竹中：阪大学位論文，(1980)
8) I. Miyamoto et al.: Proc. Intern. Conf. on Welding Research, Osaka (1980) 103
9) 塚本孝一ほか：精機学会春季大会シンポジウム資料，(1979) 19
10) 藤井義正：機械と工具，34，[7] (1990) 103
11) 白須浩蔵：ツールエンジニアリング，30，[7] (1989) 76
12) 中村　英ほか：レーザ加工技術実用マニアル，新技術開発センター (1987) 233
13) 堀澤秀之ほか：精密工学会秋季大会論文集 (2002)
14) 松井：金属，12，[2] (1983)
15) 金谷光一：精密機械，37，[1] (1971) 42
16) 吉岡俊朗：セラミック加工ハンドブック，建設産業調査会 (1987) 406
17) 寺林隆夫：エネルギービーム加工，リアライズ社，(1985) 242
18) 安永政司：エネルギービーム加工，リアライズ社，(1985) 233

19)　岩田　篤：レーザ協会誌，26，[4]（2001）9
20)　宮永稔久：エネルギービーム加工，リアライズ社，（1985）250
21)　菊城　宏：エネルギービーム加工，リアライズ社，（1985）258
22)　増沢隆久：エネルギービーム加工，リアライズ社，（1985）289
23)　増沢隆久：表面改質技術―ドライプロセスとその応用―，日刊工業新聞社（1988）46
24)　増沢隆久：精密工学会誌，55，[2]（1989）270
25)　穴澤紀道：エネルギービーム加工，リアライズ社，（1985）308
26)　金釜憲夫：エネルギービーム加工，リアライズ社，（1985）320
27)　A. R. Bayly et al : Optics and Laser Technol., 8, (1970) 117
28)　I. Miyamoto et al : Proc. 5 th Intern. Conf. on Production Engg., Tokyo（1984）502
29)　宮本岩男：エネルギービーム加工，リアライズ社（1985）329
30)　K. Tsuchiya et al : 4 th Joint Warwick/Tokyo Nanotechnology Symposium, Warwick (1994)
31)　宮本岩男：エネルギービーム加工，リアライズ社（1985）293
32)　安永暢男・峯田進栄：セラミックコーティング，日刊工業新聞社（1988）148
33)　松井真二ほか：レーザ協会誌，26，[4]（2001）3
34)　国枝正典：精密加工実用便覧，日刊工業新聞社（2000）584
35)　橋本浩明・国枝正典：電気加工学会誌，31，[68]（1997）32
36)　斉藤長男：超精密生産技術大系第1巻基本技術，フジテクノシステム（1995）558
37)　斉藤長男：エネルギービーム加工，リアライズ社（1985）37
38)　中島宣洋：精密加工実用便覧，日刊工業新聞社（2000）604
39)　新開　勝ほか：機械と工具，33，[7]（1989）46

國家圖書館出版品預行編目資料

精密機械加工原理 / 安永暢男, 高木 純一郎 原著；唐文聰編譯. -- 初版. -- 臺北市 : 全華, 民 93
面 ； 公分
譯自: 精密機械加工の原理
ISBN 978-957-21-4634-3(平裝)
1.精密機械工業
471 93014463

精密機械加工原理
精密機械加工の原理

原出版社 工業調査会
著 安永 暢男・高木 純一郎
編 譯 唐文聰
執行編輯 詹智泓
封面設計 張瑞玲
發 行 人 陳本源
出 版 者 全華科技圖書股份有限公司
地 址 23671 台北縣土城市忠義路 21 號
電 話 (02) 2262-5666 (總機)
傳 眞 (02) 2262-8333
郵政帳號 0100836-1 號
印 刷 者 宏懋打字印刷股份有限公司
圖書編號 05600
初版三刷 2009 年 2 月
定 價 新台幣 350 元
I S B N 978-957-21-4634-3 (平裝)

全華科技圖書
www.chwa.com.tw
book@ms1.chwa.com.tw

全華科技網 OpenTech
www.opentech.com.tw